응용 재료 역학

Applied Mechanics of Materials

장용훈 • 최흥섭 • 조윤호 • 이강용

탄성학 기초 / 접촉역학 / 복합재료역학 / 재료진단 역학 / 재료거동

연세대학교 출판문화원

응용 재료 역학

발행 2024년 2월 28일 1판 1쇄

지은이 장용훈·최흥섭·조윤호·이강용
펴낸곳 연세대학교 출판문화원
주소 서울특별시 서대문구 연세로 50
등록 1955년 10월 13일(제9-60호)
전화 02) 2123-3378~80
팩스 02) 2123-8673
전자우편 ysup@yonsei.ac.kr
홈페이지 http://press.yonsei.ac.kr
인쇄 동국문화(주)

ISBN 978-89-6850-777-9(93550)

값 24,000원

머리말

연세대학교 출판부에서 이강용 교수 저, 2003년 8월 20일에 출간한 "응력해석 및 재료거동"은 현재까지도 그 가치와 쓰임새가 드러나는 저서입니다. 그러나 이 도서가 발간된 이후, 20년이 넘는 동안 재료역학 분야의 괄목할 만한 발전과 더불어 여러 응용분야를 창출하게 되어, 이 응용분야에서의 교육도 이러한 발전과 응용의 산물을 교육현장에서 비중있게 다루는 것이 필요하게 되었습니다. 이러한 취지에서 새로운 도서에서는 기존의 내용에 더하여 접촉역학, 복합재료역학, 재료 건전성 평가를 새롭게 추가하여 재료역학의 다양한 분야를 다루었습니다. 세부 내용에 대한 특징은 다음과 같습니다.

1. 탄성학 편은 수식 유도가 필요한 부분이 많은데 유도 부분을 생략하지 않고 유도 과정을 기록했기 때문에 학생들이 수식이해에 도움이 되고 수식유도에 자신감을 가질 수 있습니다.
2. 접촉역학 내용에서는 탄성학을 기초로 접촉현상에 대한 수학 모델링에 대한 설명과 기본식들에 대한 유도 과정이 자세하게 서술이 되어 있으며 접촉역학에서 기본적으로 다루고 있는 헤르쯔 접촉식 및 마찰에 의한 마이크로 슬립 현상을 반영한 카따네오-민드린 식, 그리고 구름접촉식을 자세히 유도 설명하고 있습니다. 접촉해석적 결과는 트라이볼로지 분야의 기본 개념과 맞물려 있어서 기초 교육자료로서 활용이 될 것입니다.
3. 복합재료역학은 주로 경량화 구조체가 요구되는 항공우주분야의 구조물에 적용되는 섬유보강고분자 재료에 적용되는 역학으로 주로 대학원 1년차에 학습하는 과목입니다. 최근 지구온난화의 대두와 석유자원의 고갈에 따라 내연기관자동차는 향후 10년 내에 생산이 중단되고 미래 자동차로서 배터리로 구동되는 전기자동차가 재등장하고 있으나 배터리의 낮은 에너지 밀도로 충전 후 주행거리가 내연기관 자동차에 비해 현저히 낮아 차체의 경량화가 요구되어 복합재료가 전기자동차에 본격적으로 적용되어 가고 있습니다. 이러한 배경

으로 재료역학을 이수한 학부학생들도 복합재료역학에 대한 이해와 설계능력의 습득이 요구되고 있습니다.

4. 재료진단 역학에서는 재료의 손상 정도를 진단하는 재료진단기법 중 실용적이고 사용범위가 넓은 초음파 진단의 이론적 기반인 재료 내 탄성파동의 이론을 설명하고 있으며 실제 응용 진단 사례를 통해 독자들에게 재료진단의 이론과 실험적 이해를 같이 도울 수 있도록 하였습니다. 아울러 재료 수명 예측과 신뢰성 판단의 기본 입력 데이터 획득 사례 및 재료 비파괴평가의 다양한 기법과 그 장단점을 비교 소개하였습니다.
5. 재료거동편은 재료 거동의 기본인 인장거동, 파괴거동, 피로거동, 피로파괴거동을 취급하고 있습니다. 파괴거동에서는 파괴역학의 기본 개념이 소개되고 있으며, 재래식 설계 개념과 파괴역학적 설계 개념의 차이를 설명하며 항복도 방지하고 파괴도 방지하는 설계법을 소개하고 있습니다.

이 책의 특징은 다음과 같습니다.

1. 학부 3, 4학년과 대학원 석·박사 수준에 맞는 내용으로서 재료역학의 다양한 분야인 탄성학, 접촉역학, 복합재료역학, 비파괴공학, 파괴역학, 피로공학을 취급하고 있습니다.
2. 각 주제 내용으로도 충분히 기초 개념을 확립할 수 있도록 했으며 각 내용으로도 1, 2학점 과목을 개설할 수 있습니다.
3. 기계공학의 고체/구조해석/수명관리 기법 교재로서 기초에서부터 첨단 응용분야 소개까지 폭 넓은 학습이 가능합니다.
4. 주제와 대상이 넓기 때문에 학부, 석사, 박사 과정 학생들에게 필요로 하는 전공도서가 될 것으로 보입니다.

이 책의 공동저자들은 이강용 교수와 사제 관계로 있는 장용훈 교수, 최흥섭 교수, 조윤호 교수로 구성이 되어 있습니다. 책의 끝 페이지에 집필자 소개가 되어 있으니 참조하시길 바랍니다.

2023. 8.31

저자 일동

차 례

1
탄성학 기초

이 강 용

2

접촉역학

장 용 훈

4 재료진단 역학

조 윤 호

5 재료거동

이 강 용

제 1 강

탄성학 기초

이 강 용

1. 텐서표기와 응력텐서

1.1 개설

텐서(tensor)표기는 수식을 쉽고 간결하게 표현할 뿐 아니라 표현하는 바 의미를 분명히 해주는 일종의 속기법이다. 여기에서는 단지 직교좌표계와 관련된 텐서, 즉 Cartesian 텐서만 취급한다. 공학에서 다루는 광의의 텐서는 스칼라(scalar), 벡터(vector) 그리고 텐서로 구분된다.

스칼라는 단지 크기만으로 정의될 수 있는 것으로 부피, 온도, 질량 등이고, 벡터는 크기와 방향으로 정의될 수 있는 것으로 힘, 속도, 모멘텀(momentum) 등이다. 그리고 텐서는 벡터보다 더욱 일반적인 것으로서 응력텐서가 그 일례이다.

스칼라와 벡터는 텐서의 특수한 경우로서 스칼라는 제로(zero)차 텐서로서 한 개의 성분을 가지고, 벡터는 1차 텐서로서 세 개의 성분을 가진다. 그 이상 차수의 텐서는 일반적으로 텐서로 부르는 것으로서 응력텐서는 2차 텐서로서 9개 성분을 가진다.

1.2 좌표변환

그림 1.1에서 P점의 좌표 (x, y, z) 를 (ξ, η, ζ) 좌표로 표시하기 위해서 텐서표기를 사용하고자 한다. x, y, z축에 대한 $O\xi$축의 방향여현(direction cosine)을 $a_{\xi x}$, $a_{\xi y}$, $a_{\xi z}$ 이라 하고, x, y, z 축에 대한 $O\eta$ 축의 방향여현은 $a_{\eta x}$, $a_{\eta y}$, $a_{\eta z}$ 이라 하고, x, y, z 축에 대한 $O\zeta$ 축의 방향여현은 $a_{\zeta x}$, $a_{\zeta y}$, $a_{\zeta z}$ 이라 하자. 이를 표로 표기하면 표 1.1과 같다.

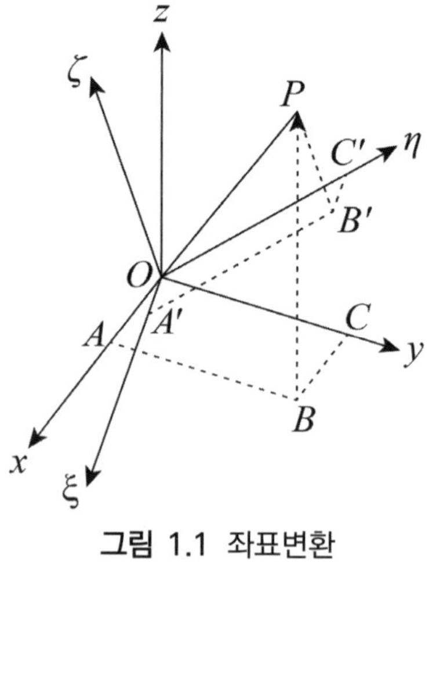

그림 1.1 좌표변환

표 1.1 방향여현

초기 좌표계 / 회전된 좌표계	x	y	z
ξ	$a_{\xi x}[= \cos(\xi, x)]$	$a_{\xi y}[= \cos(\xi, y)]$	$a_{\xi z}[= \cos(\xi, z)]$
η	$a_{\eta x}[= \cos(\eta, x)]$	$a_{\eta y}[= \cos(\eta, y)]$	$a_{\eta z}[= \cos(\eta, z)]$
ζ	$a_{\zeta y}[= \cos(\zeta, x)]$	$a_{\zeta y}[= \cos(\zeta, y)]$	$a_{\zeta z}[= \cos(\zeta, z)]$

표 1.1에서 $\cos(\xi,\ x)$로 표기된 것에서 $(\xi,\ x)$는 ξ축과 x축과의 사이 각을 의미한다.

P점의 $(x,\ y,\ z)$ 좌표는 $(\overline{\text{OA}},\ \overline{\text{AB}},\ \overline{\text{BP}})$이다. $\overline{\text{OP}}$를 $O\xi$축에 투영한 것은 즉 $\overline{\text{OP}}$를 $O\xi$축에 투영한 것 = P점의 ξ 좌표=$\overline{\text{OA}'}$= [$\overline{\text{OA}}$를 $O\xi$축에 투영한 것(즉 $a_{\xi x}x$] + [$\overline{\text{AB}}$를 $O\xi$축에 투영한 것(즉 $a_{\xi y}y$] + [$\overline{\text{BP}}$를 $O\xi$축에 투영한 것(즉 $a_{\xi z}z$)] 이를 수식으로 표현하면

$$\xi = a_{\xi x}x \ + \ a_{\xi y}y \ + \ a_{\xi z}z \tag{1.1}$$

유사한 방법으로 $\overline{\text{OP}}$를 $O\eta$축과 $O\zeta$축에 투영하면 다음의 식들을 얻을 수 있다.

$$\eta = a_{\eta x}x + a_{\eta y}y + a_{\eta z}z$$

$$\zeta = a_{\zeta x}x + a_{\zeta y}y + a_{\zeta z}z$$

위 식을 $\xi,\ \eta,\ \zeta$의 항으로 $x,\ y,\ z$를 표기하면 다음과 같이 된다.

$$\begin{aligned} x &= a_{\xi x}\xi + a_{\eta x}\eta + a_{\zeta x}\zeta \\ y &= a_{\xi y}\xi + a_{\eta y}\eta + a_{\zeta y}\zeta \\ z &= a_{\xi z}\xi + a_{\eta z}\eta + a_{\zeta z}\zeta \end{aligned} \tag{1.2}$$

이 단계에서 식 (1.1)을 텐서표기로 바꾸어 보자. x, y, z를 x_1, x_2, x_3로 바꾸어 표기하고 P점의 좌표를 x_i로 표기한다. 여기서 x_i는 index 표기로서 i는 1, 2, 3으로 변하는 index이다. 그리고 $\xi,\ \eta,\ \zeta$는 x'_1, x'_2, x'_3로 표기하고 P점의 $(\xi,\ \eta,\ \zeta)$ 좌표계에서 좌표를 x'_j로 표기한다. 여기서 j index는 $1', 2', 3'$으로 변하는 index이다. Ox_i

축과 $O'x_j$축 사이의 방향여현은 a_{ij}로 표시되며 $a_{ij} = a_{ji}$이므로 식 (1.1)은 다음과 같이 표현된다.

$$x_1' = \xi = a_{1'1}x_1 + a_{1'2}x_2 + a_{1'3}x_3 = a_{1'i}x_i$$
$$x_2' = \eta = a_{2'1}x_1 + a_{2'2}x_2 + a_{2'3}x_3 = a_{2'i}x_i$$
$$x_3{}' = \zeta = a_{3'1}x_1 + a_{3'2}x_2 + a_{3'3}x_3 = a_{3'i}x_i$$

윗 식을 다음과 같이 표기할 수도 있다.

$$x_j{}' = a_{ji}x_i \tag{1.3}$$

여기에서 i는 한 항에서 2번 반복하여 나타나는데 이 경우에는 i가 1, 2, 3의 범위에서 i에 관한 합(summation)을 나타낸다. 이러한 index를 dummy index라 한다.

j는 한 항에서 한 번 밖에 나타나지 않으므로 그 index에 관해 합이 되지 않으며 free index라고 부른다. dummy index는 단지 합을 의미하므로 index 기호를 free index와 다른 임의의 문자로 표현하여도 상관없다. 즉 $a_{ji}x_i$를 $a_{jl}x_l$로 하여도 무관하다. 식 (l.3)과 같은 방법으로 식 (1.2)를 텐서표현으로 바꾸어 놓으면 다음과 같다.

$$x_1 = a_{11'}x_1' + a_{12'}x_2' + a_{13'}x_3' = a_{1j}x_j'$$

마찬가지로

$$x_2 = a_{2j}x_j'$$
$$x_3 = a_{3j}x_j'$$

따라서

$$x_i = a_{ij}x_j' \tag{1.4}$$

식 (1.3)과 식 (1.4)가 좌표변환(coordinate transformation)의 텐서표시이다. 이 식들은 풀어서 쓰기도 해보고 풀어서 쓴 식을 다시 텐서표시로 변환해 보는 연습을 해보는 것이 필요하다.

1.3 크로네커 델타(kronecker delta)

크로네커 델타 δ_{ij}는 다음과 같이 정의되는 하나의 기호이다.

$$\delta_{ij} = \begin{cases} 1, i = j \\ 0, i \neq j \end{cases} \tag{1.5}$$

즉

$$\delta_{11} = \delta_{22} = \delta_{33} = 1$$
$$\delta_{12} = \delta_{21} = \delta_{13} = \delta_{31} = \delta_{23} = \delta_{32} = 0$$

만약 어떤 특수한 항에서 x_i를 x_k로 표기하고 싶을 때 크로네커 델타를 사용하여 다음과 같이 표현할 수 있다.

$$x_i = \delta_{ik}x_k \tag{1.6}$$

즉 i와 k가 같지 않다면 그 항은 전부 영이 되고 i와 k가 같은 경우에는 1이므로 결국 $x_i = x_i$가 되어 위 표현은 옳다.

특수한 경우로서 $x_i{}^2$ 은 x_ix_i 로 표현되기 때문에 $x_i{}^2 = x_1{}^2 + x_2{}^2 + x_3{}^2$ 이고 $\delta_{ii} = \delta_{11} + \delta_{22} + \delta_{33}$이므로 $\delta_{ii} = 3$이다.

예제 1.3.1

식 (1.3)과 (1.4)의 관계로부터 $a_{ij}a_{jk} = \delta_{ik}$임을 보여라.

풀이 식 (1.3)을 식 (1.4)에 대입하면

$$x_i = a_{ij}x'_j = a_{ij}(a_{ji}x_i)$$

여기에서 i가 같은 항에서 세 번 반복되어 나오는데 같은 index 중 어느 것과 짝을 지워 합이 될 것인지 분명하지 않기 때문에 의미를 갖지 못한다. 따라서 이러한 문제를 해소하기 위해 식 (1.3)을 다음과 같이 표기한다.

$$x'_j = a_{jk}x_k$$

그러면

$$x_i = a_{ij}x'_j = a_{ij}(a_{jk}x_k) \tag{1.7}$$

이렇게 놓고 보면 왼편에 x_i, 오른편에 x_k로 동일한 독립변수가 서로 다른 index로 한 개의 방정식에 표현되어 있기 때문에 문제되지 않는다. 그런데 $x_i = \delta_{ik}x_k$ 이므로 식 (1.7)은 $\delta_{ik}x_k = a_{ij}(a_{jk}x_k)$ 가 되므로 결과적으로 $(a_{ij}a_{jk} - \delta_{ik})x_k = 0$이다. 이 방정식은 x_k가 어떤 값이든지 항상 만족하여야 하므로 x_k의 계 수가 영이 되어야 한다. 즉

$$a_{ij}a_{jk} = \delta_{ik} \ \ (i, k = 1, 2, 3, \quad j = 1', 2', 3') \tag{1.8}$$

식 (1.7)을 풀어서 쓴 형태로 표기하면

$$\begin{aligned} x_i &= a_{ij}(a_{j1}x_1 + a_{j2}x_2 + a_{j3}x_3) \\ &= a_{ij}a_{j1}x_1 + a_{ij}a_{j2}x_2 + a_{ij}a_{j3}x_3 \\ &= (a_{i1'}a_{1'1} + a_{i2'}a_{2'1} + a_{i3'}a_{3'1})x_1 \\ &\quad +(a_{i1'}a_{1'2} + a_{i2'}a_{2'2} + a_{i3'}a_{3'2})x_2 \\ &\quad +(a_{i1'}a_{1'3} + a_{i2'}a_{2'3} + a_{i3'}a_{3'3})x_3 \end{aligned}$$

$i = 1$이라면

$$\begin{aligned} x_1 = &(a_{11'}a_{1'1} + a_{12'}a_{2'1} + a_{13'}a_{3'1})x_1 \\ &+(a_{11'}a_{1'2} + a_{12'}a_{2'2} + a_{13'}a_{3'2})x_2 \\ &+(a_{11'}a_{1'3} + a_{12'}a_{2'3} + a_{13'}a_{3'3})x_3 \end{aligned}$$

따라서 다음 식이 성립되어야 함을 알 수 있다.

$$\begin{aligned} a_{11'}a_{1'1} + a_{12'}a_{2'1} + a_{13'}a_{3'1} &= 1 \\ a_{11'}a_{1'2} + a_{12'}a_{2'2} + a_{13'}a_{3'2} &= 0 \\ a_{11'}a_{1'3} + a_{12'}a_{2'3} + a_{13'}a_{3'3} &= 0 \end{aligned}$$

윗 식은 식 (1.8)를 $i = 1, k = 1,2,3$에 대해 풀어 쓴 결과와 동일함을 알 수 있다. 따라서 식 (1.8)는 옳다.

1.4 응력변환

(x, y, z) 좌표계로 표현된 응력성분 σ_{ij}을 임의로 회전한 (x', y', z') 좌표계에서 응력성분 σ'_{lm}으로 표현하려고 할 때 σ_{ij}와 σ'_{lm} 사이에서는 다음의 관계식이 성립한다.

$$\sigma_{lm}' = a_{li}a_{mj}\sigma_{ij} \tag{1.9}$$

여기에서 a_{li}와 a_{mj}는 양 좌표계 사이의 방향여현이다. 똑같은 관계식이 변형율 텐서 ε_{ij}와 ε'_{lm} 사이에서도 성립된다.

예제 1.4.1

식 (1.9)을 $l = m = 1'$인 경우에 대해 풀어서 쓴 형태로 표기하여 보라.

풀이 $l = m = 1'$인 경우

$$\sigma'_{11} = a_{1'i}a_{1'j}\sigma_{ij} = a_{1'i}a_{1'1}\sigma_{i1} + a_{1'i}a_{1'2}\sigma_{i2} + a_{1'i}a_{1'3}\sigma_{i3}$$
$$a_{1'i}a_{1'1}\sigma_{i1} = a_{1'1}a_{1'1}\sigma_{11} + a_{1'2}a_{1'1}\sigma_{21} + a_{1'3}a_{1'1}\sigma_{31}$$
$$a_{1'i}a_{1'2}\sigma_{i2} = a_{1'1}a_{1'2}\sigma_{12} + a_{1'2}a_{1'2}\sigma_{22} + a_{1'3}a_{1'2}\sigma_{32}$$
$$a_{1'i}a_{1'3}\sigma_{i3} = a_{1'1}a_{1'3}\sigma_{13} + a_{1'2}a_{1'3}\sigma_{23} + a_{1'3}a_{1'3}\sigma_{33}$$
$$\therefore \sigma'_{11} = {a_{1'1}}^2\sigma_{11} + {a_{1'2}}^2\sigma_{22} + {a_{1'3}}^2\sigma_{33} + a_{1'2}a_{1'1}(\sigma_{21} + \sigma_{12})$$
$$+a_{1'3}a_{1'1}(\sigma_{31} + \sigma_{13}) + a_{1'3}a_{1'2}(\sigma_{32} + \sigma_{23})$$

응력텐서는 대칭텐서(symmetric tensor)이므로

$$\sigma_{ij} = \sigma_{ji}(i \neq j) \tag{1.10}$$

즉

$$\sigma_{12} = \sigma_{21}$$
$$\sigma_{23} = \sigma_{32}$$
$$\sigma_{31} = \sigma_{13}$$

따라서

$$\sigma_{11}' = {a_{1'1}}^2\sigma_{11} + {a_{1'2}}^2\sigma_{22} + {a_{1'3}}^2\sigma_{33}$$
$$+2(a_{1'2}a_{1'1}\sigma_{12} + a_{1'3}a_{1'1}\sigma_{31} + a_{1'3}a_{1'2}\sigma_{32})$$

식 (1.9)의 l, m을 x, y', z'으로, i, j를 x, y, z로 표기하여 풀어서 쓴 형태는 다음과 같다.

$$\begin{aligned}
\sigma_{x'} &= a_{x'x}^2\sigma_x + a_{x'y}^2\sigma_y + a_{x'z}^2\sigma_z \\
&\quad + 2\left(a_{x'x}a_{x'y}\sigma_{xy} + a_{x'x}a_{x'z}\sigma_{zx} + a_{x'y}a_{x'z}\sigma_{zy}\right) \\
\sigma_{y'} &= a_{y'x}^2\sigma_x + a_{y'y}^2\sigma_y + a_{y'z}^2\sigma_z \\
&\quad + 2\left(a_{y'x}a_{y'y}\sigma_{xy} + a_{y'y}a_{y'z}\sigma_{yz} + a_{y'x}a_{y'z}\sigma_{xy}\right) \\
\sigma_{z'} &= a_{z'x}^2\sigma_x + a_{z'y}^2\sigma_y + a_{z'z}^2\sigma_z + 2(a_{z'x}a_{z'y}\sigma_{xy} + a_{z'y}a_{z'z}\sigma_{yz} \\
&\quad + a_{z'x}a_{z'z}\sigma_{xz}) \\
\sigma_{xy'} &= \sigma_{yx'} = a_{x'x}a_{y'x}\sigma_x + a_{x'y}a_{y'y}\sigma_y + a_{x'z}a_{y'z}\sigma_z \\
&\quad + \left(a_{x'x}a_{y'y} + a_{y'x}a_{x'y}\right)\sigma_{xy} \\
&\quad + \left(a_{x'y}a_{y'z} + a_{y'y}a_{x'z}\right)\sigma_{yz} + \left(a_{x'z}a_{y'x} + a_{y'z}a_{x'x}\right)\sigma_{xz} \\
\sigma_{yz'} &= \sigma_{zy'} = a_{y'x}a_{z'x}\sigma_x + a_{y'y}a_{z'y}\sigma_y + a_{y'z}a_{z'z}\sigma_z \\
&\quad + \left(a_{y'x}a_{z'y} + a_{z'x}a_{y'y}\right)\sigma_{xy} \\
&\quad + \left(a_{y'y}a_{z'z} + a_{z'y}a_{y'z}\right)\sigma_{yz} + \left(a_{y'z}a_{z'x} + a_{z'z}a_{y'x}\right)\sigma_{xz} \\
\sigma_{zx'} &= \sigma_{xz'} = a_{z'x}a_{x'x}\sigma_x + a_{z'y}a_{x'y}\sigma_y + a_{z'z}a_{x'z}\sigma_z \\
&\quad + \left(a_{z'x}a_{x'y} + a_{x'x}a_{z'y}\right)\sigma_{xy} \\
&\quad + \left(a_{z'y}a_{x'z} + a_{x'y}a_{z'z}\right)\sigma_{yz} + (a_{z'z}a_{x'x} + a_{x'z}a_{z'x})\sigma_{xz}
\end{aligned} \tag{1.11}$$

1.5 주응력

주응력과 주응력축의 방향은 다음의 식을 만족하여야 한다.

$$\left(\sigma_{ij} - \delta_{ij}S\right)a_j = 0 \qquad (i, j = x, y, z) \tag{1.12}$$

여기에서 S는 주응력이고, a_j는 주응력 방향과 좌표축 x_j 사이의 방향여현이다.

식 (1.12)을 풀어서 쓴 형태로 변환하면

$$
\begin{aligned}
(\sigma_x - S)a_x + \sigma_{xy}a_y + \sigma_{xz}a_z = 0 \\
\sigma_{yx}a_x + (\sigma_y - S)a_y + \sigma_{yz}a_z = 0 \\
\sigma_{zx}a_x + \sigma_{zy}a_y + (\sigma_z - S)a_z = 0
\end{aligned}
\tag{1.13}
$$

식 (1.12), 또는 (1.13)는 방향여현 a_j의 계수의 행렬식이 영이 되어야만 a_j의 해가 존재한다. 즉

$$\left|\sigma_{ij} - S\delta_{ij}\right| = 0 \tag{1.14}$$

식 (1.14)을 풀어서 쓴 형태로 표기하면

$$
\begin{vmatrix}
(\sigma_x - S) & \sigma_{xy} & \sigma_{xz} \\
\sigma_{yx} & (\sigma_y - S) & \sigma_{yz} \\
\sigma_{zx} & \sigma_{zy} & (\sigma_z - S)
\end{vmatrix} = 0 \tag{1.15}
$$

식 (1.15)는 S에 대한 3차 방정식이 된다. 즉

$$S^3 - I_1S^2 - I_2S - I_3 = 0 \tag{1.16}$$

여기에서

$$
\begin{aligned}
I_1 &= \sigma_x + \sigma_y + \sigma_z \\
I_2 &= -(\sigma_x\sigma_y + \sigma_y\sigma_z + \sigma_z\sigma_x) + ({\sigma_{xy}}^2 + {\sigma_{yz}}^2 + {\sigma_{zx}}^2) \\
I_3 &= \sigma_x\sigma_y\sigma_z + 2\sigma_{xy}\sigma_{yz}\sigma_{zx} - ({\sigma_{yz}}^2\sigma_x + {\sigma_{zx}}^2\sigma_y + {\sigma_{xy}}^2\sigma_z)
\end{aligned}
\tag{1.17}
$$

식 (1.16)의 해 S가 주응력 σ_1, σ_2, σ_3가 된다. 만약 식 (1.14)의 σ_{ij}가 주응력 σ_1, σ_2, σ_3이라면, 식 (1.15)는 다음 식이 된다.

$$(\sigma_1 - S)(\sigma_2 - S)(\sigma_3 - S) = 0$$

이 경우에

$$
\begin{aligned}
I_1 &= \sigma_1 + \sigma_2 + \sigma_3 \\
I_2 &= -(\sigma_1\sigma_2 + \sigma_2\sigma_3 + \sigma_3\sigma_1) \\
I_3 &= \sigma_1\sigma_2\sigma_3
\end{aligned}
\tag{1.18}
$$

주응력은 좌표계 변환과 관계없이 항상 같은 값을 가진다. 따라서 식 (1.14)은 좌표계 변환과 관계없이 항상 같은 주응력값을 주어야 한다. 그렇게 되기 위해서는 식 (1.16)의 계수 I_1, I_2, I_3는 좌표변환과 무관하여야 한다. 그러므로 I_1, I_2, I_3를 응력텐서의 불변량(invarient)이라 부른다.

식 (1.15)로부터 σ_1, σ_2, σ_3가 구하여지면 그 값을 식 (1.18)에 대입하여 I_1, I_2, I_3를 구하고 그 값이 식 (1.17)에서 구한 I_1, I_2, I_3과 같은 값을 주는가 검토하여야 계산된 σ_1, σ_2, σ_3의 정확성을 확인할 수 있다. 그 다음 σ_1, σ_2, σ_3의 방향을 계산하기 위해 식 (1.12), 즉 식 (1.13)를 사용하여 각 주응력에 대한 a_x, a_y, a_z를 구한다. 그런데 a_x, a_y, a_z는 해당 주응력방향과 x_i축과의 방향여현이므로 식 (1.13) 뿐만 아니라 다음 식도 만족하여야 한다

$$
{a_x}^2 + {a_y}^2 + {a_z}^2 = 1 \tag{1.19}
$$

즉 a_x, a_y, a_z를 구하기 위해 식 (1.13)와 식 (1.19)을 연립하여 풀어야 한다.

2. 3차원 탄성학

2.1 해의 존재를 위한 요구 조건

3차원 탄성학 해석에서 결정하여야 할 미지수가 15개 있다. 즉 6개의 응력성분, 6개의 변형률성분 그리고 3개의 변위성분이다. 이 15개의 미지수를 얻기 위해서는 15개의 방정식이 필요하다. 그것은 다음과 같다.

2.1.1 3개의 평형방정식

$$\sigma_{ij,j} + X_i = 0 \tag{2.1}$$

여기에서 $\sigma_{ij,j} = \frac{\partial \sigma_{ij}}{\partial_{xj}}$이고, X_i는 단위부피당 물체력(body force)이다. 식 (2.1)을 풀어서 쓰면 다음과 같다

$$\begin{aligned}
\frac{\partial \sigma_x}{\partial x} + \frac{\partial \sigma_{xy}}{\partial y} + \frac{\partial \sigma_{xz}}{\partial z} + X = 0 \\
\frac{\partial \sigma_{yx}}{\partial x} + \frac{\partial \sigma_y}{\partial y} + \frac{\partial \sigma_{yz}}{\partial z} + Y = 0 \\
\frac{\partial \sigma_{zx}}{\partial x} + \frac{\partial \sigma_{zy}}{\partial x} + \frac{\partial \sigma_z}{\partial x} + Z = 0
\end{aligned} \tag{2.2}$$

2.1.2 6개의 응력과 변형률 관계식, 즉 Hooke 법칙

$$\sigma_{ij} = \lambda \delta_{ij} \varepsilon_{\alpha\alpha} + 2G\varepsilon_{ij} \tag{2.3}$$

여기에서 λ와 G는 Lamé 상수이다. G는 일반적으로 전단계수라고 부른다. 식 (2.3)을 다음 식으로 표현할 수도 있다.

$$\varepsilon_{ij} = \frac{1+\nu}{E}\sigma_{ij} - \frac{\nu}{E}\delta_{ij}\sigma_{\alpha\alpha} \tag{2.4}$$

E, ν, λ, G와의 상관관계식은 다음과 같다.

$$\begin{aligned}
\lambda &= \frac{2Gv}{1-2v} = \frac{G(E-2G)}{3G-E} = K - \frac{2}{3}G = \frac{Ev}{(1+v)(1-2v)} \\
&= \frac{3Kv}{1+v} = \frac{3K(3K-E)}{9K-E} \\
G &= \frac{\lambda(1-2v)}{2v} = \frac{3}{2}(K-\lambda) = \frac{E}{2(1+v)} = \frac{3K(1-2v)}{2(1+v)} \\
&= \frac{3KE}{9K-E}
\end{aligned}$$

$$v=\frac{\lambda}{2(\lambda+G)}=\frac{\lambda}{(3K-\lambda)}=\frac{E}{2G}-1=\frac{3K-2G}{2(3K+G)} \tag{2.5}$$
$$=\frac{3K-E}{6K}$$
$$E=\frac{G(3\lambda+2G)}{\lambda+G}=\frac{\lambda(1+v)(1-2v)}{v}=\frac{9K(K-\lambda)}{3K-\lambda}$$
$$=2G(1+v)=\frac{9KG}{3K+G}=3K(1-2v)$$
$$K=\lambda+\frac{2}{3}G=\frac{\lambda(1+v)}{3v}=\frac{3G(1+v)}{3(1-2v)}=\frac{GE}{3(3G-E)}$$
$$=\frac{E}{3(1-2v)}$$

여기에서 K는 체적탄성계수(bulk modulus)이다. 식 (2.4)를 풀어서 쓰면 다음과 같다.

$$\begin{aligned}
\varepsilon_x &= \frac{1}{E}\left[\sigma_x-\nu(\sigma_y+\sigma_z)\right]\\
\varepsilon_y &= \frac{1}{E}\left[\sigma_y-\nu(\sigma_x+\sigma_z)\right]\\
\varepsilon_z &= \frac{1}{E}\left[\sigma_z-\nu(\sigma_x+\sigma_y)\right]\\
\varepsilon_{xy} &= \frac{\sigma_{xy}}{2G}\\
\varepsilon_{yz} &= \frac{\sigma_{yz}}{2G}\\
\varepsilon_{zx} &= \frac{\sigma_{zx}}{2G}
\end{aligned} \tag{2.6}$$

여기에서 주의할 것은 $\varepsilon_{xy}, \varepsilon_{yz}, \varepsilon_{zx}$는 순수한 전단변형률 $\gamma_{xy}, \gamma_{yz}, \gamma_{zx}$의 반값으로 정의되어 있다. 즉

$$2\varepsilon_{ij}=\gamma_{ij}(i\neq j) \tag{2.7}$$

예제 2.1

식 (2.3)을 이용하여 식 (2.4)을 유도하라.

풀이 식 (2.3)으로부터

$$\varepsilon_{ij} = \frac{1}{2G}(\sigma_{ij} - \lambda\delta_{ij}\varepsilon_{\alpha\alpha}) \qquad \text{(a)}$$

윗 식의 등호 오른쪽을 응력항으로 표현하기 위해 식 (2.3)으 로부터

$$\sigma_{\alpha\alpha} = 3\lambda\varepsilon_{\alpha\alpha} + 2G\varepsilon_{\alpha\alpha} = (3\lambda + 2G)\varepsilon_{\alpha\alpha} \qquad \text{(b)}$$

$$\therefore \varepsilon_{\alpha\alpha}\frac{\sigma_{\alpha\alpha}}{3\lambda + 2G}$$

식 (b)를 식 (a)에 대입하면

$$\varepsilon_{ij} = \frac{1}{2G}\left(\sigma_{ij} - \frac{\lambda\delta_{ij}\sigma_{\alpha\alpha}}{3+2G}\right) \qquad \text{(c)}$$

식 (2.5)를 윗 식에 적용하면 식 (2.4)를 얻을 수 있다.

2.1.3 6개의 변형률과 변위 사이의 관계식

$$\varepsilon_{ij} = \frac{1}{2}(u_{i,j} + u_{j,i}) \qquad (2.8)$$

식 (2.8)을 풀어서 쓰면 다음과 같다.

$$\varepsilon_x = \frac{\partial u_x}{\partial x}$$

$$\varepsilon_y = \frac{\partial u_y}{\partial y}$$

$$\varepsilon_z = \frac{\partial u_z}{\partial z}$$

$$\varepsilon_{xy} = \frac{1}{2}\left(\frac{\partial u_x}{\partial y} + \frac{\partial u_y}{\partial x}\right) \tag{2.9}$$

$$\varepsilon_{yz} = \frac{1}{2}\left(\frac{\partial u_y}{\partial z} + \frac{\partial u_z}{\partial y}\right)$$

$$\varepsilon_{zx} = \frac{1}{2}\left(\frac{\partial u_z}{\partial x} + \frac{\partial u_x}{\partial z}\right)$$

물체의 경계면에서는 다음의 평형조건을 만족하여야 한다.

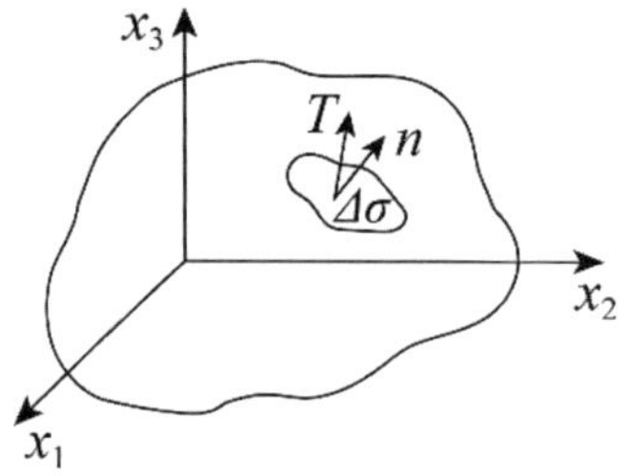

그림 2.1 응력벡터

$$T_i = \sigma_{ij} n_j \tag{2.10}$$

여기서 n_j는 물체 표면에 수직이면서 외부로 향하는 벡터 **n** 방향여현이며 T_i는 그림 2.1에서 보는 바와 같이 **n**벡터가 작용하는 표면 요소에 응력벡터 T의 성분이다. 식 (2.10)을 풀어서 쓰면 다음과 같다.

$$T_x = \sigma_x n_x + \sigma_{xy} n_y + \sigma_{xz} n_z$$

$$T_y = \sigma_{yx} n_x + \sigma_y n_y + \sigma_{yz} n_z \tag{2.11}$$

$$T_z = \sigma_{zx} n_x + \sigma_{zy} n_y + \sigma_z n_z$$

이러한 방정식들 외에도 적합방정식을 만족하여야 한다.

2.2 적합방정식(compatibility equations)

식 (2.9)에서는 3개의 미지수 u_i에 대해 6개의 식이 있는 만큼 단순연결 영역(simply connected domain)에서 단일 해를 가지기 위해서는 적합방정식을 만족해야 한다. 그림 2.2를 가지고 적합성의 의미를 설명하고자 한다. 변형 전의 곡선 $ABCD$가 변형을 받아서 C,D점의 사이에 간격이 생긴다거나 재료의 겹침에 의해 그림과 같이 C,D의 순서가 바뀐다든가 하면 적합하지 못한 경우가 되고 C,D가 변형 후에도 같은 점에서 만난다면 적합하다고 한다.

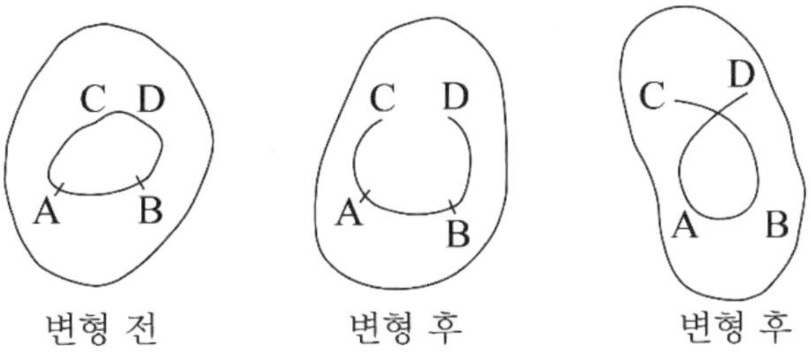

그림 2.2 적합성에 대한 설명

식 (2.8)을 미분하면

$$\varepsilon_{ij,kl} = \frac{1}{2}\left(u_{i,jkl} + u_{j,ikl}\right)$$

아래 첨자를 서로 교환하여 다음의 방정식도 얻을 수 있다.

$$\varepsilon_{kl,ij} = \frac{1}{2}\left(u_{k,lij} + u_{l,kij}\right)$$
$$\varepsilon_{jl,ik} = \frac{1}{2}\left(u_{j,lik} + u_{l,jik}\right)$$
$$\varepsilon_{ik,jl} = \frac{1}{2}\left(u_{i,kjl} + u_{k,ijl}\right)$$

이로부터 다음의 관계식을 얻는다.

$$\varepsilon_{ij,kl} + \varepsilon_{kl,ij} - \varepsilon_{ik,jl} - \varepsilon_{jl,ik} = 0 \tag{2.12}$$

이 식을 Saint-Venant의 적합방정식이라 부른다. 식 (2.12)로써 얻을 수 있는 방정식 81개인데 이 중 단지 6개만 서로 독립인 방정식이 되며 다음과 같다.

$$\begin{aligned}
\frac{\partial^2 \varepsilon_x}{\partial y \partial z} &= \frac{\partial}{\partial x}\left(-\frac{\partial \varepsilon_{yz}}{\partial x} + \frac{\partial \varepsilon_{zx}}{\partial y} + \frac{\partial \varepsilon_{xy}}{\partial z}\right) \\
\frac{\partial^2 \varepsilon_y}{\partial z \partial x} &= \frac{\partial}{\partial y}\left(-\frac{\partial \varepsilon_{zx}}{\partial y} + \frac{\partial \varepsilon_{xy}}{\partial z} + \frac{\partial \varepsilon_{yz}}{\partial x}\right) \\
\frac{\partial^2 \varepsilon_z}{\partial x \partial y} &= \frac{\partial}{\partial z}\left(-\frac{\partial \varepsilon_{xy}}{\partial z} + \frac{\partial \varepsilon_{yz}}{\partial x} + \frac{\partial \varepsilon_{zx}}{\partial y}\right) \\
2\frac{\partial^2 \varepsilon_{xy}}{\partial x \partial y} &= \frac{\partial^2 \varepsilon_x}{\partial y^2} + \frac{\partial^2 \varepsilon_y}{\partial x^2} \\
2\frac{\partial^2 \varepsilon_{yz}}{\partial y \partial z} &= \frac{\partial^2 \varepsilon_y}{\partial z^2} + \frac{\partial^2 \varepsilon_z}{\partial y^2} \\
2\frac{\partial^2 \varepsilon_{xz}}{\partial x \partial z} &= \frac{\partial^2 \varepsilon_z}{\partial x^2} + \frac{\partial^2 \varepsilon_x}{\partial z^2}
\end{aligned} \tag{2.13}$$

2.3 Beltrami-Michell 적합방정식

물체 표면에 작용하는 힘의 분포를 알 때는 힘경계치문제(force boundary value problem)이며, 이 경우에는 응력항으로 표시되는 Beltrami-Michell의 적합방정식을 취급하는 것이 편리하다. 이 방정식은 식 (2.13)에 식 (2.6)을 대입하고 식 (2.2)를 사용함으로써 다음과 같은 형태로 얻어진다.

$$\begin{aligned}
\nabla^2 \sigma_x + \frac{1}{1+\nu}\frac{\partial^2 \Theta}{\partial x^2} &= -\frac{\nu}{1-\nu}\mathrm{divX} - 2\frac{\partial X_x}{\partial x} \\
\nabla^2 \sigma_y + \frac{1}{1+\nu}\frac{\partial^2 \Theta}{\partial y^2} &= -\frac{\nu}{1-\nu}\mathrm{divX} - 2\frac{\partial X_y}{\partial y} \\
\nabla^2 \sigma_z + \frac{1}{1+\nu}\frac{\partial^2 \Theta}{\partial z^2} &= -\frac{\nu}{1-\nu}\mathrm{divX} - 2\frac{\partial X_z}{\partial z}
\end{aligned}$$

$$\nabla^2\sigma_{yz} + \frac{1}{1+\nu}\frac{\partial^2\Theta}{\partial y\partial z} = -\left(\frac{\partial X_y}{\partial z} + \frac{\partial X_z}{\partial y}\right) \tag{2.14}$$

$$\nabla^2\sigma_{zx} + \frac{1}{1+\nu}\frac{\partial^2\Theta}{\partial z\partial x} = -\left(\frac{\partial X_z}{\partial x} + \frac{\partial X_x}{\partial z}\right)$$

$$\nabla^2\sigma_{xy} + \frac{1}{1+\nu}\frac{\partial^2\Theta}{\partial x\partial y} = -\left(\frac{\partial X_x}{\partial y} + \frac{\partial X_y}{\partial x}\right)$$

여기에서 $\Theta = \sigma_x + \sigma_y + \sigma_z$이다.

식 (2.14)을 텐서표기로 나타낸 식은 다음과 같다.

$$\nabla^2\sigma_{ij} + \frac{1}{1+\nu}\sigma_{kk,ij} = -\frac{\nu}{1-\nu}\delta_{ij}\mathrm{div}\mathrm{X} - \left(X_{i,j} + X_{j,i}\right) \tag{2.15}$$

물체 내부의 응력장을 찾기 위해서는 식 (2.1), 식 (2.15)와 식 (2.10)을 만족하는 해를 구하여야 한다. 즉 평형조건, 적합조건과 경계조건을 만족하여야 엄밀 해가 된다.

예제 2.2

다음 응력장은 적합방정식을 만족하는가?

$$\sigma_x = 30x^3 + 5y, \quad \sigma_{xy} = 10z + 10y^2$$
$$\sigma_y = 10x^3 + 10, \quad \sigma_{yz} = 20$$
$$\sigma_z = 10y^2 + 5z^3, \quad \sigma_{zx} = 3xz^3 + 10x^2y$$

풀이 먼저 물체력을 찾아야 식 (2.14)에 넣어서 만족하는지 검토가 가능하다. 물체력을 찾기 위해서 식 (2.2)를 적용하면

$$90x^2 + 20y + 9xz^2 + X = 0$$
$$Y = 0$$
$$3z^3 + Z = 0$$
$$\therefore X = -90x^2 - 20y + 9xz^2$$

$$Y = 0$$
$$Z = -3z^3$$

위의 응력장과 물체력을 식 (2.14)의 첫번째 식의 각 항에 대입하면 만족하지 못함을 알 수 있다.

2.4 Navier 평형 방정식

물체의 표면에 작용하는 변위분포를 알 때는 변위경계치 문제(displacement boundary value problem)이며, 이 경우에는 변위항으로 표시되는 Navier의 평형방정식을 취급하는 것이 편리하다. 이 방정식은 식 (2.3)을 식 (2.1)에 대입하고 식 (2.8)을 이용하면 다음의 Naiver의 평형 방정식을 얻을 수 있다.

$$G\left(\nabla^2 u_i + \frac{1}{1-2\nu}\frac{\partial\theta}{\partial x_i}\right) + X_i = 0 \tag{2.16}$$

여기에서 $\theta = \varepsilon_x + \varepsilon_y + \varepsilon_z$이다.

식 (2.1)에 가속력을 고려하면 다음의 운동방정식으로 표현된다.

$$\sigma_{ij,j} + X_i = \rho\ddot{u}_i \tag{2.17}$$

여기에서 $\ddot{u}_i = \frac{\partial^2 u_i}{\partial t^2}$ 이다

식 (2.3)을 식 (2.17)에 대입하고 식 (2.8)를 이용하면 다음의 Navier의 운동방정식이 얻어진다.

$$G\left(\nabla^2 u_i + \frac{1}{1-2\nu}\frac{\partial\theta}{\partial x_i}\right) + X_i = \rho\ddot{u}_i \tag{2.18}$$

예제 2.3

식 (2.16)을 유도하라.

풀이 식 (2.1)로부터 시작한다. 즉

$$\sigma_{ij,j} + X_i = 0 \tag{2.1}$$

식 (2.1)에 식 (2.3)을 대입하면

$$\left(\lambda\delta_{ij}\varepsilon_{\alpha\alpha}\right)_{,j} + \left(2G\varepsilon_{ij}\right)_{,j} + X_i = 0$$
$$\lambda\delta_{ij}\varepsilon_{\alpha\alpha,j} + 2G\varepsilon_{ij_{,j}} + X_i = 0$$

윗 식에 식 (2.8)을 대입하면

$$\lambda\delta_{ij}\frac{1}{2}(u_{\alpha,\alpha} + u_{\alpha,\alpha})_{,j} + 2G\frac{1}{2}(u_{i,j} + u_{j,i})_{,j} + X_i = 0$$
$$\lambda\delta_{ij}u_{\alpha,\alpha j} + Gu_{i,jj} + Gu_{j,ij} + X_i = 0$$
$$\lambda u_{\alpha,\alpha i} + G\nabla^2 u_i + Gu_{\alpha,\alpha i} + X_i = 0$$
$$G\left\{\nabla^2 u_i + \left(1 + \frac{2\nu}{1-2\nu}\right)u_{\alpha,\alpha i}\right\} + X_i = 0$$
$$\therefore G\left(\nabla^2 u_i + \frac{1}{1-2\nu}\frac{\partial\theta}{\partial x_i}\right) + X_i = 0$$

---

3. 2차원 탄성학

3.1 평면변형률 상태(plane strain state)

평면변형률 상태는 다음 경우와 같이 어느 한 방향의 변위 성분이 없는 경우이다.

$$\begin{aligned} u &= u(x,y) \\ v &= v(x,y) \\ w &= 0 \end{aligned} \tag{3.1}$$

여기에서 u, v, w는 앞장에서는 u_x, u_y, u_z로 표현된 것이다. 식 (3.1)은 다음의 조건과 같은 의미를 준다.

$$\begin{aligned}
\varepsilon_{xz} &= \frac{1}{2}\left(\frac{\partial u}{\partial z} + \frac{\partial w}{\partial x}\right) = 0 \\
\varepsilon_{yz} &= \frac{1}{2}\left(\frac{\partial v}{\partial z} + \frac{\partial w}{\partial y}\right) = 0 \\
\varepsilon_z = \frac{\partial w}{\partial z} = 0,\ \varepsilon_x = \frac{\partial u}{\partial x},\ \varepsilon_y &= \left(\frac{\partial v}{\partial y}\right),\ \varepsilon_{xy} = \frac{1}{2}\left(\frac{\partial u}{\partial y} + \frac{\partial v}{\partial x}\right)
\end{aligned} \tag{3.2}$$

이러한 조건은 그림 3.1에서 보는 바와 같은 양 끝이 구속된 내압이 작용하는 긴 원통에서 근사하게 얻어진다. 이 경우에 평형방정식은 식 (2.1) 또는 식 (2.2)로부터 다음과 같이 얻어진다.

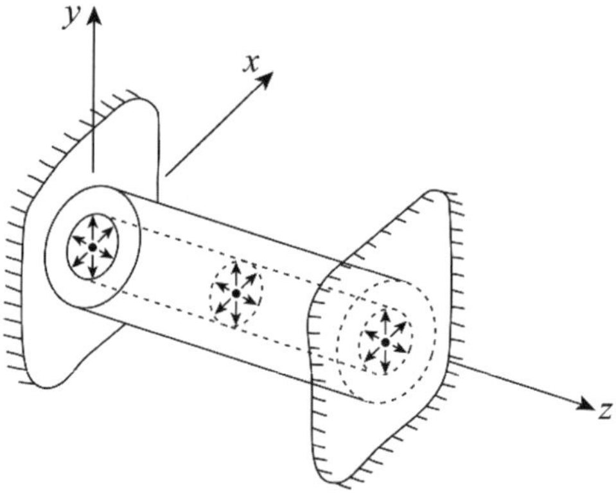

그림 3.1 평면변형률 상태

$$\begin{aligned}
&\frac{\partial \sigma_x}{\partial x} + \frac{\partial \sigma_{xy}}{y} + X = 0 \\
&\frac{\partial \sigma_x}{\partial x} + \frac{\partial \sigma_{xy}}{y} + X = 0 \\
&Z = 0
\end{aligned} \tag{3.3}$$

Hooke 법칙은 식 (2.3) 또는 식 (2.4) 혹은 식 (2.6)으로부터 다음과 같이 얻어진다.

$$\begin{aligned}
\sigma_x &= \lambda(\varepsilon_x + \varepsilon_y) + 2G\varepsilon_x \\
\sigma_y &= \lambda(\varepsilon_x + \varepsilon_y) + 2G\varepsilon_y \\
\sigma_z &= \lambda\left(\varepsilon_x + \varepsilon_y\right) = \nu(\sigma_x + \sigma_y) \\
\sigma_{xy} &= 2G\varepsilon_{xy} \\
\sigma_{xz} &= \sigma_{yz} = 0
\end{aligned} \tag{3.4}$$

또는

$$\begin{aligned}
\varepsilon_x &= \frac{1}{E}\left[\sigma_x - v(\sigma_y + \sigma_z)\right] = \frac{1+v}{E}\left[\sigma_x(1-v) - v\sigma_y\right] \\
\varepsilon_y &= \frac{1}{E}\left[\sigma_y - v(\sigma_z + \sigma_x)\right] = \frac{1+v}{E}\left[\sigma_y(1-v) - v\sigma_x\right] \\
\varepsilon_z &= \frac{1}{E}\left[\sigma_z - v(\sigma_x + \sigma_y)\right] = 0 \\
\varepsilon_{xz} &= \frac{\sigma_{xy}}{2G} \\
\varepsilon_{xz} &= \varepsilon_{yz} = 0
\end{aligned} \tag{3.5}$$

적합방정식은 평면변형률인 경우 식 (2.13)로부터 다음과 같은 하나의 식으로 나타낼 수 있다

$$\frac{\partial^2 \varepsilon_x}{\partial y^2} + \frac{\partial^2 \varepsilon_y}{\partial x^2} = 2\frac{\partial^2 \varepsilon_{xy}}{\partial x \partial y} \tag{3.6}$$

식 (3.6)은 사실은 식 (2.13)의 네 번째 식과 같다. 식 (3.6)에 식 (3.5)를 대입하고 식 (3.3)을 이용하면 평면변형률의 경우에 해당하는 다음의 Beltrami-Michell 방정식이 얻어진다.

$$\nabla^2\left(\sigma_x + \sigma_y\right) = -\frac{1}{1-\nu}\left(\frac{\partial X}{\partial x} + \frac{\partial Y}{\partial y}\right) \tag{3.7}$$

어떠한 물체든 평면변형률인 경우, 물체 내의 응력장은 평형조건식 (3.3)과 적합조건식 (3.7)과 경계조건을 만족해야 한다. 경계조건은 식 (2.11)로부터 그림 3.2에서 보인 바와 같이 $n_z = 0$이므로 다음과 같다.

$$T_x = \sigma_x n_x + \sigma_{xy} n_y$$
$$T_y = \sigma_{yx} n_x + \sigma_y n \qquad (3.8)$$
$$T_z = 0$$

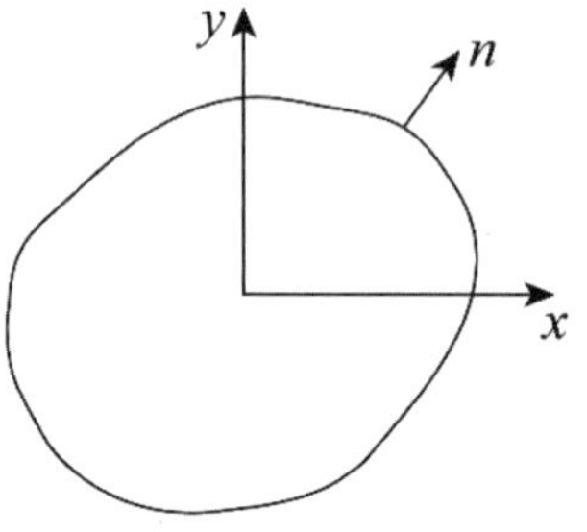

그림 3.2 단위수직벡터 $\boldsymbol{n}$

식 (3.3), (3.7), (3.8)로부터 응력이 구하여지면 식 (3.5)로 부터 변형률이 얻어지고 그 결과를 식 (3.2)에 대입함으로써 변위가 구하여진다.

이와는 반대로 변위로부터 변형률 및 응력을 구하려면 평면변형률의 경우에 해당하는 Navier 평형방정식과 경계조건을 이용하여야 한다. 평형방정식은 식 (3.4)를 식 (3.3)에 대입하고 식 (3.2)를 이용하면 다음의 결과가 얻어진다.

$$G\nabla^2 u + \frac{G}{1-2v}\frac{\partial}{\partial x}\left(\frac{\partial u}{\partial x} + \frac{\partial v}{\partial y}\right) + X = 0$$
$$G\nabla^2 v + \frac{G}{1-2v}\frac{\partial}{\partial y}\left(\frac{\partial u}{\partial x} + \frac{\partial v}{\partial y}\right) + Y = 0 \qquad (3.9)$$

여기에서

$$\nabla^2 = \frac{\partial^2}{\partial x^2} + \frac{\partial^2}{\partial y^2}$$

이다.

3.2 평면응력 상태(plane stress state)

평면응력 상태는 다음의 조건이 만족되는 경우를 말한다.

$$\begin{aligned} &\sigma_z = 0, \quad \sigma_{zx} = 0, \quad \sigma_{zy} = 0 \\ &\sigma_x = \sigma_x(x, y), \quad \sigma_y = \sigma_y(x, y), \quad \sigma_x = \sigma_{xy}(x, y) \end{aligned} \tag{3.10}$$

이러한 조건은 그림 3.3에서 보는 바와 같이 얇은 원판의 두께에 걸쳐 균일분포하중이 두께에 수직으로 작용하는 경우에 근사적으로 만족한다. 평면응력 상태의 경우에 평형방정식은 식 (2.1) 또는 식 (2.2)로부터 다음과 같이 얻어진다.

$$\begin{aligned} &\frac{\partial \sigma_x}{\partial x} + \frac{\partial \sigma_{xy}}{\partial y} + X = 0 \\ &\frac{\partial \sigma_{yx}}{\partial x} + \frac{\partial \sigma_y}{\partial y} + Y = 0 \\ &Z = 0 \end{aligned} \tag{3.11}$$

Hooke 법칙은 이 경우에 다음과 같이 된다.

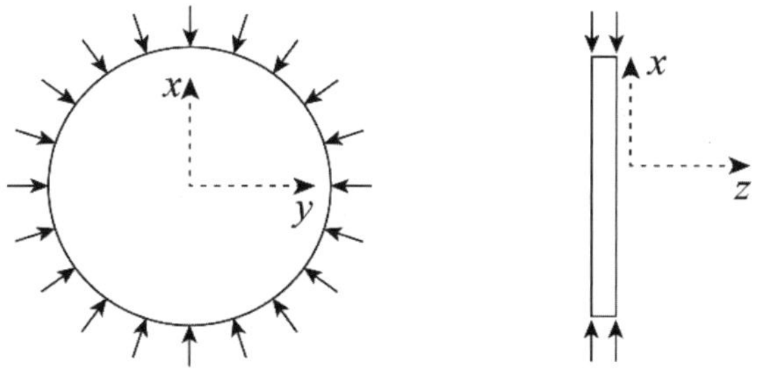

그림 3.3 얇은 원판의 두께에 작용하는 균일분포하중

$$\begin{aligned} &\sigma_x = \frac{E}{1 - v^2}(\varepsilon_x + v\varepsilon_y) \\ &\sigma_y = \frac{E}{1 - v^2}(\varepsilon_y + v\varepsilon_x) \\ &\sigma_{xy} = 2G\varepsilon_{xy} \\ &\sigma_z = \sigma_{xz} = \sigma_{yz} = 0 \end{aligned} \tag{3.12}$$

또는

$$
\begin{aligned}
\varepsilon_x &= \frac{1}{E}(\sigma_x - \nu\sigma_y) \\
\varepsilon_y &= \frac{1}{E}(\sigma_y - \nu\sigma_x) \\
\varepsilon_z &= -\frac{v}{E}(\sigma_x - \sigma_y) \\
\varepsilon_{xy} &= \frac{\sigma_{xy}}{2G} \\
\varepsilon_{xz} &= 0 \\
\varepsilon_{yz} &= 0
\end{aligned} \tag{3.13}
$$

적합방정식은 다음과 같다.

$$\frac{\partial^2 \varepsilon_x}{\partial y^2} + \frac{\partial^2 \varepsilon_y}{\partial x^2} = 2\frac{\partial^2 \varepsilon_{xy}}{\partial x \partial y} \tag{3.14}$$

평면응력인 경우에 적합방정식은 식 (3.14) 외에도 있다. 그러나 이 식만을 생각하여 구한 해라 할지라도 얇은 평판의 경우 좋은 근사해를 준다. 식 (3.13)를 식 (3.14)에 대입하고 식 (3.11)를 이용하면 다음 식이 얻어진다.

$$\nabla^2(\sigma_x + \sigma_y) = -(1+\nu)\left(\frac{\partial X}{\partial x} + \frac{\partial Y}{\partial y}\right) \tag{3.15}$$

여기에서

$$\nabla^2 = \frac{\partial^2}{\partial x^2} + \frac{\partial^2}{\partial y^2}$$

이다.

식 (3.15)은 식 (3.7)과 차이가 있는데 그 원인은 상태의 차이에 따른 Hooke 법칙의 차이에 있다. 한편 식 (3.15)은 식 (2.14)로부터는 얻어질 수 없는데, 그 이유는 식 (2.14)은 식 (2.13)의 6개 식으로부터 조합하여 얻어진 데 반하여 평면응력 상태에서는 근사적으로 식 (3.14)만 적합방정식으로 생각하였기 때문이다.

경계조건식은 다음과 같다.

$$T_x = \sigma_x n_x + \sigma_{xy} n_y$$
$$T_y = \sigma_{xy} n_x + \sigma_y n_y \qquad (3.16)$$
$$T_z = 0$$

평면 응력에 대한 Navier 방정식은 식 (3.12)을 식 (3.11)에 대입하고 그 결과 식에 변형률과 변위관계식을 대입하면 다음 식을 얻을 수 있다.

$$G\nabla^2 u + \frac{E}{2(1-v)}\frac{\partial}{\partial x}\left(\frac{\partial u}{\partial x} + \frac{\partial v}{\partial y}\right) + X = 0$$
$$G\nabla^2 v + \frac{E}{2(1-v)}\frac{\partial}{\partial y}\left(\frac{\partial u}{\partial x} + \frac{\partial v}{\partial y}\right) + Y = 0 \qquad (3.17)$$

식 (3.17)도 평면변형률 상태의 식 (3.9)와 비교하여 생기는 차이는 상태의 변화에 따른 Hooke 법칙의 차이에 기인한다.

3.1절에 주어진 평면변형률 방정식에서 E와 v를 다음의 E_1과 v_1으로 각각 바꾸어주면 평면응력 방정식으로 변환된다. 즉

$$E_1 = \frac{E(1+2v)}{(1+v)^2}, \qquad v_1 = \frac{v}{1+v} \qquad (3.18)$$

그리고 3-2절에 주어진 평면응력 방정식에서 E와 v를 다음의 E_2, v_2로 각각 바꾸어 주면 3-1절의 평면변형률 방정식이 얻어진다. 즉

$$E_2 = \frac{E}{1-\nu^2}, \qquad \nu = \frac{\nu}{1-\nu} \qquad (3.19)$$

따라서 평면응력 문제의 해는 상응하는 평면변형률 문제의 해로 결정될 수 있다. 물론 그 역도 가능하다. 식 (3.18)과 (3.19)와 같은 대치는 Hooke 법칙에도 적용된다.

예제 3.1

그림 3.4에서 보는 얇은 외팔보(cantilever beam)에 순수 하중 P가 작용할 때 순수굽힘에 의한 변위장은 다음과 같다

$$u_x(x,y) = A\left(\frac{Lx}{3} - \frac{x^2}{6}\right)y - \frac{\nu}{18}Ay^3$$

$$u_y(x,y) = -\frac{\nu}{6}A(L-x)y^2 - A\left(\frac{Lx^2}{6} - \frac{x^3}{18}\right)$$

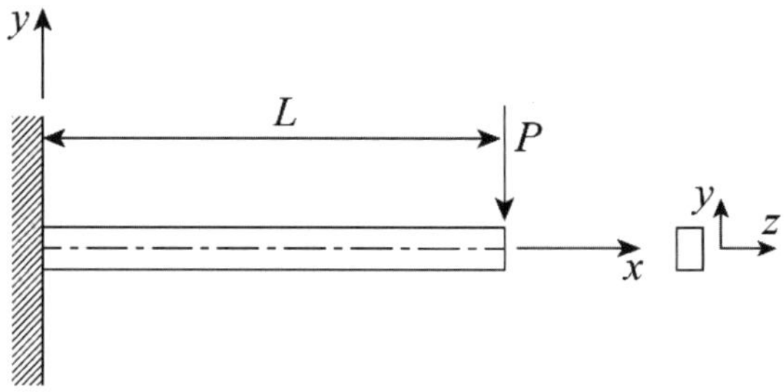

그림 3.4 외팔보의 선단에 작용하는 집중하중

여기에서 $A = \frac{3P}{EI}$이고 I는 굽힘축에 관한 관성면적 모멘트이다. 응력장을 구하라.

풀이 식 (2.9)에 의해 변위장으로부터 변형율을 구하고 구한 변형율을 식 (2.3)에 대입함으로써 응력장을 구하여야 한다.

$$\varepsilon_x = \frac{\partial u_x}{\partial x} = \frac{P}{EI}(L-x)y$$

$$\varepsilon_y = \frac{\partial u_y}{\partial y} = -\frac{\nu P}{EI}(L-x)y$$

$$\varepsilon_{xy} = \frac{1}{2}\left(\frac{\partial u_x}{\partial y} + \frac{\partial u_y}{\partial x}\right) = \frac{1}{2}\left\{\left[\frac{P}{EI}\left(Lx - \frac{x^2}{2}\right) - \frac{\nu P y^2}{2EI} + \right] + \left[\frac{\nu P y^2}{2EI} - \frac{P}{EI}\left(Lx - \frac{x^2}{2}\right)\right]\right\} = 0$$

위의 결과를 식 (2.3)에 대입하면

$$\sigma_x = \frac{P}{I}(L-x)y$$

$$\sigma_y = 0$$

$$\sigma_{xy} = 0$$

이 결과식은 평형방정식을 만족하지 않는다는 것을 보일 수 있다. 왜 그러한 현상이 생겼느냐 하면 주어진 변위장이 경계조건을 만족하지 못하기 때문이다. 경계조건으로 $u_x(0, y) = 0$이어야 하나 주어진 변위장은 이 경계조건을 만족시키지 못하고 있다.

3.3 응력함수

물체력을 포텐셜함수(potential function) Ω로 다음과 같이 표현한다.

$$X = \frac{\partial \Omega}{\partial x}, \qquad Y = \frac{\partial \Omega}{\partial y} \tag{3.20}$$

평면응력 상태에서 식 (3.11)와 식 (3.14)를 한 개의 식으로 줄일 수 있다. Airy 응력함수라고 불리우는 새로운 종속변수 $\phi(x, y)$를 아래와 같이 정의한다.

$$\begin{aligned} &\sigma_x + \Omega = \frac{\partial^2 \phi}{\partial y^2}, \qquad \sigma_y + \Omega = \frac{\partial^2 \phi}{\partial x^2} \\ &\sigma_{xy} = -\frac{\partial^2 \phi}{\partial x \partial y} \end{aligned} \tag{3.21}$$

식 (3.21)는 식 (3.11)를 자동적으로 만족한다. 다음 식 (3.21)를 적합조건식 (3.14)에 대입하면 다음 식을 얻을 수 있다.

$$\nabla^4 \phi = (1 - \nu)\nabla^2 \Omega \tag{3.22}$$

여기에서 $\nabla^4 = \frac{\partial^4}{\partial x^4} + 2\frac{\partial^4}{\partial x^2 \partial y^2} + \frac{\partial^4}{\partial y^4}$로서 biharmonic operator라고 부른다. 주어진 평면응력 문제에 대하여 식 (3.22)과 주어진 경계조건을 만족하는 ϕ가 얻어진다면 그것은 그 문제의 해가 된다. 그러면 응력은 식 (3.21)에 의해 구하여지고 변형률

은 식 (3.13)에 의해 구하여진다. 만약 물체력이 일정이거나 $\nabla^2\Omega = 0$, 즉 조화함수(harmonic function)이라면 식 (3.22)은 다음과 같이 된다.

$$\nabla^4\phi = 0 \tag{3.23}$$

이것은 biharmonic equation이라고 부르는 편미분방정식의 특수한 형태이다. 이와 같이 Ω가 일정이거나 조화함수인 경우에는 식 (3.23)는 평면변형률 상태의 적합조건식 (3.7)과 동일하게 된다. 따라서 식 (3.23)는 이러한 경우 평면응력에서나 평면변형률 상태에서 두루 사용된다.

예제 3.2

물체력이 없다고 생각할 때 다음의 응력함수는 어떠한 응력상태를 주는 것인가.

$i)\ \phi = ay^2$ $\qquad ii)\ \phi = bx^2$

$iii)\ \phi = ay^2 + bx^2$ $\qquad iv)\ \phi = ay^2 + bx^2 + cxy$

여기에서 a, b, c는 상수이다.

풀이

i) $\phi = ay^2$

식 (3.21)에서

$$\sigma_x = \frac{\partial^2\phi}{\partial y^2} = 2a, \qquad \sigma_y = \frac{\partial^2\phi}{\partial x^2} = 0, \qquad \sigma_{xy} = -\frac{\partial^2\phi}{\partial x\partial y} = 0$$

그러므로 x방향에 균일한 응력이 작용하는 단축응력 상태를 준다.

ii) $\phi = bx^2$

i)과 같은 방법으로 $\sigma_x = 0$, $\sigma_y = 2b$, $\sigma_{xy} = 0$을 얻으므로 y방향에 균일한 응력이 작용하는 응력상태를 준다.

iii) $\phi = ay^2 + bx^2$

같은 방법으로 $\sigma_x = 2a$, $\sigma_y = 2b$, $\sigma_{xy} = 0$을 얻으므로 x방향에 균일한 응력 $2a$가, y방향에 균일한 응력 $2b$가 작용하는 2축응력 상태를 준다.

iv) $\phi = ay^2 + bx^2 + cxy$

같은 방법으로 $\sigma_x = 2a, \sigma_y = 2b, \sigma_{xy} = -c$를 얻으므로 x방향에 균일한 응력 $2a$가, y방향에 균일한 응력 $2b$가 그리고 균일전단응력 $-c$가 작용하는 상태이다. 여기에서 응력함수는 중첩원리가 적용됨을 알 수 있다. 이 예제에서 보여준 방법은 ϕ결정의 semi-inverse method라고 부른다. 다음 예제에서는 $\emptyset$결정의 직접적인 방법을 보이고자 한다.

예제 3.3

그림 3.5에서 보는 바와 같은 외팔보(cantilever beam)의 한쪽 끝단에 하중이 작용하는 경우에 응력함수를 구하여 응력 성분을 찾아라. 물체력은 무시한다. 여기에서 P는 단위두께 당 하중이다.

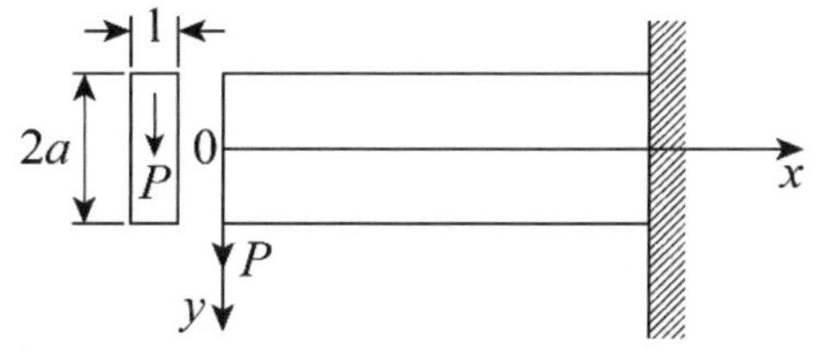

그림 3.5 외팔보의 선단에 작용하는 집중하중

풀이 식 응력성분을 찾기 위해서는 식 (3.23)와 경계조건을 만족하는 응력 함수 ϕ를 찾아야 한다. 경계조건은 다음과 같다.

i) $y = \pm a$에서 $\sigma_y = 0, \sigma_{xy} = 0$

ii) $x = 0$에서 $\sigma_x = 0, \int_{-a}^{a} \sigma_{xy} dy = -P$

iii) 어떠한 x 값에서 $\int_{-a}^{a} \sigma_x dy = 0$

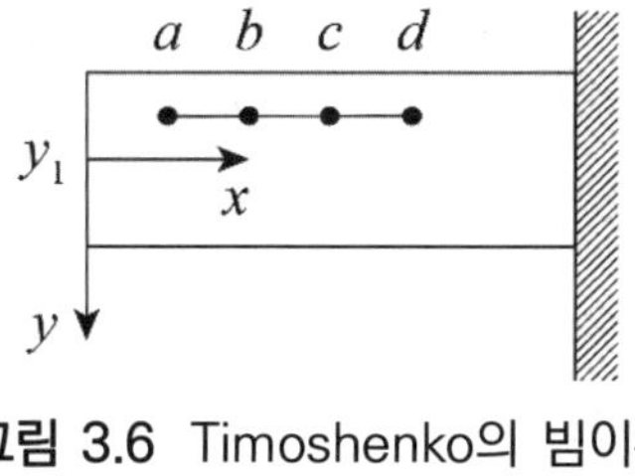

그림 3.6 Timoshenko의 빔이론

σ_{xy}자는 y만의 함수라고 가정한다. 이러한 가정은 그림 3.6의 $y = y_1$의 위치에 a, b, c, d 점에서 γ_{xy}가 모두 같다는 뜻이다. A, b, c, d에서 γ_{xy}가 모두 같다는 것은 그 점에서 x와 y축으로 둘러 싸인 요소의 각의 변화가 모두 같다는 것이다. 이 현상은 자연법칙에 입각하여 옳다고 생각하기 어려우나 실험한 결과는 근사적으로 같은 값을 보였다. 이러한 가정하에 전개되는 이론이 Timoshenko의 빔이론이다. 따라서

$$\sigma_{xy} = -\frac{\partial^2\phi}{\partial x \partial y} = f_1(y)$$

위의 식을 y에 대해 적분하면

$$-\frac{\partial\phi}{\partial x} = \int f_1(y)dy + f_2(x) \tag{a}$$

다시 x에 대해 적분하면

$$-\phi = x\int f_1(y)dy + \int f_2(x)dx + f_3(y) \tag{b}$$

따라서 ϕ가 완전히 결정되려면 $f_1(y), f_2(x), f_3(y)$가 결정되어야 한다. 식 (a)를 x에 대해 미분하면

$$\sigma_y = \frac{\partial^2\phi}{\partial x^2} = -\frac{df_2(x)}{dx} \tag{c}$$

위의 식 경계조건 $y = \pm a$에서 $\sigma_y = 0$을 적용하면

$$f_2(x) = A = 일정 \tag{d}$$

식 (d)를 식 (b)에 대입하면

$$-\phi = x\int f_1(y)dy + Ax + f_3(y)$$

여기에서 Ax는 응력성분에 아무런 영향도 미치지 못한다. 왜냐하면 식 (3.21)에서 보는 바와 같이 응력성분은 응력함수에 대해 2차미분꼴로 되어

있기 때문이다. 따라서 다음과같이 써도 무방하다.

$$-\phi = x\int f_1(y)dy + f_3(y) \tag{e}$$

식 (e)를 y에 대해 두번 편미분하면

$$\sigma_x = \frac{\partial^2\phi}{\partial y^2} = -x\frac{df_1(y)}{dy} - \frac{d^2 f_3(y)}{dy^2}$$

위의 식에 경계조건 $x = 0$에서 $\sigma_x = 0$을 적용하면

$$\frac{d^2 f_3(y)}{dy^2} = 0$$

따라서

$$f_3(y) = Cy + D \tag{f}$$

식 (f)를 식 (e)에 대입하여도 $Cy + D$ 역시 응력에 아무런 영향을 미치지 못하므로 ϕ는 다음과 같다.

$$\phi = -x\int f_1(y)dy \tag{g}$$

ϕ는 식 (3.23)를 만족하여야 하므로

$$\left(\frac{\partial^2}{\partial x^2} + \frac{\partial^2}{\partial y^2}\right)\left(\frac{\partial^2}{\partial x^2} + \frac{\partial^2}{\partial y^2}\right)\phi = 0$$

$$\therefore -x\frac{d^3 f_1(y)}{dy^3} = 0$$

$$\therefore f_1(y) = \frac{E}{2}y^2 + Fy + G$$

여기에서 E, F, G는 상수이다.
따라서 식 (g)에 의해

$$\phi = -x\int\left(\frac{E}{2}y^2 + Fy + G\right)dy$$

여기에서 “마이너스” 기호를 상수 E, F, G에 흡수시켜 상수 α, β, γ로 표시하면

$$\phi = x\int\left(\frac{\alpha}{2}y^2 + \beta y + \gamma\right)dy \tag{h}$$

경계조건으로 어떠한 x값에서 $\int_{-a}^{a}\sigma_x dy = 0$을 적용하면

$$\sigma_x = \frac{\partial^2\phi}{\partial y^2} = \frac{\partial^2}{\partial y^2}\left[x\int\left(\frac{\alpha}{2}y^2 + \beta y + \gamma\right)dy\right] = \alpha xy + \beta x$$

$$\therefore \int_{-a}^{a}(\alpha xy + \beta x)dy = 0$$

따라서 $\beta = 0$. 식 (h)로부터

$$\phi = x\int\left(\frac{\alpha}{2}y^2 + \gamma\right)dy \tag{i}$$

경계조건 $y = \pm a$에서 $\sigma_{xy} = 0$을 적용하면

$$\sigma_{xy} = -\frac{\partial^2\phi}{\partial x\partial y} = -\left(\frac{\alpha}{2}y^2 + \gamma\right)$$

$$0 = \frac{\alpha}{2}a^2 + \gamma$$

$$\therefore \gamma = -\frac{\alpha}{2}a^2 \tag{j}$$

$$\therefore \sigma_{xy} = -\frac{\alpha}{2}(y^2 - a^2) \tag{k}$$

경계조건 $x = 0$에서 $\int_{-a}^{a}\sigma_{xy}dy = -P$를 적용하면

$$-P = \int_{-a}^{a}\sigma_{xy}dy = \int_{-a}^{a}\frac{\alpha}{2}(a^2 - y^2)\,dy$$

$$\therefore \alpha = -\frac{3P}{2a^3}$$

따라서 최종적으로

$$\phi = -\frac{Pxy^3}{4a^3} + \frac{3Pxy}{4a} \tag{l}$$

식 (3.21)에 의해

$$\sigma_x = -\frac{3P}{2a^3}xy, \qquad \sigma_y = 0$$

$$\sigma_{xy} = \frac{3P}{4a^3}(y^2 - a^2) \tag{m}$$

식 (m)은 기본적인 보의 이론(beam theory)에 의해 구한 것과 같은 결과를 얻음을 아래에서 보이고자 한다.

$$M = Px$$

$$\sigma_x = -\frac{My}{I} = -\frac{Pxy}{I}$$

여기에서 I는 단면의 관성모멘트이다. 평형방정식의 첫번째 식으로부터

$$-\frac{Py}{I} + \frac{\partial \sigma_{xy}}{\partial y} = 0 \qquad \therefore \sigma_{xy} = \frac{Py^2}{2I} + f(x) \tag{n}$$

평형방정식의 두번째 식으로부터 $\sigma_y = 0$이므로

$$\frac{\partial \sigma_{xy}}{\partial x} = 0 \tag{o}$$

따라서

$$\frac{df(x)}{dx} = 0 \qquad \therefore f(x) = H \tag{p}$$

식 (p)를 식 (n)에 대입하면

$$\sigma_{xy} = \frac{Py^2}{2I} + H$$

여기에서 H는 상수이다.

경계조건으로 $y = \pm a$에서 $\sigma_{xy} = 0$을 적용하면

$$0 = \frac{Pa^2}{2I} + H \qquad \therefore H = \frac{-Pa^2}{2I}$$

따라서

$$\sigma_x = \frac{-Pxy}{I}, \ \sigma_y = 0 \tag{q}$$

$$\sigma_{xy} = \frac{P}{2I}(y^2 - a^2)$$

여기에서 $I = \frac{2a^3}{3}$이다. 식 (m)과 식 (q)는 같다.

3.4 극좌표

탄성학 문제들 중 특히 원통 형태의 물체에 대한 탄성학 문제라면 원통좌표계 (cylindrical coordinates) (r, θ, z)를 사용하는 것이 편리하다. 평면문제, 즉 평면응력 또는 평면변형율 문제에서는 z평면에서 전단응력은 항상 영이고 다른 응력성분들은 z에 무관하므로 원통좌표계는 극좌표 $(r,\ \theta)$로 표시된다.

그림 3.7에서 보는 바와 같은 극좌표계에 대하여

$$x = r\cos\theta, \quad \theta = tan^{-1}\frac{y}{x}$$
$$y = r\sin\theta, \quad r^2 = x^2 + y^2 \tag{3.24}$$

그리고

$$\frac{\partial r}{\partial x} = \frac{x}{r} = \cos\theta \qquad \frac{\partial r}{\partial y} = \frac{y}{r} = \sin\theta$$
$$\frac{\partial \theta}{\partial x} = -\frac{y}{r^2} = -\frac{\sin\theta}{r}, \qquad \frac{\partial \theta}{\partial y} = \frac{x}{r^2} = \frac{\cos\theta}{r} \tag{3.25}$$

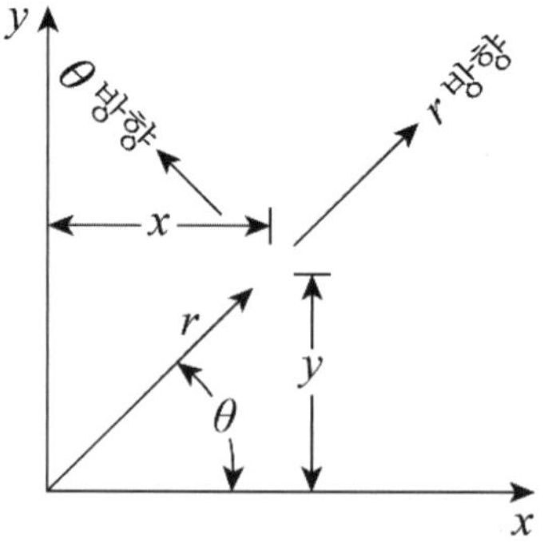

그림 3.7 극좌표계

x, y에 관한 모든 미분은 다음의 공식에 의해 r, θ에 관한 미분 형태로 변환될 수 있다.

$$\frac{\partial}{\partial x}=\frac{\partial r}{\partial x}\frac{\partial}{\partial r}+\frac{\partial\theta}{\partial x}\frac{\partial}{\partial\theta}=\cos\theta\frac{\partial}{\partial r}-\frac{\sin\theta}{r}\frac{\partial}{\partial\theta}$$
$$\frac{\partial}{\partial y}=\frac{\partial r}{\partial y}\frac{\partial}{\partial r}+\frac{\partial\theta}{\partial y}\frac{\partial}{\partial\theta}=\sin\theta\frac{\partial}{\partial r}+\frac{\cos\theta}{r}\frac{\partial}{\partial\theta} \qquad (3.26)$$

예제 3.4

극좌표계에서 변형율과 변위관계식을 식 (3.26)을 이용하여 유도하라.

풀이 식 (1.9)을 변형률텐서의 좌표변환으로 고쳐 쓰면

$$\varepsilon_{lm}{}'=a_{li}a_{mj}\varepsilon_{ij} \qquad (3.27)$$

위 관계식을 풀어서 쓴 형태로 표현하면 식 (1.11)과 같은 형태로서 단지 σ의 기호를 ε의 기호로 바꾸기만 하면 된다. 이러한 관계식은 Hooke 법칙과 마찬가지로 x와 y의 미분꼴로 표현된 항이 없으므로 식 (3.26)과는 무관하다. 따라서 평면 문제에 사용되는 Hooke 법칙 식 (3.4), (3.5), (3.12), (3.13)에서 첨자 x, y를 r, θ로 각각 바꾸어 써도 무관하다. 그리고 식 (3.27)의 경우는 x', y', z'이 그림 3.7의 r, θ, z에 해당하므로 식 (3.27)를 풀어서 쓴 형태에서 첨자 x', y', z'를 r, θ, z로 각각 바꾸어 놓을 수 있다.
그렇게 하여 얻은 결과식 중 $\varepsilon_r, \varepsilon_\theta, \varepsilon_{r\theta}$ 다음과 같다.

$$\varepsilon_r=\varepsilon_x\cos^2\theta+\varepsilon_y\sin^2\theta+\varepsilon_{xy}\sin 2\theta$$
$$\varepsilon_\theta=\varepsilon_x\sin^2\theta+\varepsilon_y\cos^2\theta-\varepsilon_{xy}\sin 2\theta \qquad (3.28)$$
$$\varepsilon_{r\theta}=(\varepsilon_y-\varepsilon_x)\cos\theta\sin\theta+\varepsilon_{xy}(\cos^2\theta-\sin^2\theta)$$

식 (1.4)에서 다음 식이 얻어진다.

$$u_x=u_r\cos\theta-u_\theta\sin\theta$$
$$u_y=u_r\sin\theta+u_\theta\cos\theta \qquad (3.29)$$

식 (3.26)과 식 (3.29)에 의해서

$$
\begin{aligned}
\varepsilon_x &= \frac{\partial u_x}{\partial x} = \left(\cos\theta \frac{\partial}{\partial r} - \frac{\sin\theta}{r}\frac{\partial}{\partial \theta}\right)(u_r \cos\theta - u_\theta \sin\theta) \\
&= \cos^2\theta \frac{\partial u_r}{\partial r} + \sin^2\theta\left(\frac{u_r}{r} + \frac{1}{r}\frac{\partial u_\theta}{\partial \theta}\right) - \cos\theta \sin\theta \left(\frac{\partial u_\theta}{\partial r} + \frac{\partial u_r}{r\partial \theta} - \frac{u_\theta}{r}\right) \\
\varepsilon_y &= \frac{\partial u_y}{\partial y} = \sin^2\theta \frac{\partial u_r}{\partial r} + \cos^2\theta\left(\frac{u_r}{r} + \frac{1}{r}\frac{\partial u_\theta}{\partial \theta}\right) + \cos\theta \sin\theta \left(\frac{\partial u_\theta}{\partial r} + \frac{\partial u_r}{r\partial \theta} - \frac{u_\theta}{r}\right) \\
\varepsilon_{xy} &= \frac{1}{2}\left(\frac{\partial u_x}{\partial y} + \frac{\partial u_y}{\partial x}\right) = \frac{\sin 2\theta}{2}\left(\frac{\partial u_r}{\partial \theta} - \frac{\partial u_\theta}{r\partial \theta} - \frac{u_r}{r}\right) + \frac{\cos 2\theta}{2}\left(\frac{\partial u_\theta}{\partial r} + \frac{\partial u_r}{r\partial \theta} - \frac{u_\theta}{r}\right) \quad (3.30)
\end{aligned}
$$

식 (3.30)을 식 (3.28)에 대입하여 정리하면 다음의 결과식이 얻어진다.

$$
\begin{aligned}
\varepsilon_r &= \frac{\partial u_r}{\partial r} \\
\varepsilon_\theta &= \frac{u_r}{r} + \frac{1}{r}\frac{\partial u_\theta}{\partial \theta} \\
\varepsilon_{r\theta} &= \frac{1}{2}\left(\frac{1}{r}\frac{\partial u_r}{\partial \theta} + \frac{\partial u_\theta}{\partial r} - \frac{u_\theta}{r}\right)
\end{aligned} \quad (3.31)
$$

예제 3.5

극좌표계에서 평형방정식을 표현하되 식 (3.26)을 사용하라.

풀이

$$
\begin{aligned}
\sigma_x &= \sigma_r \cos^2\theta + \sigma_\theta \sin^2\theta - \sigma_{r\theta} \sin 2\theta \\
\sigma_y &= \sigma_r \sin^2\theta + \sigma_\theta \cos^2\theta + \sigma_{r\theta} \sin 2\theta \\
\sigma_{xy} &= (\sigma_r - \sigma_\theta)\sin\theta\cos\theta + \sigma_{r\theta}(\cos^2\theta - \sin^2\theta)
\end{aligned} \quad (3.32)
$$

$$
\begin{aligned}
\frac{\partial \sigma_x}{\partial x} + \frac{\partial \sigma_{xy}}{\partial y} &= \left(\cos\theta \frac{\partial}{\partial r} - \frac{\sin\theta}{r}\frac{\partial}{\partial \theta}\right)(\sigma_r \cos^2\theta + \sigma_\theta \sin^2\theta - \sigma_{r\theta}\sin 2\theta) \\
&\quad + \left(\sin\theta \frac{\partial}{\partial r} + \frac{1}{r}\cos\theta \frac{\partial}{\partial \theta}\right)[(\sigma_r - \sigma_\theta)\sin\theta\cos\theta + \sigma_{r\theta}(\cos^2\theta - \sin^2\theta)] \\
&= 0
\end{aligned}
$$

정리하면

$$
\left(\frac{\partial \sigma_r}{\partial r} + \frac{1}{r}\frac{\partial \sigma_{r\theta}}{\partial \theta} + \frac{\sigma_r - \sigma_\theta}{r}\right)\cos\theta - \left(\frac{1}{r}\frac{\partial \sigma_\theta}{\partial \theta} + \frac{\partial \sigma_{r\theta}}{\partial r} + 2\frac{\sigma_{r\theta}}{r}\right)\sin\theta = 0
$$

θ는 임의값이 될 수 있으므로

$$\frac{\partial \sigma_r}{\partial r} + \frac{1}{r}\frac{\partial \sigma_{r\theta}}{\partial \theta} + \frac{\sigma_r - \sigma_\theta}{r} = 0$$

$$\frac{1}{r}\frac{\partial \sigma_\theta}{\partial \theta} + \frac{\partial \sigma_{r\theta}}{\partial r} + 2\frac{\sigma_{r\theta}}{r} = 0 \tag{3.33}$$

예제 3.6

극좌표계에서 적합방정식과 Hooke 법칙을 얻어라.

풀이 식 (3.31)에서 u_r, u_θ를 소거하면 다음의 적합방정식이 얻어진다.

$$\frac{\partial^2 \varepsilon_\theta}{\partial r^2} + \frac{1}{r^2}\frac{\partial^2 \varepsilon_r}{\partial \theta^2} + \frac{2}{r}\frac{\partial \varepsilon_\theta}{\partial r} - \frac{1}{r}\frac{\partial \varepsilon_r}{\partial r} = \frac{2}{r}\frac{\partial^2 \varepsilon_{r\theta}}{\partial r \partial \theta} + \frac{2}{r^2}\frac{\partial \varepsilon_{r\theta}}{\partial \theta} \tag{3.34}$$

Hooke 법칙은 평면변형률과 평면응력 상태에서 각각 식 (3.4) 또는 식 (3.5) 그리고 식 (3.12)와 식 (3.13)에서 x, y를 r과 θ로 표기함으로써 다음과 같이 얻어진다.

평면변형률에 대하여

$$\begin{aligned} \sigma_r &= \lambda(\varepsilon_r + \varepsilon_\theta) + 2G\varepsilon_r \\ \varepsilon_\theta &= \lambda(\varepsilon_r + \varepsilon_\theta) + 2G\varepsilon_\theta \\ \sigma_{r\theta} &= 2G\varepsilon_{r\theta} \end{aligned} \tag{3.35}$$

또는

$$\begin{aligned} \varepsilon_r &= \frac{1+v}{E}[\sigma_r(1-v) - v\sigma_\theta] \\ \varepsilon_\theta &= \frac{1+v}{E}[\sigma_\theta(1-v) - v\sigma_r] \\ \varepsilon_{r\theta} &= \frac{\sigma_{r\theta}}{2G} \end{aligned} \tag{3.36}$$

그리고 평면응력에 대하여

$$\begin{aligned} \varepsilon_r &= \frac{1}{E}[\sigma_r - v\sigma_\theta] \\ \varepsilon_\theta &= \frac{1}{E}[\sigma_\theta - v\sigma_r] \\ \varepsilon_{r\theta} &= \frac{\sigma_{r\theta}}{2G} \end{aligned} \tag{3.37}$$

또는

$$\begin{aligned}\sigma_r &= \frac{E}{1-\nu^2}(\varepsilon_r + \nu\varepsilon_\theta) \\ \sigma_\theta &= \frac{E}{1-\nu^2}(\varepsilon_\theta + \nu\varepsilon_r) \\ \sigma_{r\theta} &= 2G\varepsilon_{r\theta}\end{aligned} \tag{3.38}$$

예제 3.7

식 (3.23)를 극좌표계에서 표현하여 보라.

풀이

$$\frac{\partial^2}{\partial x^2} = \frac{\partial}{\partial x}\frac{\partial}{\partial x}, \qquad \frac{\partial^2}{\partial y^2} = \frac{\partial}{\partial y}\frac{\partial}{\partial y}$$

위의 관계에 식 (3.26)을 대입하여 정리하면

$$\nabla^2 = \frac{\partial^2}{\partial x^2} + \frac{\partial^2}{\partial y^2} = \frac{\partial^2}{\partial r^2} + \frac{1}{r}\frac{\partial}{\partial r} + \frac{1}{r^2}\frac{\partial^2}{\partial \theta^2}$$

따라서

$$\nabla^4\phi = \nabla^2\nabla^2\phi = \left(\frac{\partial^2}{\partial r^2} + \frac{1}{r}\frac{\partial}{\partial r} + \frac{1}{r^2}\frac{\partial^2}{\partial \theta^2}\right)\left(\frac{\partial^2}{\partial r^2} + \frac{1}{r}\frac{\partial}{\partial r} + \frac{1}{r^2}\frac{\partial^2}{\partial \theta^2}\right)\phi = 0 \tag{3.39}$$

식 (3.39)의 $\phi = \phi(r, \theta)$이다.

예제 3.8

극좌표계에서 응력함수와 응력성분과의 관계를 얻어라.

풀이

$$\begin{aligned}\sigma_x &= \frac{\partial^2\phi}{\partial y^2} = \frac{\partial}{\partial y}\left(\frac{\partial\phi}{\partial y}\right) \\ &= \left(\sin\theta\frac{\partial}{\partial r} + \frac{\cos\theta}{r}\frac{\partial}{\partial\theta}\right)\left(\sin\theta\frac{\partial\phi}{\partial r} + \frac{\cos\theta}{r}\frac{\partial\phi}{\partial\theta}\right)\end{aligned}$$

$$= \sin^2\theta \frac{\partial^2\phi}{\partial r^2} + 2\sin\theta\cos\theta \frac{\partial}{\partial r}\left(\frac{1}{r}\frac{\partial\phi}{\partial\theta}\right) + \cos^2\theta\left(\frac{1}{r^2}\frac{\partial^2\phi}{\partial\theta^2} + \frac{1}{r}\frac{\partial\phi}{\partial r}\right)$$

마찬가지로

$$\sigma_y = \frac{\partial^2\phi}{\partial x^2} = \cos^2\theta\frac{\partial^2\phi}{\partial r^2} - 2\sin\theta\cos\theta\frac{\partial}{\partial r}\left(\frac{1}{r}\frac{\partial\phi}{\partial\theta}\right) + \sin^2\theta\left(\frac{1}{r^2}\frac{\partial^2\phi}{\partial\theta^2} + \frac{1}{r}\frac{\partial\phi}{\partial r}\right)$$
$$\sigma_{xy} = -\frac{\partial^2\phi}{\partial x\partial y} = \sin\theta\cos\theta\left(\frac{1}{r}\frac{\partial\phi}{\partial r} + \frac{1}{r^2}\frac{\partial^2\phi}{\partial\theta^2} - \frac{\partial^2\phi}{\partial r^2}\right) - (\cos^2\theta - \sin^2\theta)\frac{\partial}{\partial r}\left(\frac{1}{r}\frac{\partial\phi}{\partial\theta}\right)$$

앞의 관계식을 다음 식에 대입한다. 즉

$$\begin{aligned}
\sigma_r &= \sigma_x\cos^2\theta + \sigma_y\sin^2\theta + \sigma_{xy}\sin 2\theta \\
\sigma_\theta &= \sigma_x\sin^2\theta + \sigma_y\cos^2\theta - \sigma_{xy}\sin 2\theta \\
\sigma_{r\theta} &= (\sigma_y - \sigma_x)\cos\theta\sin\theta + \sigma_{xy}(\cos^2\theta - \sin^2\theta)
\end{aligned} \tag{3.40}$$

결과식은 다음과 같다.

$$\begin{aligned}
\sigma_r &= \frac{1}{r}\frac{\partial\phi}{\partial r} + \frac{1}{r^2}\frac{\partial^2\phi}{\partial\theta^2} \\
\sigma_\theta &= \frac{\partial^2\phi}{\partial r^2} \\
\sigma_{r\theta} &= -\frac{\partial}{\partial r}\left(\frac{1}{r}\frac{\partial\phi}{\partial\theta}\right)
\end{aligned} \tag{3.41}$$

예제 3.9

둥근 원판이 축을 중심으로 일정한 각속도 ω로 회전될 때 내부의 응력성분을 구하라.

풀이 그림 3.8에서 보는 바와 같은 요소 $rdrd\theta$를 생각하자.
원판재료의 밀도를 ρ라 할 때 단위부피당 원심력은

$$F_r = \rho\omega^2 r$$

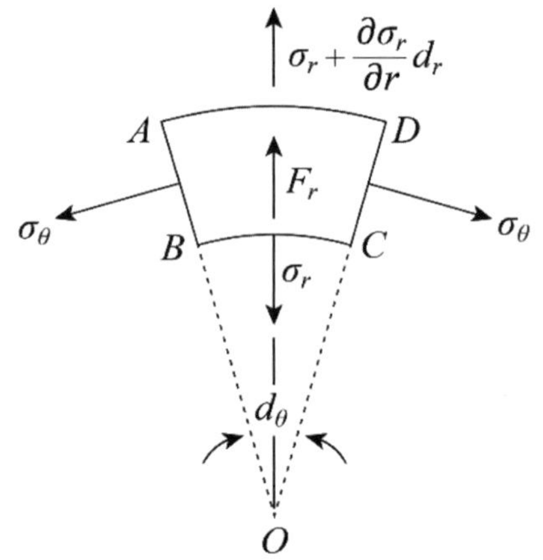

그림 3.8 작은 요소상의 응력성분

반지름방향의 힘의 평형을 생각하면

$$\left(\sigma_r + \frac{\partial \sigma_r}{\partial r} dr\right)(r + dr)d\theta - \sigma_r r d\theta - 2\sigma_\theta dr \, sin\frac{d\theta}{2} + F_r r dr d\theta = 0$$

적은 양을 무시하고 각 항을 $rdrd\theta$로 나누어 주면

$$\frac{d\sigma_r}{dr} + \frac{\sigma_r - \sigma_\theta}{r} + \rho\omega^2 r = 0 \tag{3.42}$$

식 (3.42)를 고쳐 쓰면

$$\frac{d(r\sigma_r)}{dr} - \sigma_\theta + \rho\omega^2 r^2 = 0 \tag{3.43}$$

식 (3.43)을 자동적으로 만족하는 응력함수 $\phi(r)$를 정의하기 위해 식 (3.21)와 (3.41)로 미루어 다음과 같이 가정한다.

$$\sigma_r = \frac{1}{r} \cdot \frac{d\phi}{dr} + f(r)$$

$$\sigma_\theta = \frac{d^2\phi}{dr^2} + g(r)$$

$$\sigma_{r\theta} = 0$$

윗 식을 식 (3.43)에 대입하여 정돈하면

$$f(r) + r\frac{df}{dr} - g(r) + \rho\omega^2 r^2 = 0$$

따라서 $f(r) = 0, g(r) = \rho\omega^2 r^2$으로 두어 응력함수 $\phi(r)$를 다음식으로 정의하면 식 (3.43)은 자동 만족하는 결과가 된다. 따라서

$$\sigma_r = \frac{1}{r}\frac{d\phi}{dr}$$
$$\sigma_\theta = \frac{d}{dr}\left(\frac{d\phi}{dr}\right) + \rho\omega^2 r^2 \qquad (3.44)$$

대칭성에 의해 변형률은 다음과 같이 표현된다.

$$\varepsilon_r = \frac{du_r}{dr}$$
$$\varepsilon_\theta = \frac{u_r}{r} \qquad (3.45)$$
$$\varepsilon_{r\theta} = 0$$

식 (3.45)로부터 u_r을 소거하면

$$\frac{d}{dr}(r\varepsilon_\theta) - \varepsilon_r = 0 \qquad (3.46)$$

위의 식은 이 문제에 대한 적합방정식임을 알아야 한다.
평면응력 상태에서 Hooke 법칙은 다음과 같다.

$$\varepsilon_r = \frac{1}{E}(\sigma_r - \nu\sigma_\theta) \qquad (3.47)$$
$$\varepsilon_\theta = \frac{1}{E}(\sigma_\theta - \nu\sigma_r)$$

식 (3.44), (3.46)과 (3.47)를 이용함으로써 다음의 적합방정식이 얻어진다.

$$\frac{d^2}{dr^2}\left(\frac{d\phi}{dr}\right) + \frac{1}{r}\frac{d}{dr}\left(\frac{d\phi}{dr}\right) - \frac{1}{r^2}\frac{d\phi}{dr} + (3+\nu)\rho\omega^2 r = 0$$

다시 쓰면

$$\frac{d}{dr}\left[\frac{1}{r}\frac{d}{dr}\left(r\frac{d\phi}{dr}\right)\right] = -(3+\nu)\rho\omega^2 r \qquad (3.48)$$

적분하면

$$\frac{d\phi}{dr} = -\frac{3+\nu}{8}\rho\omega^2 r^3 + C_1\frac{r}{2} + C_2\frac{1}{r} \tag{3.49}$$

여기에서 C_1, C_2는 상수이다. 식 (3.49)을 식 (3.44)에 대입하면

$$\begin{aligned} \sigma_r &= -\frac{3+\nu}{8}\rho\omega^2 r^2 + \frac{C_1}{2} + \frac{C_2}{r^2} \\ \sigma_\theta &= -\frac{9+3\nu}{8}\rho\omega^2 r^2 + \frac{C_1}{2} - \frac{C_2}{r^2} \\ \sigma_{r\theta} &= 0 \end{aligned} \tag{3.50}$$

3.4.1 반지름이 R의 원판인 경우

이 경우에 응력은 유한한 값을 가져야 하므로 $C_2 = 0$ 이다. 또 경계조건 $(\sigma_r)_{r=R} = 0$이므로 식 (3.50)의 첫째식으로부터

$$C_1 = \frac{3+\nu}{4}\rho\omega^2 R^2$$

따라서

$$\sigma_r = \frac{3+\nu}{8}\rho\omega^2(R^2 - r^2) \tag{3.51}$$

$$\sigma_\theta = \frac{\rho\omega^2}{8}[(3+\nu)R^2 - (1+3\nu)r^2]$$

최대응력은 원판의 중심에서 일어나며

$$(\sigma_r)_{r=0} = (\sigma_\theta)_{r=0} = \frac{3+\nu}{8}\rho\omega^2 R^2 \tag{3.52}$$

3.4.2 바깥지름 R_2와 안지름 R_1의 원판인 경우

경계조건과 식 (3.50)로부터

$$(\sigma_r)_{r=R_1} = -\frac{3+\nu}{8}\rho\omega^2 {R_1}^2 + \frac{C_1}{2} + \frac{C_2}{{R_1}^2} = 0$$

$$(\sigma_r)_{r=R_2} = -\frac{3+\nu}{8}\rho\omega^2{R_2}^2 + \frac{C_1}{2} + \frac{C_2}{{R_2}^2} = 0$$

따라서

$$\frac{C_1}{2} = \frac{3+\nu}{8}\rho\omega^2({R_1}^2 + {R_2}^2)$$

$$C_2 = -\frac{3+\nu}{8}\rho\omega^2 R_1^2 R_2^2$$

그러므로

$$\sigma_r = \frac{3+\nu}{8}\rho\omega^2\left({R_1}^2 + {R_2}^2 - \frac{{R_1}^2{R_2}^2}{r^2} - r^2\right) \tag{3.53}$$

$$\sigma_\theta = \frac{3+\nu}{8}\rho\omega^2\left({R_1}^2 + {R_2}^2 + \frac{{R_1}^2{R_2}^2}{r^2} - \frac{1+3\nu}{3+\nu}r^2\right)$$

최대응력값은 $r = R_1$에서 σ_θ성분에서 얻어지며

$$(\sigma_\theta)_{r=R_1} = (\sigma_\theta)_{max} = \frac{3+\nu}{4}\rho\omega^2 R_2^2\left(1 + \frac{1-\nu}{3+\nu}\frac{R_1^2}{R_2^2}\right) \tag{3.54}$$

만약 R_1/R_2이 1에비해 무시될 수 있으면

$$(\sigma_\theta)_{max} = \frac{3+\nu}{4}\rho\,\omega^2 R_2^2 \tag{3.55}$$

식 (3.52)와 식 (3.55)를 비교하면 σ_θ 최대값이 2배의 차이를 보인다.

제 2 강

접촉역학

장 용 훈

1. 개요

접촉은 공학적 구성요소간 하중을 전달하는 실질적인 방법이다. 이러한 접촉물체간의 상호작용은 공학장치의 거동에 직접적으로 영향을 미친다. 접촉거동을 연구하는 분야 중 역학적 거동을 설명하는 접촉역학은 표면에서 발생하는 기계, 재료, 물리, 화학적 복합거동을 설명하는 트라이볼로지 분야의 한 분야이며 이에 대한 다양한 응용사례 및 연구결과들은 과학적 사실을 규명하거나 실제 제품설계에 반영되어 그 쓰임새에 대한 가치가 확보되어가고 있다. 이러한 다양한 응용사례들로서, 베어링, 캠 및 기어와 같은 기존의 공학부품 등이 있으며, 인공 고관절, 지진이 발생시 지각판의 미끄럼, 게코 도마뱀의 발이 벽에 부착되는 현상, 원자간력 현미경(AFM) 결과의 해석 등 최근 다양한 응용사례를 볼 수 있다.

거시적 관점에서 접촉면에서의 거동은 마찰의 유무에 따라 비마찰 접촉조건과 마찰 접촉조건으로 나눌 수 있다. 비마찰 접촉조건은 접촉(contact)과 분리(separation) 상태로만 접촉거동을 설명하고 있으며 이때 두 상태는 부등식 조건으로 설명이 된다. 이러한 비선형조건은 혼합경계 조건문제(mixed boundary value problem)의 경계조건이 되며 이로 인해 접촉역학 문제가 복잡하게 나타난다. 또한 마찰 접촉거동에서는 응착(붙음 상태, stick)과 미끄럼 상태(slip)의 전단방향 거동이 추가되어 더욱 복잡한 문제가 된다.

이 강에서 설명하고자 하는 내용은 접촉역학의 기본적인 내용으로서 접촉물체의 기하학적 조건 및 접촉면의 거동을 반영하는 접촉조건 등을 설명하며, 이를 바탕으로 역학적 구성을 완결하기 위한 기존 이론식[브시네스크문제(Boussineq problem), 헤르쯔 접촉이론(Hertz contact theory), 까따네오-민드린 문제(Cattaneo and Mindline problem), 구름 접촉(rolling contact)]들을 설명하고자 한다. 이러한 설명들은 기존 접촉역학 도서(K.L. Johnson[1], J.R. Barber[2], D.A. Hills[3])에서 다루고 있으니 참고도서로서

1 Johnson, K. L. (1985). Contact mechanics. Cambridge: Cambridge University Press.

2 Barber, J. R. (2020). Contact mechanics. Dordrecht: Springer.

3 Hills, D.A. and Andresen H. N. (2021). Mechanics of Fretting and Fretting Fatigue. Dordrecht: Springer.

활용되길 기대한다. 특히 이 글은 J.R. Barber 교수의 Contact Mechanics에서 다루고 있는 기술적인 서술 내용에 많이 의존하고 있음을 밝힌다.

2. 접촉거동학

2.1 접촉의 종류

접촉현상을 접촉 후 전달되는 하중 혹은 에너지에 따라 분류하면 기계적 접촉, 열접촉, 전기접촉 등으로 구분할 수 있다. 기계적 접촉은 접촉 후 힘이 전달이 되는 현상을 의미하며, 접촉 후 발생하는 접촉면의 크기에 의해 접촉하중과의 상관관계가 성립하게 된다. 열접촉 및 전기접촉은 접촉 후 열과 전기에너지가 전달되는 현상을 의미하며 기계적 접촉 후 발생하는 접촉면적에 따라 열/전기에너지의 크기가 결정된다. 열 및 전기접촉은 접촉면이 먼저 형성되어야 하기 때문에 기계적 접촉이 반드시 수반되어야 한다. 따라서 접촉에 대한 영향을 조사할 때에는 가해지는 하중과 접촉면적과의 관계가 중요하게 다루어져야 한다.

기계적 접촉에 대한 분류로서 접촉하는 물체(indenter)의 접촉면을 이루는 형상차이로 설명할 수 있다. 이러한 분류에 대해 몇 가지 특징적인 접촉양상을 그림 2.1에 표시하였다. 첫번째로, 접촉면 형상들이 같은 모양을 공유하는 경우 혹은 접촉면의 곡률 방향이 같을 경우에 나타나는 공형(등각)접촉(conformal contact)이 있다. 두번째로, 접촉면이 다른 모양, 예를 들어 접촉 곡률이 반대 부호가 되는 형태를 갖는 물체가 접촉을 할 때 발생하는 비공형(비등각)접촉(non-conformal contact)이 있다. 공형접촉에서는 접촉면이 비공형 접촉에 비해 상대적으로 크게 나타나게 되어 접촉시 하중을 많이 전달하고자 하는 경우 공형접촉 형태로 설계하게 된다. 일반적인 기계부품 중 저널베어링과 볼 베어링은 각각 공형접촉과 비공형접촉을 이루는 예들이다. 또한 비공형접촉은 일반적으로 헤르쯔 접촉(Hertz contact)을 이루는 기본적인 요구조건이기도 하다. 또한 기계적 접촉은 접촉하중과 접촉면적과의 관계에 따라 분류할 수 있다. 이 경우 완전접촉(complete contact)은 접촉하중의 크기와 접촉영역의 크기가 무관하며, 비완전접촉 또는 불완전접촉(incomplete contact)은 접촉하중이 증가함에 따라 접촉영역의 크기가 증가한다. 이와 반대로 가해지는 하중에 따라 초기 접촉면적이 줄어드는 접촉현상인 후퇴(휨)접촉(receding contact)이 있으며 이는 얇은 층으로 구성된 판에 하중을 가하는 경우나 하중을 받고 있는 평판 안의 구멍에 실린더 형상의 물체가 접촉을 하고 있는 경우가 이에 해당한다. 이외에도 다양한 접촉양상들이 존재할 수 있으며 하중과 접촉면적과의 관계에 따라 설명이 가능하다.

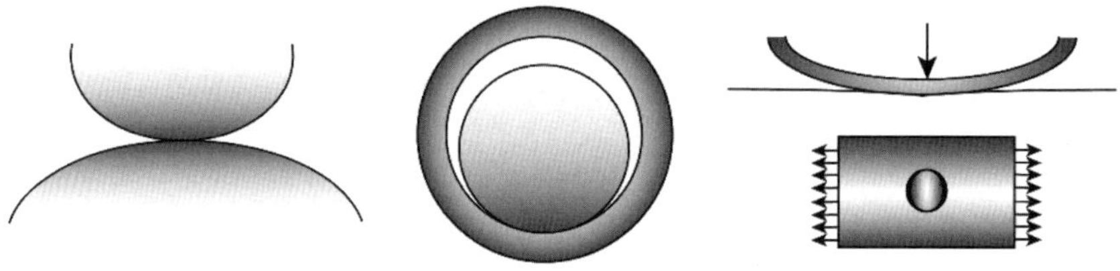

(a) (b) (c)

그림 2.1 접촉의 종류 (a) 비공형접촉(non-conforming contact) (b) 공형접촉(conforming contact) (c) 후퇴접촉(receding contact)

2.2 접촉거동 조건

접촉거동의 조건을 살피기 위해 비공형접촉 문제에 근거하여 서술하고자 한다. 우선 기준틀(frame of reference)은 그림 2.2와 같이 직교좌표축을 사용하며, 초기 접촉점을 원점에 위치시키고 이 점에 대한 공통 접선 평면(common tangent plane)은 $z=0$으로 정의한다.

접촉 물체 1과 2의 형상 함수 $g_1(x,y)$, $g_2(x,y)$를 통해 해당 물체들이 접촉할 때 간극을 정의할 수 있다. 이에 대한 간극함수(gap function)는 다음과 같다.

$$g_0(x,y) = g_1(x,y) + g_2(x,y), \tag{2.1}$$

여기에서 $g_0(x,y)$는 변형되지 않은 물체 사이의 간극이다.

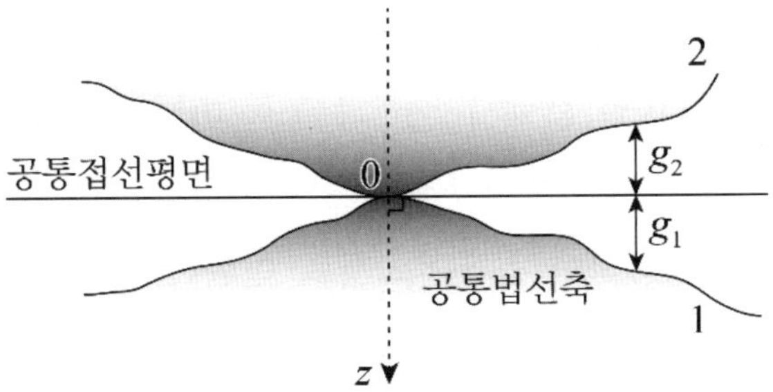

그림 2.2 비공형접촉의 좌표축 시스템

접촉하게 될 구간이 매끄러울 경우, 함수 $g_1(x,y)$, $g_2(x,y)$를 x,y의 테일러(Taylor) 급수로 확장할 수 있다. 더욱이, 그림 2.2의 좌표계를 통해 x,y가 각각 0일 때 원점을 지나며 1차 도함수도 0이라고 가정한다면 테일러 급수의 상수 및 선형 항이 0이 되어서 2차식이 된다. 만일 접촉영역이 너무 크지 않다면, 간극함수는 2차항 이내로 정의할 수 있다. 따라서 $g_1(x,y)$, $g_2(x,y)$은 다음과 같이 근사화 될 수 있다.

$$g_1(x,y) \approx C_{xx}x^2 + C_{xy}xy + C_{yy}y^2 \tag{2.2}$$

$$g_2(x,y) \approx C'_{xx'}x^2 + C'_{xy'}xy + C'_{yy'}y^2. \tag{2.3}$$

회전된 좌표계 $x_1 = x\cos\phi + y\sin\phi$; $y_1 = -x\sin\phi + y\cos\phi$; $x_2 = x\cos\phi' + y\sin\phi'$; $y_2 = -x\sin\phi' + y\cos\phi'$를 고려하면, 계수 $C_{xx}, C_{xy}/2, C_{yy}, C'_{xx}, C'_{xy}/2, C'_{yy}$는 직교텐서(Cartesian tensor)로 변환되므로 $C_{xy} = 0$, $C'_{xy} = 0$이 되는 두 가지 주축 방향(principal direction)이 있음을 알 수 있다. 이 경우

$$g_1(x_1,y_1) = \frac{x_1^2}{2R_x^{(1)}} + \frac{y_1^2}{2R_y^{(1)}} \tag{2.4}$$

$$g_2(x_2,y_2) = \frac{x_2^2}{2R_x^{(2)}} + \frac{y_2^2}{2R_y^{(2)}}, \tag{2.5}$$

여기에서 $R_x^{(1)}$, $R_y^{(1)}$, $R_x^{(2)}$, $R_y^{(2)}$은 해당 표면의 주축 곡률반경이다. 많은 실제 문제에서 접촉하는 물체의 기하구조에 의해 이러한 곡률반경을 정의할 수 있다. 예를

들어 물체 1이 반지름 R의 실린더인 경우 $R_x^{(1)} = R$, $R_y^{(1)} = \infty$이 되도록 좌표계를 선택할 수 있다. 그러나 두 물체 1, 2의 주축은 반드시 정렬되지 않을 수 있다. 이 경우 (i) 각 물체에서 정의한 좌표축에서 간극함수 g_1, g_2를 정의하고, (ii) 이 함수들을 회전 변환식을 이용하여 공통좌표계로 변환하고 식 (2.1)을 수행한 후에 (iii) 다시 주축으로 변환 결합된 함수 $g_0(x, y)$를 결정한다. 이러한 변환 후 얻어진 함수 $g_0(x, y)$는 다음과 같이 보여진다.

$$g_0(x, y) = Ax^2 + By^2 = \frac{x^2}{2R_1} + \frac{y^2}{2R_2}, \tag{2.6}$$

여기에서 유효 주축 곡률반경 R_1, R_2는 다음 식을 만족한다.

$$\frac{1}{R_2} - \frac{1}{R_1} = \left[\left(\frac{1}{R_x^{(1)}} - \frac{1}{R_y^{(1)}} \right)^2 + \left(\frac{1}{R_x^{(2)}} - \frac{1}{R_y^{(2)}} \right)^2 + 2 \left(\frac{1}{R_x^{(1)}} - \frac{1}{R_y^{(1)}} \right) \left(\frac{1}{R_x^{(2)}} - \frac{1}{R_y^{(2)}} \right) \cos(2\alpha) \right] \tag{2.7}$$

$$\frac{1}{R_1} + \frac{1}{R_2} = \frac{1}{R_x^{(1)}} + \frac{1}{R_y^{(1)}} + \frac{1}{R_x^{(2)}} + \frac{1}{R_y^{(2)}}, \tag{2.8}$$

여기에서 α는 방향 x_1과 x_2 사이의 각도이고 식 (2.6)의 좌표축 x, y는 g_0의 주축과 정렬되도록 선택한다. 하나 이상의 개별적인 주축 반지름이 음수인 경우 오목한 표면을 나타내지만 결합된 표면은 항상 볼록한 모양이어야 하므로 R_1, R_2는 양수이여야 한다.

2.3 접촉영역의 구축

이제 그림 2.2에 있는 두 물체에 수직력 P를 가해서 접촉한다고 가정한다. 만약 두 물체가 강체라면, 접촉점 O에서 물체 사이에 집중 반력과 동일하며 무한한 접촉압력(단위 면적당 힘)이 발생할 것이다. 그러나 만일 물체가 변형체가 되면 그림

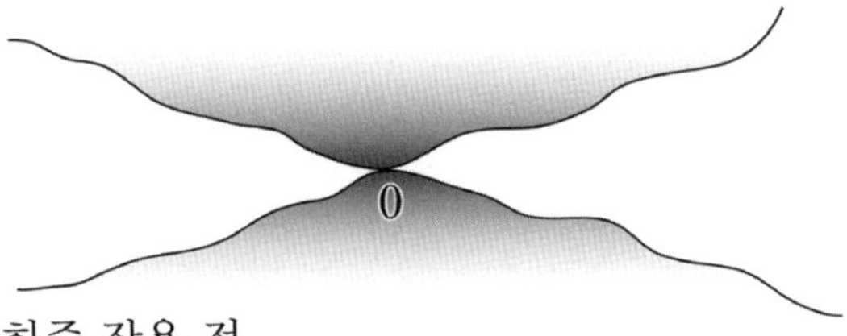

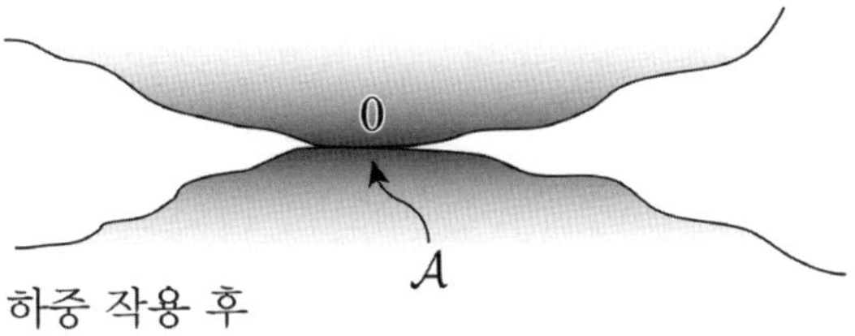

그림 2.3 국부적인 변형에 의해 새로 만들어진 접촉면적 $\mathcal{A}$

2.3과 같이 유한한 접촉영역 $\mathcal{A}$가 설정된다.

접촉 문제를 수식화하기 위해 위쪽에 있는 물체를 공통 법선을 따라 아래로 이동시켜 강체 변위 d가 발생하도록 한다. 이로 인해 모든 곳의 간극이 d 만큼 감소한 새로운 간극이 된다.

$$g(x, y) = g_0(x, y) - d\,. \tag{2.9}$$

그러나 음의 간극이 발생하게 되면 두 물체는 재료 안쪽으로 상호 침투하게 되어 물리적으로 불가능한 상태가 된다.

실제로 접촉이 발생하는 위치를 $g(x, y) = 0$인 영역 $\mathcal{A}$로 정의할 수 있으며 그 외의 다른 모든 경계면은 분리(separation) 영역 $\bar{\mathcal{A}}$으로 정의하며 이 영역에서는 $g(x, y) > 0$을 의미한다.

이제 접촉면의 두 물체간의 변형을 고려하여 보자. 좀 더 간단한 설명을 하기위해 우선 마찰이 없다고 가정한다. 물체 1의 법선방향 표면트랙션(normal traction)인 접촉압력(contact pressure) $p(x, y)$은 수직 하향 변위 $u_z^{(1)}(x, y)$ 만을 유발시킨다. 접촉압력 $p(x, y)$는 간극 $g(x, y)$를 증가시키게 되는 반면, 물체 2의 수직 하향 변위

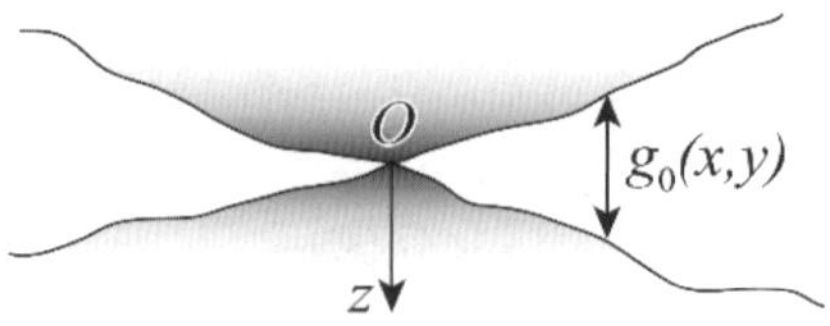

(i)

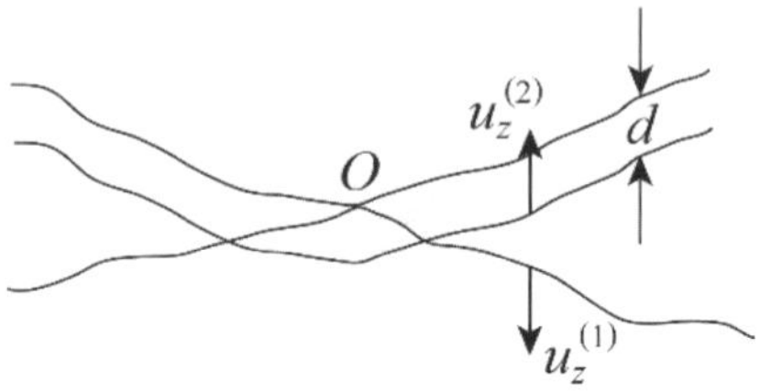

(ii)

그림 2.4 (i) 간극함수 정의와 (ii) 강체 변위 d 및 표면 변위 $u_z^{(1)}(x,y), u_z^{(2)}(x,y)$의 간극함수에 대한 영향

$u_z^{(2)}(x,y)$는 간극을 감소시키게 된다. 따라서 다음과 같은 간극에 관한 조건을 얻는다.

$$g(x,y) = g_0(x,y) - d + u_z^{(1)}(x,y) - u_z^{(2)}(x,y)\,. \tag{2.10}$$

이상의 조건을 요약하면 다음과 같이 '비마찰 접촉조건식'을 얻게 된다.

$$g(x,y) = 0 \qquad in\ \mathcal{A} \tag{2.11}$$

$$> 0 \qquad in\ \bar{\mathcal{A}} \tag{2.12}$$

$$p(x,y) > 0 \qquad in\ \mathcal{A} \tag{2.13}$$

$$= 0 \qquad in\ \bar{\mathcal{A}}\,. \tag{2.14}$$

이 식에서 주목할 것은 각 접촉 및 분리 영역에서 하나의 방정식과 하나의 부등식이 존재한다는 것이다. 이 부등식 조건은 접촉 면적 $\mathcal{A}$의 범위를 결정하는 역할을 한다. 실제로 $\mathcal{A}$ 값을 추측하고 방정식을 풀어 $p(x,y)$, $g(x,y)$를 결정한다. 그런 다음 부등식이 만족되는지 확인한다. 부등식이 만족되지 않는 모든 지점에 대해 가정을 변경한다. 즉 그 지점에서 접촉압력이 음수이면 분리영역으로 취급한다. 모든 곳에서 부등식이 만족이 되어 접촉 면적 $\mathcal{A}$ 값이 수렴될 때까지 이러한 계산을 반복한다. 접촉 문제에 대한 일부 수치해석은 이러한 종류의 반복적인 해석전략을 기반으로 운용된다.

3. 접촉물체의 변형

접촉영역에서 간극함수가 0이 되는 접촉조건식 (2.11)을 풀기 위해 변위 $u_z^{(1)}, u_z^{(2)}$를 공통 접촉압력 $p(x,y)$와 연관시킬 필요가 있다. 이를 해결하기 위해 일반적으로 다음과 같은 가정을 사용한다.

(i) 접촉 면적이 너무 작아서 물체의 치수는 무한대로 간주될 수 있다.

(ii) 트랙션 분포 $p(x,y)$로 인한 변위는 반무한 평판 표면에서 생성되는 변위와 거의 동일하다. 즉, 그림 3.1의 두 탄성 문제 (i)과 (ii)의 표면 변위 분포 $u_z(x,y)$는 동일하므로 반무한 물체의 평탄부 접촉 모델을 구상할 수 있다.

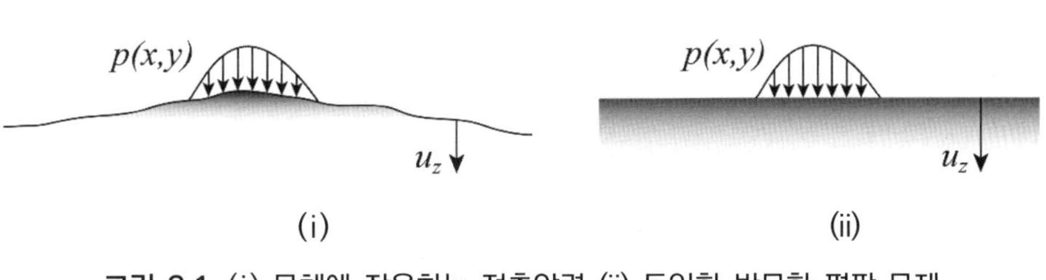

그림 3.1 (i) 물체에 작용하는 접촉압력 (ii) 동일한 반무한 평판 문제

3.1 그린 함수(Green's function)

주어진 압력 분포 $p(x,y)$로 인한 변위 $u_z(x,y)$를 결정하는 가장 간단한 방법 중 하나는 일련의 점 집중하중 $p(x,y)\delta x \delta y$에 의한 변위를 중첩하는 것이다. 여기

에서 $\delta x \delta y$는 표면의 미분면적이다. 선형 탄성체인 반 무한 공간상의 표면 위에 있는 원점에 집중수직력 P가 작용하는 문제는 고유한 길이 척도가 없으며 이로 인한 변위장은 어떤 척도에서도 유사하게 나타나는 자기유사성을 갖는다. 더욱이, 힘의 평형을 고려하였을 때 응력이 R^2로 감소하게 되며, Hooke의 법칙에 의해 변위는 R에 반비례하게 된다. 단 $R = \sqrt{x^2 + y^2 + z^2}$은 원점으로부터의 거리이다. 특히, 수직 표면 변위 u_z는 다음과 같이 주어진다.

$$u_z = \frac{(1-\nu^2)P}{\pi E r}, \tag{3.1}$$

여기에서 r은 힘을 가한 지점에서 변위를 계산할 지점까지의 거리이고 E, ν는 각각 재료에 대한 탄성계수 및 포아송 비이다. 운동 방정식 (2.10, 2.11)으로 부터 상대변위 $u(x, y)$를 계산하며 접촉압력 $p(x, y)$와 관련된 증분 힘은 물체 1에서 양의 변위를, 물체 2에서 음의 변위를 일으키게 된다. 따라서 식 (3.1)과 함께 다음과 같이 정리할 수 있다.

$$u_z^{(1)} - u_z^{(2)} = \frac{(1-\nu_1^2)P}{\pi E_1 r} + \frac{(1-\nu_2^2)P}{\pi E_2 r} = \frac{P}{\pi E^* r}, \tag{3.2}$$

여기에서 E^*는 다음과 같다.

$$\frac{1}{E^*} = \frac{1-\nu_1^2}{E_1} + \frac{1-\nu_2^2}{E_2}. \tag{3.3}$$

이 식들로부터 재료물성치가 접촉변위에 어떻게 영향을 주는지 알 수 있게 된다. 즉 접촉을 하는 두 물체 중 각각의 재료물성치는 E^*에서 독립적으로 계산이 된다. 예를 들어, 두 물체 중 하나가 강체인 경우 $E_2 \to \infty$가 되어 결국 E^*는 남아있는 하나의 물체에 대한 물성치로 구성이 되어 가상의 물체에 의한 평면변형률 계수로 귀착이 된다.

2차원 문제에서는 접촉압력이 하나의 좌표 x의 함수이기 때문에 "선력(line force)"에 해당하는 결과가 필요하다. 이 결과는 3차원에서 선 $x = 0$를 따라 단위 길이당 힘 P가 작용하는 경우와 동일하다. 2차원 접촉문제에서의 변위식은 다음과 같다.

$$u_z^{(1)} - u_z^{(2)} = \frac{2P \ln|x|}{\pi E^*} + C, \tag{3.4}$$

여기에서 C는 임의의 상수이다. 로그 함수는 양수이고 힘의 작용점 $x = 0$에서 음의 무한대이지만 $x \to \infty$일 때 양의 무한대가 된다. 이것이 의미하는 바는 유한한 2차원 물체의 변위는 물체의 크기에 따라 달라지며 물체가 클수록 더 큰 변위가 나타난다는 것이다. 같은 이유로 상수 C는 접촉물체의 유한한 크기를 고려해서 결정될 수 있다. 그러나 접촉면 근처의 모든 점은 물체의 크기에 의해 같은 방식으로 영향을 받으므로 일반적으로 식 (2.10)에서 강체 변위 d의 변화로 수용할 수 있다. 따라서 물체가 충분히 크다면, 두 물체 간의 접촉압력 분포는 크기에 영향을 받지 않는다. 그러나 물체가 작아지면 접촉 문제는 물체의 크기에 의해 영향을 받는다.

3.2 접촉에 대한 적분방정식

이전 절의 그린(Green) 함수는 접촉압력의 분포로부터 변위를 구하는 적분식을 작성하는 데 사용할 수 있다. 예를 들어 3차원 문제에서 접촉면적이 $\mathcal{A}$로 정의된다면,

$$u_z^{(1)}(x,y) - u_z^{(2)}(x,y) = \frac{1}{\pi E^*} \iint_{\mathcal{A}} \frac{p(\xi, \eta) d\xi d\eta}{\sqrt{(x-\xi)^2 + (y-\eta)^2}}, \tag{3.5}$$

2차원 문제에서의 상응하는 적분 방정식은 다음과 같다.

$$u_z^{(1)}(x,y) - u_z^{(2)}(x,y) = -\frac{2}{\pi E^*} \int_{\mathcal{A}} p(\xi) \ln|x-\xi| \, d\xi + C', \tag{3.6}$$

여기에서 C'는 임의의 상수이다.

식 (3.5)를 이용하면, 접촉조건식 (2.11) ~ (2.14)에 대한 적분방정식을 얻을 수 있다.

$$\begin{aligned} \frac{1}{\pi E^*}\iint_{\mathcal{A}}\frac{p(\xi,\eta)d\xi d\eta}{\sqrt{(x-\xi)^2+(y-\eta)^2}} &= d-g_0(x,y) \quad (x,y)\in\mathcal{A} \\ &> d-g_0(x,y) \quad (x,y)\in\bar{\mathcal{A}} \\ p(x,y) &> 0 \qquad\qquad\quad (x,y)\in\mathcal{A} \\ &= 0 \qquad\qquad\quad (x,y)\in\bar{\mathcal{A}}. \end{aligned} \tag{3.7}$$

혹은 2차원 문제에서는 다음과 같다.

$$\begin{aligned} -\frac{2}{\pi E^*}\int_{\mathcal{A}}p(\xi)\ln|x-\xi|\,d\xi &= d-c'-g_0(x,y) \quad (x,y)\in\mathcal{A} \\ &> d-c'-g_0(x,y) \quad (x,y)\in\bar{\mathcal{A}} \\ p(x,y) &> 0 \qquad\qquad\qquad (x,y)\in\mathcal{A} \\ &= 0 \qquad\qquad\qquad (x,y)\in\bar{\mathcal{A}}. \end{aligned} \tag{3.8}$$

위 식에서 영역 $\mathcal{A}+\bar{\mathcal{A}}$의 각 점에 대해 하나의 부등식 조건이 있다. 이러한 조건식들은 문제를 해석하는데 어려움을 줄 수 있다. 문제를 보는 다른 방법으로, 식 (3.7)의 함수 $p(\xi,\eta)$가 $\mathcal{A}$에서만 정의되도록 하면, 적분방정식은 $\mathcal{A}$의 모든 점에서 이 함수를 결정하기 위한 조건을 제공하며, 이는 $\mathcal{A}$가 적분영역이자 적분방정식이 만족되어야 하는 영역이 된다. 영역에 대한 등식은 이러한 종류의 적분 방정식의 해를 위한 필수 요구 사항이다. 식 (3.7), (3.8)과 더불어 만족해야 하는 조건식은 힘 평형관계이다. 즉 접촉압력의 합은 가해지는 힘 P와 동일하며 다음과 같이 나타난다.

$$P=\iint_{\mathcal{A}}p(x,y)dxdy. \tag{3.9}$$

많은 접촉문제에서 총 접촉력은 미리 정해져 있으며 강체 변위 d는 미지수이다. 이 경우 위 식들은 하나의 미지수와 하나의 방정식을 갖게 되어 해를 구할 수 있다. 또한 2차원 문제의 경우 식 (3.9)의 상수 C'를 알 수 없지만 이 상수는 $d - C'$ 조합에서만 발생하게 되어 하나의 미지수로 간주할 수 있으며 전체 힘 P가 주어지게 되는 경우 문제의 해를 구할 수 있다.

4. 헤르츠 접촉 문제(Hertizian contact problem)

하인리히 헤르츠(Heinrich Hertz, 1882)[1]는 접촉하는 물체가 국부적으로 식 (2.6)의 간극함수 $g_0(x, y)$와 같은 2차식 형태인 경우에 대해, 식 (2.11)의 비마찰접촉조건에 따른 해를 발표하였다. 접촉영역 $\mathcal{A}$가 다음과 같은 타원에 의해 정의될 때,

$$\frac{x^2}{a^2} + \frac{y^2}{b^2} - 1 < 0 . \tag{4.1}$$

접촉압력은 다음의 형태로 제시된다.

$$p(x, y) = p_0 \sqrt{1 - \frac{x^2}{a^2} - \frac{y^2}{b^2}} , \tag{4.2}$$

여기에서 p_0는 원점에서의 접촉압력이다. 이 접촉압력으로부터 표면 변위 u_z를 구하기 위해 식 (4.2)를 식 (3.7)에 대입하고, 그림 4.1에서 나타난 극좌표계를 활용한다.

먼저 접촉영역의 한 쪽에서 다른 쪽으로, 즉 좌표 r에 대해 그림 4.1의 S_1에서 S_2까지 적분한 다음, 좌표 θ에 대해 0에서 π로 전체 접촉영역을 적분하여 이중 적분을 수행한다. 이 경우 원점을 점 Q로 이동하고 극좌표를 사용하면 식 (3.8)의 거리 $r = \sqrt{(x - \xi)^2 + (y - \eta)^2}$은 반경 좌표와 같아진다. 또한 극좌표의 요소 영

1 Hertz, H. (1882). Über die Berührung fester elastischerKörper (On the contact of stiff elastic solids). *Journal für die reine und angewandte Mathematik*, 92, 156-171 (in German).

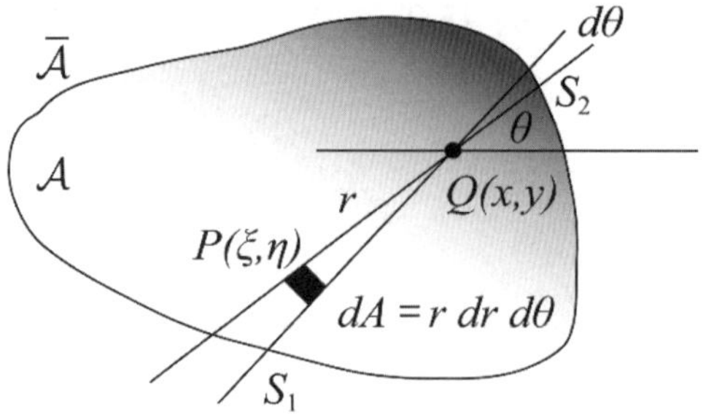

그림 4.1 측정점 적분(field-point integration)

역이 $rdrd\theta$이므로 인수 r이 제거되어 단순화된다. 따라서

$$u_z = \frac{1}{\pi E^*}\int_0^{\pi}\int_{S_1}^{S_2} p(r,\theta)drd\theta, \tag{4.3}$$

여기에서 S_1, S_2는 각도 θ로 기울어지고 Q를 통과하는 선이 접촉영역의 가장자리와 교차하는 점들이고 r은 점 $Q(x,y)$와 $P(\xi,\eta)$ 사이의 거리이다.

이제 ξ,η와 r,θ의 관계식은 다음과 같다.

$$\xi = x - r\cos\theta;\quad \eta = y - r\sin\theta\,. \tag{4.4}$$

식 (4.4)를 식 (4.2)에 대입하면 접촉압력은 다음과 같다.

$$p(r,\theta) = p_0\left[\left(1-\frac{x^2}{a^2}-\frac{y^2}{b^2}\right)+2r\left(\frac{x\cos\theta}{a^2}+\frac{y\sin\theta}{b^2}\right)-r^2\left(\frac{\cos^2\theta}{a^2}+\frac{\sin^2\theta}{b^2}\right)\right]^{1/2}. \tag{4.5}$$

이 접촉압력식은 변수 r에 대해 상수항부터 2차항까지 표현이 된다. 이제 다음의 변수 치환식을 이용한다.

$$s = r - \frac{\left(\frac{x\cos\theta}{a^2}+\frac{y\sin\theta}{b^2}\right)}{\left(\frac{\cos^2\theta}{a^2}+\frac{\sin^2\theta}{b^2}\right)} \tag{4.6}$$

$$C^2 = \frac{\left[\left(1-\frac{x^2}{a^2}-\frac{y^2}{b^2}\right)\left(\frac{\cos^2\theta}{a^2}+\frac{\sin^2\theta}{b^2}\right)+\left(\frac{x\cos\theta}{a^2}+\frac{y\sin\theta}{b^2}\right)^2\right]}{\left(\frac{\cos^2\theta}{a^2}+\frac{\sin^2\theta}{b^2}\right)^2}$$

$$= \frac{\left[\left(\frac{\cos^2\theta}{a^2}+\frac{\sin^2\theta}{b^2}\right)-\frac{(x\sin\theta-y\cos\theta)^2}{a^2b^2}\right]}{\left(\frac{\cos^2\theta}{a^2}+\frac{\sin^2\theta}{b^2}\right)^2}. \tag{4.7}$$

이 변환식을 이용하면 표면 변위식은 다음과 같이 된다.

$$u_z(x,y) = \frac{p_0}{\pi E^*}\int_0^\pi\int_{-C}^{C} CG^{1/2}(C^2-s^2)^{1/2}dtd\theta, \tag{4.8}$$

여기에서 $G=\cos^2\theta/a^2+\sin^2\theta/b^2$이다. 또한 $s=C\cos\phi$를 이용하면 표면변위식은 다음과 같이 된다.

$$u_z(x,y) = \frac{p_0}{2E^*}\int_0^\pi C^2G^{1/2}d\theta. \tag{4.9}$$

윗 식을 정리하면 적분안의 커널 함수는 x, y변수에 대해 상수항, x^2, y^2 그리고 xy항으로 분리된다.

$$u_z(x,y) = \frac{p_0}{2E^*}\int_0^\pi \frac{\left[\left(\frac{\cos^2\theta}{a^2}+\frac{\sin^2\theta}{b^2}\right)-\frac{(x\sin\theta-y\cos\theta)^2}{a^2b^2}\right]}{\left(\frac{\cos^2\theta}{a^2}+\frac{\sin^2\theta}{b^2}\right)^{\frac{3}{2}}}d\theta \tag{4.10}$$

$$= \frac{p_0}{2E^*}\left[\int_0^\pi \frac{d\theta}{\left(\frac{\cos^2\theta}{a^2}+\frac{\sin^2\theta}{b^2}\right)^{\frac{1}{2}}} - \frac{x^2}{a^2b^2}\int_0^\pi \frac{\sin^2\theta d\theta}{\left(\frac{\cos^2\theta}{a^2}+\frac{\sin^2\theta}{b^2}\right)^{\frac{3}{2}}}\right.$$

$$\left.+\frac{2xy}{a^2b^2}\int_0^\pi \frac{\sin\theta\cos\theta d\theta}{\left(\frac{\cos^2\theta}{a^2}+\frac{\sin^2\theta}{b^2}\right)^{\frac{3}{2}}} - \frac{y^2}{a^2b^2}\int_0^\pi \frac{\cos^2\theta d\theta}{\left(\frac{\cos^2\theta}{a^2}+\frac{\sin^2\theta}{b^2}\right)^{\frac{3}{2}}}\right]. \tag{4.11}$$

이 중 xy에 대한 항은 변수 θ에 대해 기함수로 나타나기 때문에 그 적분은 항상 영이 된다. 나머지 세개의 항에 대해, 첫번째 상수항은

$$\int_0^{\pi} \frac{d\theta}{\left(\frac{\cos^2\theta}{a^2}+\frac{\sin^2\theta}{b^2}\right)^{\frac{1}{2}}} = 2bK(e)\,, \tag{4.12}$$

여기에서

$$e = \sqrt{1-\frac{b^2}{a^2}}\,. \tag{4.13}$$

x^2항은 다음과 같다.

$$\begin{aligned} -\frac{x^2}{a^2b^2}\int_0^{\pi} \frac{\sin^2\theta d\theta}{\left(\frac{\cos^2\theta}{a^2}+\frac{\sin^2\theta}{b^2}\right)^{\frac{3}{2}}} &= \frac{x^2 b}{a^2}\int_0^{\pi} \frac{\sin^2\theta d\theta}{(1-e^2\cos^2\theta)^{\frac{3}{2}}} \\ &= -\frac{2x^2b}{a^2e^2}[K(e)-E(e)]. \end{aligned} \tag{4.14}$$

여기에서 $K(e), E(e)$는 제1차 및 제2차 완전 타원 적분식이며 다음과 같다.

$$K(e) = \int_0^{\pi/2} \frac{d\theta}{\sqrt{1-e^2\sin^2\theta}};\ \ E(e) = \int_0^{\pi/2} \sqrt{1-e^2\sin^2\theta}\, d\theta. \tag{4.15}$$

y^2 항은 다음과 같다.

$$\begin{aligned} -\frac{y^2}{a^2b^2}\int_0^{\pi} \frac{\cos^2\theta d\theta}{\left(\frac{\cos^2\theta}{a^2}+\frac{\sin^2\theta}{b^2}\right)^{\frac{3}{2}}} &= -\frac{y^2 b}{a^2}\int_0^{\pi} \frac{\cos^2\theta d\theta}{(1-e^2\cos^2\theta)^{\frac{3}{2}}} \\ &= -\frac{2y^2b}{a^2e^2}\left[\frac{a^2}{b^2}E(e)-K(e)\right]. \end{aligned} \tag{4.16}$$

식 (4.12), (4.14), (4.16)을 식 (4.11)에 대입하면 다음의 표면 변위식을 얻을 수

있다.

$$u_z(x,y) = \frac{p_0 b}{E^* a^2 e^2}\left[a^2 e^2 K(e) - x^2\{K(e) - E(e)\} - y^2\left\{\frac{a^2}{b^2}E(e) - K(e)\right\}\right]. \tag{4.17}$$

식 (2.6)의 간극함수를 식 (3.7)에 대입하고 상수항, x^2, y^2의 계수를 비교하면 다음의 결과를 얻을 수 있다.

$$\frac{p_0 b K(e)}{E^*} = d, \tag{4.18}$$

$$\frac{p_0 b}{E^* a^2 e^2}[K(e) - E(e)] = A, \tag{4.19}$$

$$\frac{p_0 b}{E^* a^2 e^2}\left[\frac{a^2}{b^2}E(e) - K(e)\right] = B. \tag{4.20}$$

만일 $b < a$이라고 하면 $B > A$을 의미하며 이 조건은 식 (2.7), (2.8)에서 의미하는 좌표축계를 선택하면 항상 만족한다.

식 (4.19), (4.20)으로 부터 다음을 얻을 수 있다.

$$\frac{B}{A} = \left[\frac{E(e)}{(1-e^2)} - K(e)\right] / [K(e) - E(e)]\,. \tag{4.21}$$

이 관계식은 주어진 곡률 A, B에 대해 e를 결정하는 데 사용할 수 있고 b/a 비율을 결정할 수 있다. 일반적으로 총 수직력 P는 다음과 같이 얻을 수 있다.

$$P = \iint_A p(x,y)dxdy = \frac{2\pi ab p_0}{3}. \tag{4.22}$$

식 (4.22)와 식 (4.19), (4.20) 중 하나를 사용하여 나머지 미지수 p_0, a를 풀 수 있다. 비율 b/a는 항상 A/B보다 다소 작기 때문에 접촉면적은 식 (2.6)에 의해 정의된 $g_0(x,y)$의 윤곽보다 더 타원형이 된다.

이상과 같이 얻어진 헤르쯔 접촉식들은 작용하는 하중, 강체변위, 그리고 최대 접촉접촉압력 등이 주어진 경우 접촉면적 및 이와 관련된 주요정보들을 얻을 수 있다.

▷ **작용하중 $\boldsymbol{P}$가 주어진 경우**

첫번째로 작용하는 하중 P가 주어진 경우, 식 (4.19), (4.20) 및 (4.22)를 이용하여 p_0항을 제거하고 다음을 얻을 수 있으며,

$$a = \left(\frac{3P[K(e) - E(e)]}{2\pi e^2 E^* A}\right)^{1/3}. \tag{4.23}$$

식 (4.13)을 이용하여 b를 다음과 같이 얻는다.

$$b = a\sqrt{1 - e^2}. \tag{4.24}$$

접촉면적을 결정하는 a, b를 알게 되면 최대접촉압력 p_0는 다음 식에 의해 결정된다

$$p_0 = \frac{3P}{2\pi ab}. \tag{4.25}$$

또한 강체변위 d는 식 (4.18)에 의해 결정된다.

▷ **강체변위 $\boldsymbol{d}$가 주어진 경우**

이 경우 식 (4.18), (4.19), 및 (4.20)을 이용하여 p_0항을 제거하고 다음을 얻을 수 있으며

$$a = \sqrt{\frac{d}{Ae^2}\left[1 - \frac{E(e)}{K(e)}\right]}. \tag{4.26}$$

식 (4.13)을 이용하여 b를, 그리고 식 (4.18)을 이용하여 최대접촉압력을 각각 다음과 같이 얻는다.

$$b = a\sqrt{1-e^2}, \ p_0 = \frac{E^* d}{bK(e)} . \tag{4.27}$$

끝으로 작용하중 P는 식 (4.22)를 이용하여 얻을 수 있다.

▷ 최대 접촉압력 $\boldsymbol{p_0}$가 주어진 경우

이 경우 식 (4.19), (4.20), 및 (4.22)를 이용하여 a항을 제거하고 다음을 얻을 수 있으며

$$b = \frac{p_0(1-e^2)}{E^* e^2 A}[K(e) - E(e)]. \tag{4.28}$$

식 (4.13)을 이용하여 a를 다음과 같이 얻는다.

$$a = \frac{b}{\sqrt{1-e^2}} . \tag{4.29}$$

작용하중 P와 강체변위 d는 각각 식 (4.22)과 식 (4.18)에 의해 얻을 수 있다.

예제 - 작용하중 P가 주어진 경우

직경이 30mm 구가 직경이 60mm인 실린더의 곡선면에 접하고 있으며 작용하중 $20N$이 가해지고 있다. 두 물체는 강철($E = 210\text{GPa}, \ \nu = 0.3$)이다. 이때 타원접촉면의 크기 a, b 그리고 최대접촉압력 p_0를 구하시오.

풀이 4장 내용에 따라

$$R_x^{(1)} = R_y^{(2)} = 10\text{mm}; \ \ \text{R}_x^{(2)} = \infty; \ \ \text{R}_y^{(2)} = 25\text{mm}.$$

이 문제의 경우 주축곡률이 정렬되어 있으므로 간극함수 $g_0(x,y)$는 다음과 같이 얻어진다.

$$g_0(x,y) = Ax^2 + By^2 = \frac{x^2}{2R_x^{(1)}} + \frac{y^2}{2R_y^{(!)}} + \frac{x^2}{2R_x^{(2)}} + \frac{y^2}{2R_y^{(2)}} \tag{4.30}$$

$$2A = \frac{1}{R_x} = \frac{1}{R_x^{(1)}} + \frac{1}{R_x^{(2)}} \tag{4.31}$$

$$2B = \frac{1}{R_y} = \frac{1}{R_y^{(1)}} + \frac{1}{R_y^{(2)}}. \tag{4.32}$$

따라서

$$A = \frac{1}{0.02} + \frac{1}{\infty} = 50\text{m}^{-1}, \qquad B = \frac{1}{0.02} + \frac{1}{0.05} = 70\text{m}^{-1}$$

A, B값으로부터 식 (4.21)에 의해 $e = 0.6461$을 얻을 수 있다.
주어진 재료물성치에 의해

$$1/E^* = 2(1-\nu^2)/E, \quad E^* = 210/(2 \times 0.91) = 115.4\text{GPa}$$

이다. 작용하중 $P = 20\text{N}$와 E^*를 식 (4.25)에 대입하면 접촉면적의 한쪽 주축길이의 반 a는 다음과 같이 얻어진다.

$$a = \left(\frac{3 \times 20[K(0.6461) - E(0.6461)]}{2\pi \times 0.6461^2 \times 115.4 \times 10^9 \times 50}\right)^{1/3} = 0.142 \times 10^{-3}\text{m}$$

또한 다른 반쪽 주축길이의 반 b는 다음과 같이 얻어진다.

$$b = a\sqrt{1-e^2} = 0.109 \times 10^{-3}\text{m}$$

끝으로 최대접촉압력 p_0는 식 (4.25)에 의해 다음과 같이 구할 수 있다.

$$p_0 = \frac{3 \times 20}{2\pi \times 0.142 \times 0.109} = 617\text{Mpa}$$

참고로 이 예제에 따른 접촉압력 $p(x,y)$와 표면변위 $u(x,y)$를 식 (4,2)와 식 (4.17)을 이용하여 그림 4.2에 보인다.

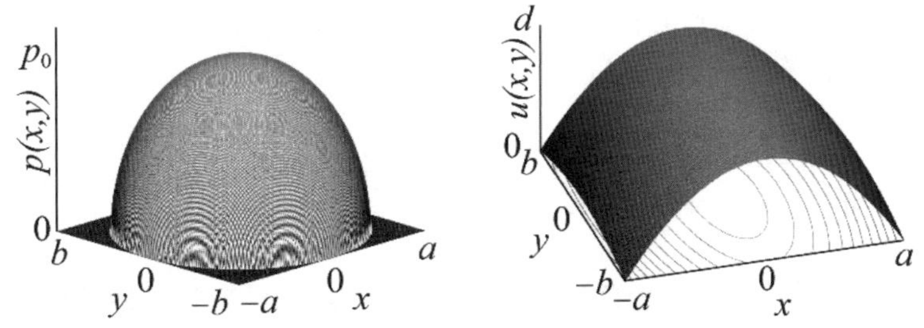

그림 4.2 예제 결과에 따른 (a) 접촉압력 $p(x,y)$, (b) 표면변위 $u(x,y)$

5. 접선 하중

이전 내용까지의 접촉문제는 접촉경계면을 통해 전달되는 접선방향 하중이 없는 문제만 고려하였다. 실제로 이러한 접촉문제는 마찰이 없는 경우(윤활이 잘 되는 경우) 또는 접촉경계면이 기하학적으로, 그리고 재료 특성 및 하중에 대해 대칭 평면인 경우에 적용된다. 접선 방향 하중이 작용하는 접촉 문제를 분석하기 위해 먼저 2.3절에서 제시된 비마찰접촉조건에 의한 결과를 접선방향 하중과 그 변위를 포함하여 일반화해야 한다.

5.1 두 개의 반무한 평판의 접촉

그림 5.1과 같이 탄성 반무한 영역 $z > 0$의 원점에서 수직 및 접선방향 집중 힘 P, Q가 작용하고 있다. 이 하중에 대한 3차원 표면 변위 결과는 다음과 같다.[1]

$$u_x = -\frac{P(1+\nu)(1-2\nu)x}{2\pi E r^2} + \frac{Q(1+\nu)}{\pi E r}\left[(1-\nu) + \frac{\nu x^2}{r^2}\right] \tag{5.1}$$

1 Westergaard, H. M. (1964). Theory of elasticity and plasticity. New York: Dover.

$$u_y = -\frac{P(1+\nu)(1-2\nu)y}{2\pi E r^2} + \frac{Q\nu(1+\nu)xy}{\pi E r^3} \tag{5.2}$$

$$u_z = -\frac{P(1-\nu^2)}{\pi E r} + \frac{Q(1+\nu)(1-2\nu)x}{2\pi E r^2}. \tag{5.3}$$

2차원 문제에서는 힘 P, Q를 y축의 단위 길이당 작용하는 하중으로 이해하면 표면 변위는 다음과 같다.

$$u_x = -\frac{P(1+\nu)(1-2\nu)\operatorname{sgn}(x)}{2E} - \frac{2Q(1-\nu^2)\ln|x|}{\pi E} \tag{5.4}$$

$$u_z = -\frac{2P(1-\nu^2)\ln|x|}{\pi E} + \frac{Q(1+\nu)(1-2\nu)\operatorname{sgn}(x)}{2E}, \tag{5.5}$$

여기에서 $\operatorname{sgn}(x)$는 $x > 0$의 경우 $\operatorname{sgn}(x) = 1$로 정의되고 $x < 0$의 경우 $\operatorname{sgn}(x) = -1$로 정의되는 시그넘 함수이다. 또는 $\operatorname{sgn}(x) = 2H(x) - 1$과 같이 표현할 수 있으며, 이때 $H(x)$는 단위 계단 함수이다.

$\nu = 0.5$인 특별한 경우를 제외하고 수직력은 접선 변위를 생성하고 그 반대의 경우도 마찬가지이다. 이러한 수직 및 접선 영향의 연성은 접촉문제를 더 복잡하게 만든다.

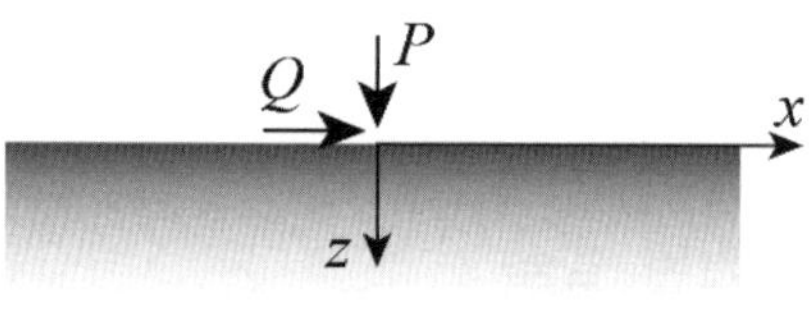

그림 5.1 반무한물체에 작용하는 집중하중

5.2 법선방향 접촉문제

설명을 간단히 하기 위해 집중하중에 의한 2차원 접촉문제에 대해 서술한다. 평형 관계로 인해 접촉면에 접촉압력 $p(x)$와 접촉전단응력 $q(x)$는 반대 방향으로 나타나게 된다. 이러한 경우 접촉면 트랙션 $p(x)\delta x$, $q(x)\delta x$은 집중하중이 되며, 이러한 접촉면 트랙션 분포에 의한 표면변위는 식 (5.4), (5.5)에 있는 접촉하중 대신 접촉트랙션을 대입하여 얻을 수 있다. 따라서 표면변위는 다음과 같다.

$$\begin{aligned} u_x(x) = &-\frac{(1+\nu)(1-2\nu)}{2E}\int_A p(\xi)\mathrm{sgn}(x-\xi)d\xi \\ &-\frac{2(1-\nu^2)}{\pi E}\int_A q(\xi)\ln|x-\xi|d\xi \end{aligned} \tag{5.6}$$

$$\begin{aligned} u_z(x) = &-\frac{2(1-\nu^2)}{\pi E}\int_A p(\xi)\ln|x-\xi|d\xi \\ &+\frac{(1+\nu)(1-2\nu)}{2E}\int_A q(\xi)\mathrm{sgn}(x-\xi)d\xi. \end{aligned} \tag{5.7}$$

접촉영역에서 법선방향 접촉조건인 $g(x) = 0$인 식 (3.9)를 적용하여 식 (5.7)을 이용하면 다음의 식을 얻을 수 있다.

$$-\frac{2}{\pi E^*}\int_A p(\xi)\ln|x-\xi|d\xi + \frac{\beta}{E^*}\int_A q(\xi)\mathrm{sgn}(x-\xi)d\xi = d - g_0(x), \tag{5.8}$$

식 (5.8)을 x에 대해 미분하면 강체변위 d가 소거되어 보다 간단한 식을 얻을 수 있다

$$-\frac{2}{\pi E^*}\int_A \frac{p(\xi)}{x-\xi}d\xi + \frac{2\beta}{E^*}q(x) = -g_0{}'(x), \tag{5.9}$$

여기에서 β는 다음과 같다.

$$\beta = E^*\left[\frac{(1-2\nu_1)(1+\nu_1)}{2E_1} - \frac{(1-2\nu_2)(1+\nu_2)}{2E_2}\right]. \tag{5.10}$$

이 식의 유도과정은 다음의 내용이 필요하다.

$$\mathrm{sgn}(x-\xi) = 2H(x-\xi) - 1 \tag{5.11}$$

$$\frac{d}{dx}\mathrm{sgn}(x-\xi) = \frac{d}{dx}H(x-\xi) = 2\delta(x-\xi) \tag{5.12}$$

$$\int f(\xi)\delta(x-\xi)d\xi = f(x), \tag{5.13}$$

여기에서 $\delta(x)$는 디렉 델타 함수이다.

5.3 접선방향 변위

그림 5.2에서 물체 1과 물체 2의 접선 방향 강체변위는 각각 U_1, U_2이며, 결과적으로 물체 2는 물체 1에 대해 오른쪽 방향으로 강체 변위 $U = U_1 - U_2$를 갖는다고 가정한다. 또한 탄성 변위 $u_x^{(1)}$, $u_x^{(2)}$도 존재하는 경우, 물체 2의 표면 상의 지점에서는 오른쪽 변위 또는 '위치변화(shift)'가 발생한다. 물체 1에 대한 상대적인 오른쪽 변위는 다음과 같다.

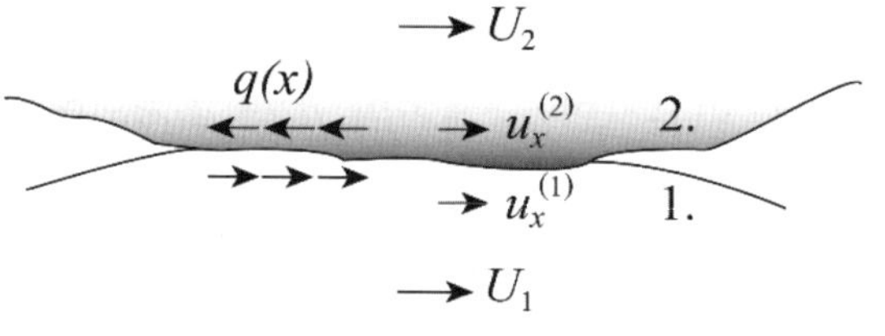

그림 5.2 반무한물체에 작용하는 집중하중

$$h(x,t) = U(t) + u_x^{(2)}(x,t) - u_x^{(1)}(x,t). \tag{5.14}$$

따라서 미끄럼 속도(slip velocity)를 다음과 같이 정의할 수 있다.

$$v_s(x) \equiv \dot{h}(x) = \dot{U} + \dot{u}_x^{(2)} - \dot{u}_x^{(1)}, \tag{5.15}$$

여기에서 $\dot{U}$는 상대적인 강체속도이며 점(·)은 시간 t에 대한 미분을 의미한다.

탄성 변위 식 (5.6)을 식 (5.14)에 대입하고 트랙션이 음의 x방향에 있기 때문에 q를 포함하는 항이 물체 2에 대해 음수가 된다는 점에 주목하면 다음을 얻는다.

$$h(x,t) = -\frac{2}{\pi E^*}\int_A q(\xi,t)\ln|x-\xi|d\xi - \frac{2\beta}{E^*}\int_A p(\xi,t)\mathrm{sgn}(x-\xi)d\xi + U(t). \tag{5.16}$$

이 식을 미분하면 다음을 얻는다.

$$\frac{\partial h}{\partial x} = -\frac{2}{\pi E^*}\int_A \frac{q(\xi,t)d\xi}{x-\xi} - \frac{2\beta}{E^*}p(\xi,t) + \dot{U}(t). \tag{5.17}$$

5.4 법선-접선 접촉연성

식 (5.8)에서 법선방향 변위는 접선방향 트랙션에 의해 영향을 받는다. 이러한 영향도를 결정하는 매개변수는 β이다. 이 매개변수를 던덜스(Dundurs) 상수[1]라고 하며 접선방향과 법선 방향 간의 연성도를 결정한다. 만일 $\beta = 0$이면 이 접촉문제는 두 방향에 대해 분리되어서 마찰 조건에 대한 언급이 없이도 접촉압력 $p(x)$에 대한 법선방향 접촉문제를 풀고 난 후 전단트랙션 $q(x)$에 대한 접선방향 접촉문제를 구하면 된다. 이 경우 접촉문제는 비마찰접촉문제와 동일하다. $\beta = 0$ 혹은 $\beta \approx 0$이 되는 경우는 다음과 같다.

1. 접촉하는 두 물체가 서로 같다. 즉 $E_1 = E_2$이고 $\nu_1 = \nu_2$이다.
2. 접촉하는 두 물체가 비압축성 물체이다. 즉 $\nu_1 = \nu_2 = 0.5$이다.
3. 접촉하는 하나의 물체는 비압축성 물체이고 다른 하나는 훨씬 큰 탄성 혹은 전단 계수를 갖는다. 즉 $\nu_1 = 0.5$이고 $E_2 \gg E_1$이다. 예를 들어 접촉물체 하나는 고무이며 다른 하나는 강(철)으로 이루어진 경우이다.

1 Dundurs, J. (1969), Discussion on edge bonded dissimilar orthogonal elastic wedges under normal and shear loading. ASME Journal of Applied Mechanics, 36(3), 650-652.

5.5 아몬톤스-쿨롱 마찰 법칙

접선방향의 접촉트랙션은 마찰 메카니즘과 관련이 있다. 마찰 현상에 대한 가장 간단한 이론은 아몬톤스(Amontons) 및 쿨롱(Coulomb)의 기본 법칙이 있다. 이 법칙에 따르면 평면 접촉경계면에서 두 물체에 전달이 될 수 있는 최대 접선력 $|Q|$은 압축 법선력 P에 선형적으로 비례하고 접촉면적과 관련이 없다.

쿨롱 마찰법칙에서는 접촉영역의 모든 점이 응착(붙음, stick) 혹은 미끄럼(slip) 중 하나의 상태이어야 한다. 미끄럼 영역에서 접선력의 크기는

$$|\boldsymbol{q}(x,y)| = fp(x,y). \tag{5.18}$$

미끄럼 방향은 운동하는 방향과 반대 방향이어야 한다. 즉,

$$\frac{\boldsymbol{q}(x,y)}{|\boldsymbol{q}(x,y)|} = -\frac{v_s(x,y)}{|v_s(x,y)|}, \tag{5.19}$$

여기에서 $\boldsymbol{v}_s(x,y)$는 미끄럼 속도이다. 응착 영역에서는 $\boldsymbol{v}_s(x,y) = 0$이며 다음과 같은 조건을 갖는다.

$$|\boldsymbol{q}(x,y)| \le fp(x,y). \tag{5.20}$$

접선력 $\boldsymbol{q}(x,y)$는 3차원 문제에서 벡터이지만 미끄럼 속도는 2차원에서 스칼라양이다. 이 경우 앞으로 미끄럼(forward slip) ($v_s > 0$) 혹은 뒤로 미끄럼(backward slip) ($v_s < 0$) 상태로 구별할 수 있다.

그림 5.2의 트랙션 부호 규약으로부터 2차원에서의 마찰법칙을 정의할 수 있다.

$$\begin{array}{llll} |q(x)| \le fp(x) & v_S(x) = 0 & g(x) = 0 & \text{응착(붙음) 상태} \\ q(x) = fp(x) & v_s > 0 & g(x) = 0 & \text{양의 방향으로 미끄럼 상태} \\ q(x) = -fp(x) & v_s(x) < 0 & g(x) = 0 & \text{음의 방향으로 미끄럼 상태} \\ p(x) = 0 & q(x) = 0 & g(x) > 0 & \text{분리상태.} \end{array} \tag{5.21}$$

5.6 접선방향 접촉문제

접선 방향의 트랙션에 의한 변위를 이용하여 마찰접촉 조건에 따른 식을 유도하기 위해 법선 방향 접촉문제와 유사한 방법을 따른다. 식 (5.6)을 식 (5.21)의 응착 조건 ($v_s(x) = 0$)에 적용하여 x에 대해 미분하면 다음의 식을 얻는다.

$$\frac{1}{\pi E^*}\int_A \frac{q(\xi,t)d\xi}{(x-\xi)} + \frac{\beta}{E^*}p(x) = 0. \tag{5.22}$$

식 (5.21)의 양의 방향으로 미끄럼 조건인 $v_s(x) > 0$에 대해 식 (5.6)을 적용하여 x에 대해 미분하면 다음의 식을 얻는다.

$$\frac{2}{\pi E^*}\int_A \frac{q(\xi,t)d\xi}{(x-\xi)} + \frac{2\beta}{E^*}p(x) < \dot{U}(t). \tag{5.23}$$

음의 방향으로 미끄럼 상태 조건에 대해서는 식 (5.23)의 부등호가 반대가 된다.

6. 까따네오-민드린 문제(Cattaneo-Mindlin's Problem)

법선방향 하중과 접선방향 하중을 모두 고려하는 가장 간단한 문제 중 하나로, 그림 6.1과 같이, 동일한 재료($\beta = 0$)를 가진 두 물체가 접촉하는 2차원 헤르츠 접촉문제를 고려한다. 이 문제에서 반경 R의 탄성 실린더가 처음에 수직압축력 P로 탄성 반무한 평면을 누르고 있는 상태에서 접선력 Q가 단조증가할 때 접촉면에 발생하는 트랙션을 구하고자 한다. 이때 접선력의 최대 크기는 수직 압축력과 마찰계수의 곱보다 작은 경우를 고려한다. 이 접촉 문제는 까따네오(Cattaneo, 1938)[1]가 처

1 Cattaneo, C. (1938). Sul contatto di due corpi elastici: distribuzione locale degli sforzi. Rendiconti dell'Accademia Nazionale dei Lincei, 27, 342-348, 431-436, 474-478.

음 풀었으며 그 후 민드린(Mindlin, 1949)[1]이 독립적으로 해석하였다. 따라서 이를 까따네오-민드린 문제라 부른다.

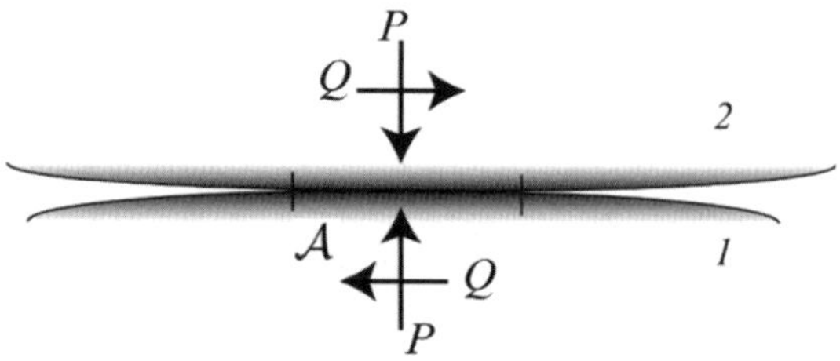

그림 6.1 수직하중 P와 전단 하중 Q에 의한 탄성 반 무한평면의 접촉

6.1 수직 하중 단계

첫 번째 하중 단계는 4장에서 언급하고 있는 헤르쯔 접촉문제와 같으며, 편의상 $e = 1$인 경우에 대해 언급한다. 이 경우 접촉물체의 형상은 다음과 같다.

$$g_0(x) = \frac{x^2}{2R}. \tag{6.1}$$

법선 방향 힘에 의한 관계식은 식 (5.9)에서 $\beta = 0$인 경우이며 다음과 같이 된다.

$$\frac{1}{\pi}\int_A \frac{p(\xi)d\xi}{(x-\xi)} = \frac{E^*x}{2R}. \tag{6.2}$$

이 식은 법선방향 접촉조건 $p(x) > 0$을 만족하며 다음의 해를 갖는다.

$$p(x) = \frac{2P\sqrt{a^2 - x^2}}{\pi a^2}, \tag{6.3}$$

여기에서 a는 접촉영역의 반쪽 영역이고 다음과 같다.

---

1 Mindlin, R.D.(1949). Compliance of elastic bodies in contact. ASME Journal of Applied Mechanics, 16(3), 259-268.

$$a = \sqrt{\frac{4PR}{\pi E^*}}. \tag{6.4}$$

일반적으로 법선 트랙션은 접선 방향의 변위를 발생시키지만, 두 물체에서 접촉 트랙션이 동일하고 반대방향으로 작용하며 재료가 동일하기 때문에 접선변위는 대칭에 의해 동일하다. 따라서 접선 트랙션은 발생하지 않으며, 미끄럼 상태도 발생되지 않는다. 또한 수직력 P가 가해질 때 전체 접촉영역이 응착(붙음) 상태를 유지한다.

6.2 접촉영역의 전반에 걸쳐 스틱이 발생하는 해

법선방향과 접선방향 각각의 트랙션과 변위가 상호 연성되지 않은 경우에는 ($\beta = 0$), 접선방향 하중이 가해지고 있는 동안 접촉면적과 수직 트랙션은 일정하게 유지된다. 먼저 이 하중단계에서 전체 접촉영역이 응착되어 있다고 가정한다. 그러면 식 (5.22)는 다음과 같이 간단히 된다.

$$\frac{1}{\pi E^*}\int_{-a}^{a} \frac{\dot{q}(\xi,t)d\xi}{(x-\xi)} = 0 \ ; \ -a < x < a\,. \tag{6.5}$$

식 (6.5)는 편평한 물체와 반무한평면 간의 접촉영역이 $-a < x < a$인 문제의 수직변위식과 동일하다. 이에 대한 해는 다음과 같다.

$$\dot{q}(x) = \frac{\dot{Q}}{\pi\sqrt{a^2 - x^2}}\,. \tag{6.6}$$

이제 접촉면적 a는 접선방향 하중이 작용하는 동안 시간에 대해 무관하므로 이 식을 시간에 대해 적분하면 다음과 같다.

$$q(x) = \frac{Q}{\pi\sqrt{a^2 - x^2}}\,. \tag{6.7}$$

이 결과는 접촉 면적 전체($-a < x < a$)가 응착되어 있다는 가정에서 유도된 결과이다. 이러한 경우, 접촉이 끝나는 위치인 가장자리 $x = \pm a$에서 $q(x)$가 특이점을 가지게 되며 마찰조건식 (5.21)의 부등식 $|q(x)| \leq fp(x)$에서 $p(x)$가 유한하기 때문에 모든 마찰계수 f에 대해 위배가 된다. 결국 Q값이 아무리 작더라도 0이 아닌 상태에서 접촉영역의 가장자리 근처에서는 약간의 미끄럼이 발생할 것이라고 추론된다.

6.3 미끄러짐 영역에서의 해

미끄러짐 영역에서 트랙션은 $q(x) = fp(x)$을 만족하여야 한다는 조건과 함께 식 (6.3)을 접촉면적 전반 $-a < x < a$에 걸쳐 적용하면 다음의 식을 구할 수 있다.

$$q(x) = fp(x) = \frac{2fP\sqrt{a^2 - x^2}}{\pi a^2}\,. \tag{6.8}$$

식 (6.7)과 식 (6.8)을 유도하는 과정에서 전체 영역을 응착 구간과 미끄럼 구간으로 구분하여 해를 구하고 있어서 각 상태에 따른 추론 결과의 상이한 점이 드러난다. 즉 접촉영역은 한가지 상태로 제한되는 것이 아니라 두가지 상태, 응착 상태와 미끄럼 상태가 동시에 공존하는 상태가 될 수 있다는 추론을 가능하게 한다. 이러한 접촉면의 공존 상태를 부분 미끄럼 상태(partial slip) 혹은 미소 미끄럼 상태(micro-slip)으로 정의할 수 있다. 따라서 식 (6.8)을 보정하여 응착 접촉영역에서 식 (6.7)과 유사한 형태가 유지되도록 수정한다. 이러한 보정 전단 트랙션은 다음의 조건을 만족하여야 한다. 즉 응착 영역(stick)에서는 슬립속도가 0이어야 한다. 이를 반영하여 식 (6.8)의 전단 트랙션을 식 (5.17)에 대입하면 다음의 식을 얻는다.

$$\frac{\partial h}{\partial x} = -\frac{2}{\pi E^*}\int_{-a}^{a}\frac{2fP\sqrt{a^2 - \xi^2}d\xi}{\pi a^2(x-\xi)} = \frac{4fP}{\pi^2 E^* a}\int_0^{\pi}\frac{\sin^2\theta d\theta}{(\cos\phi - \cos\theta)} = \frac{4fP}{\pi E^* a}\cos\phi = \frac{4fPx}{\pi E^* a^2}\,. \tag{6.9}$$

이제 응착 영역에서 h가 x와 무관해야 하므로 보정 전단 트랙션을 구하여 식

(6.9)의 오른쪽에 있는 x 종속항을 제거해야 한다. 보정전단트랙션 분포를 다음과 같이 구성할 경우 이러한 x 종속항이 제거된다.

$$q^*(x) = -\frac{2fP\sqrt{c^2 - x^2}}{\pi a^2} \;\; ; -c < x < c \, , \tag{6.10}$$

이 식은 식 (6.8)과 형태가 유사하지만 그 값은 원점 근처의 미끄럼 구간 $(2c)$에서 더 작게 나타난다. 종합하면 까따네오-민드린 문제에 대한 완전한 전단 트랙션은 다음과 같이 유도된다.

$$q(x) = \frac{2fP}{\pi a^2}\left(\sqrt{a^2 - x^2} - H(c^2 - x^2)\sqrt{c^2 - x^2}\right) \; ; -a < x < a \, , \tag{6.11}$$

이 식에 따른 전단트랙션 분포는 그림 6.2에서 볼 수 있다.

전체 접선력 Q는 식 (6.11)에 있는 전단트랙션을 이용하여 다음과 같이 구할 수 있다.

$$Q = \int_{-a}^{a} q(x)dx = fP - fP\left(\frac{c}{a}\right)^2 . \tag{6.12}$$

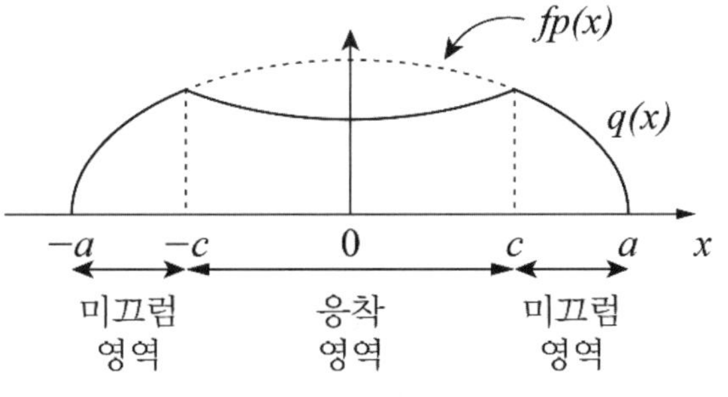

그림 6.2 전단 트랙션 분포 $q(x)$

식 (6.12)에서 응착 영역의 반폭의 길이 c를 다음과 같이 결정할 수 있다.

$$c = a\sqrt{1 - \frac{Q}{fP}} \, . \tag{6.13}$$

예견되는 바와 같이 전단력 Q가 fP로 접근하게 되면 응착 영역은 0으로 줄어들게 되고 Q가 fP와 같아질 때, 전체 영역은 미끄럼 상태(gross slip)가 된다.

식 (6.11)은 접선력 Q에 의한 전단트랙션을 의미하며 첫번째 항은 압축력 P와 관련이 있다. 두번째 항의 응착영역 길이 c가 식 (6.12)와 (6.13)의 식과 관련이 있음을 알 수 있다. 따라서 식 (6.11)의 전단 트랙션을 유발시키는 접선력을 $Q = fP - fP_1$로 이해한다면 P_1 접선력은 다음과 같다.

$$P_1 = P - \frac{Q}{f}\,. \tag{6.14}$$

만일 P_1 하중이 결정이 되면 위 문제에서 정의된 2차원 헤르쯔 접촉문제에 따라 응착영역을 결정할 수 있게 되어 마찰접촉에 대한 전단트랙션을 쉽게 구할 수 있게 된다. 이러한 마찰접촉문제의 중첩원리는 제이거(Jäeger, 1997)[1]와 시아바렐라(Ciavarella, 1998)[2]에 의해 독립적으로 진행되어 일반화되었다. 비연성 2차원 접촉문제와 3차원 접촉문제에도 적용될 수 있다. 또한 접촉면적이 여러 개의 접촉면적으로 나누어지는 접촉문제에도 적용이 가능하다.

7. 구름 접촉

두 물체 사이의 접촉부가 계속 이동한다는 것이 구름 접촉의 특징이다. 구름 접촉의 응용 분야는 기어 톱니의 접촉, 도로 또는 철도 트랙에서 굴러가는 바퀴, 풀리를 구동하는 벨트 등이 있다. 많은 경우 이 접촉문제는 접촉영역과 함께 이동하는 기준 좌표축을 채택하면, 물리적 매개변수가 시간과 무관한 정상상태 해를 갖

1 J. Jäger, Half-planes without coupling under contact loading. Archive of Applied Mechanics, Vol. 67 (1997), pp. 247-259.

2 M. Ciavarella, The generalized Cattaneo partial slip plane contact problem. I-Theory, II-Examples. International Journal of Solids and Structures. Vol. 35 (1998), pp. 2349-2378.

는다. 이 경우 두 물체의 재료는 좌표축상에서 움직이며 이때 발생하는 마찰트랙션 해를 구할 수 있다. 그림 7.1에서는 반경 R의 탄성 실린더가 수직력 P와 접선력 Q의 하중을 받으면서 반무한평판 위를 구르는 모습을 보여준다. 카터(Carter, 1926)[1]는 수직 및 수평 트랙션이 비 연성화되어 있다고 가정하여 정상상태 해를 구하였다. 우선 이 문제의 형상에 기초하여 접촉압력과 접촉면적은 헤르츠 접촉해를 따르며 다음과 같이 주어진다.

$$P = \frac{\pi E^* a^2}{4R};\ p(x) = \frac{2P\sqrt{a^2 - x^2}}{\pi a^2} = \frac{E^*\sqrt{a^2 - x^2}}{2R}\,. \tag{7.1}$$

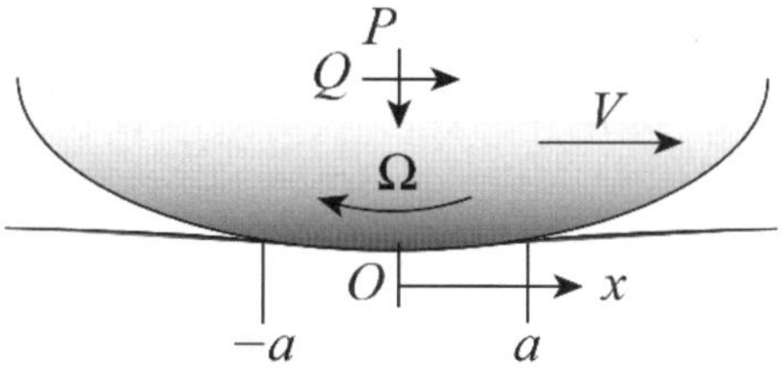

그림 7.1 평판 위를 구르는 실린더와 작용하는 트랙션

좌표축을 $\xi = x - Vt$으로 변환하면, 정상상태의 응력과 변위장을 이동하는 기준좌표축상에서 변하지 않는 식으로 유도할 수 있다. 5.5절에서 접촉면의 응착 조건 (5.15), (5.21)에 의해 $\dot{h} = 0$이다. 여기에서 $h = U - u_x$이고 U는 상대 강체 변위이다. 따라서 접촉면이 응착 영역에서는 $|q_x| \le fVp$이며

$$\dot{U} - \frac{\partial u_x}{\partial t} = 0 \text{ 혹은 } \dot{U} + V\frac{du_x}{d\xi} = 0\,, \tag{7.2}$$

여기에서 $\dot{U}$는 강체의 상대적인 '크립속도'이다.

미끄러지는 영역에서의 마찰 트랙션은 미끄러지는 방향에 반대가 되어야 하므로,

1 F.W. Carter, On the action of a locomotive driving wheel, Proceedings of the Royal Society of London, Vol. A112 (1926), pp. 151-157.

$$\dot{U} > -V\frac{\partial u_x}{\partial \xi}, \quad q_x(\xi) = fp(\xi)\,. \tag{7.3}$$

또한 이러한 미끄러지는 조건하에서 전단트랙션 분포는 다음과 같이 나타나게 된다.

$$q(\xi) = -fp(\xi)\mathrm{sgn}\left(V\frac{du_x}{d\xi}\right) + \dot{U}. \tag{7.4}$$

언뜻 보기에는 앞장에서 제시된 까따네오-민드린의 전단 트랙션 분포식 (6.11)이 현재 조건을 만족하는 것으로 보인다. 왜냐하면 중간의 응착 영역에서는 $du_x/d\xi = 0$을 만족하기 때문이다. (단 크립속도 $\dot{U}$는 임의의 값이다.) 그러나 구해진 변위를 식 (7.4)에 대입하면 접촉영역의 앞부분(leading edge)에서 부호 오류가 발생한다.

좀더 자세히 설명하면 다음과 같다. 까타네오-민드린 문제에서 Q가 증가함에 따라 양의 방향으로의 미끄럼(즉 $\dot{h}(x) > 0$)은 양쪽 미끄러짐 영역에서 발생하게 되며 $h(x)$의 크기는 응착-미끄럼 경계에서 0이며 $x = \pm a$에서는 최대값으로 증가한다. 이렇게 되면, $du_x/d\xi = 0$는 오른쪽으로 미끄러지는 영역에서 음수이고 왼쪽으로 미끄러지는 영역에서는 양수가 된다. 따라서 정상 상태(steady state)의 구름 문제에서는 V가 양수이면 오른쪽 영역에서, V가 음수이면 왼쪽 영역에서 식 (7.4)가 성립하지 않게 된다. 각각의 경우 구름진행방향으로 볼 때 접촉영역의 앞부분(leading edge)에서 성립하지 않음을 알 수 있다.

이제 영역이 미끄러진다는 가정 하의 결과에서 부호에 오류가 발생한다면 가정이 틀렸다는 것으로 생각할 수 있고 따라서 그 영역은 응착되어 있다고 볼 수 있다. 따라서 구름 접촉문제에서는 접촉영역의 앞부분(leading edge)에서 미끄럼 영역이 있을 수 없다.

까타네오-민드린 문제와 같이, 중첩을 사용하여 구름 진행방향으로 볼 때 접촉영역의 앞부분(leading edge)에 대한 수정된 트랙션을 적용하면 다음과 같다.

$$q^*(\xi) = \frac{2fP}{\pi a^2}\sqrt{\left(\frac{a-c}{2}\right)^2 - \left(\xi - \frac{a+c}{2}\right)^2} = \frac{2fP}{\pi a^2}\sqrt{(a-\xi)(\xi-c)}\,. \tag{7.5}$$

따라서 구름 접촉 시 발생하는 전단트랙션은 식 (7.6)과 같이 나타낼 수 있으며 그림 7.2에 V가 양의 방향을 향하는 경우의 분포를 보여준다.

$$q(\xi) = fp(\xi) + q^*(\xi) = \frac{2fP}{\pi a^2}\left(\sqrt{a^2 - \xi^2} - H(\xi - c)\sqrt{(a - \xi)(\xi - c)}\right) ; \quad -a < \xi < a. \tag{7.6}$$

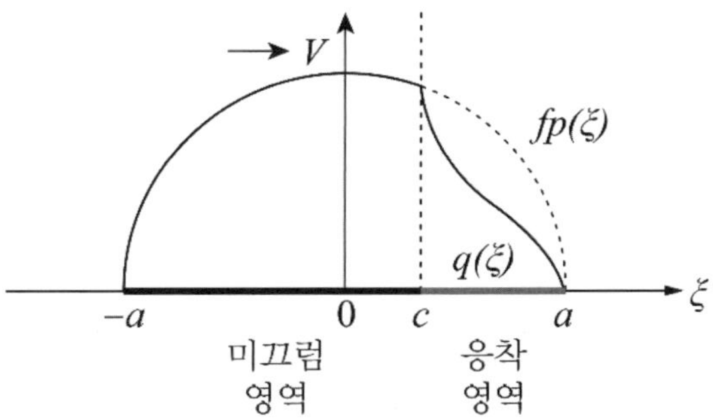

그림 7.2 카터 문제에 대한 전단 트랙션 분포 $q(\xi)$

이 전단 트랙션 분포에서 응착 영역은 구름진행방향으로 볼 때 접촉영역의 앞부분(leading edge) $c < \xi < a$에서 발생하고 접촉영역의 뒷부분(trailing edge) $-a < \xi < c$은 양의 방향으로 미끄럼 영역이 된다.

$$Q = \frac{f\pi E^*}{4R}\left[a^2 - \left(\frac{a-c}{2}\right)^2\right] = \frac{f\pi p_0}{2a}\left[a^2 - \left(\frac{a-c}{2}\right)^2\right] \tag{7.7}$$

$$= fP\left[1 - \left(\frac{a-c}{2a}\right)^2\right]. \tag{7.8}$$

그리고 미끄럼 영역과 작용하는 하중과의 관계는 다음과 같다.

$$\frac{c}{a} = 1 - 2\sqrt{1 - \frac{Q}{fP}}. \tag{7.9}$$

구름마찰에 대한 해를 통해 크립속도 $\dot{U}$은 0이 아니며 접촉거동하는 두 물체 사이에 정상상태의 접선방향 속도가 작게나마 나타날 수 있다는 것을 알 수 있다.

이것이 의미하는 바는 두 물체가 강체인 경우 나타나는 상대속도 보다 더 느리게 회전하는 효과가 있다는 것이다. 그 결과 피동롤러로부터 회복되는 에너지보다 더 많은 에너지가 구동롤러에 제공되며, 그 에너지 차이만큼은 미끄럼 영역에서 열의 형태로 소멸된다.

8. 결여

이 강에서는 접촉문제에 대한 개괄론적인 서술을 통해 기본적인 접촉 현상을 설명하였으며, 관련 식들의 유도 과정을 소개하였다. 이 글에서 밝히고 있는 내용은 접촉역학 내용 중 가장 기본적인 내용이며 이를 바탕으로 최근까지 많은 이론들이 확장되었고 응용 사례 또한 방대하다는 것도 밝히고자 한다. 실제 상황에서의 트라이볼로지적 현상은 분석하기가 상당히 복잡하다. 이때 접촉거동에 대한 분석은 이 문제의 복잡도를 상당히 줄어들게 할 수 있다. 이론적 해석이 설계와 생산에 직접 적용될 수 있음을 볼 때 이론적 방법의 유용성을 확인할 수 있다.

제 3 강

복합재료역학

최 흥 섭

1. 서론

복합재료는 기존 수송기계 구조물용으로 많이 사용되어온 금속합금이나 단일성분, 균질성 재료와는 다르게 두 가지 이상의 재료가 조합되어 물리·화학적으로 서로 다른 상(phase)을 형성하면서 각각의 소재보다 우수한 기능을 발현하는 재료를 말한다. 또한, 자연적으로 존재하며 위의 특성을 지닌 재료는 복합재료라 부르지 않고 사람이 인위적으로 만든 재료를 복합재료(composite materials)라 정의한다. 이들 두 구성 재료로서 섬유(fiber)는 보통 하중을 주로 전달하며 기지(matrix)는 하중을 전달하는 역할보다는 외부 환경으로부터 이들 섬유를 보호하고 복합재료의 전체 형상을 만드는데 사용되는 재료를 말한다. 섬유 강화 복합재료(fiber reinforced composites)는 기존의 금속재료나 기타 다양한 재료보다 무게당 강도와 강성을 의미하는 비강도(specific strength)와 비강성(specific stiffness)이 우수하여 항공기 날개 및 동체와 같은 주 구조물(principal structure)과 최근에는 전기자동차 등의 주행거리를 늘리기 위한 차체 경량화 재료로 널리 사용되고 있다. 복합재료에서 사용되는 기본 소재로서 섬유를 보강재로 하고 이를 수지(resin)에 함침시켜 손 적층 작업(hand layup) 또는 다양한 자동화된 기계 작업에 알맞도록 일정한 정도의 끈기(tack)를 가지도록 테이프(tape)와 같은 형태로 만들어진 것을 프리프레그(prepreg)라 한다. 프리프레그를 이용하여 정해진 고온, 고압 및 진공 조건에서 경화시켜 생산되는 복합재료는 타 재료보다 비강도, 비강성, 내식성(corrosion resistance), 피로수명(fatigue life), 내마모성(wear resistance), 내충격성(impact resistance)이 뛰어나고 무게 경량화를 통해 연비 등을 크게 향상시킬 수 있어 항공기 및 위성체 등의 항공우주산업, 자동차, 기차, 선박 등의 일반 수송기계산업, 스포츠 · 레저용품 등의 생산에 다양하게 이용되고 있으며 최근에는 전기자동차의 경량화 재료로서 다시 주목받고 있다. 일반적으로 복합재료는 항공기 및 우주용으로 주로 적용되어 왔으나 최근에는 자동차 기차, 선박 등의 다양한 종류의 수송기계 구조물용으로 적용이 확대되고 있으며 서로의 운용환경이 아주 다르기 때문에 각 복합재료에 요구되는 사항(requirements)은 상이하며 이러한 차이점을 표 1.1에 간략히 설명하였다.

표 1.1 항공기, 수송기계 및 우주용 복합재료의 환경조건 및 구조용 요구 특성

복합재료 적용분야	환경조건	구조 요구조건
각종 항공기	- Dry ~ Wet - Atmosphere - - 30 ~ 100℃ - Hail	- Durability - Fatigue resistance - High strength preferable - Moisture absorption/Desorption
육상 수송기계	- Dry ~ Wet - Atmosphere - - 30 ~ 70℃ - Hail	- Appropriate (cheap) price - Fast cure, fabrication - Moderate strength preferable
우주발사체/위성체	- Vacuum - -150 ~ 200℃ - Debris - UV-rays resistance - Micrometeoroids	- Dimensional stability (Low CTE, near zero) - Thermal fatigue resistance - High stiffness preferable - Minimum weight for more Payloads /Fuel / Equipment (20,000 ~ 1,000,000$ Save/Kg) - Minimum out-gassing and condensation

고전 적층 이론(Classical Lamination Theory, CLT)은 다양한 종류의 재료로 이루어진 적층판(laminate)의 기계적 구조와 특성을 분석하는 기본적인 이론으로서, 1960년대 초부터 현재까지 학계와 산업계에 걸쳐 복합재료 엔지니어링 분야에서 폭넓게 활용되어 왔다. 이 이론은 몇 가지 기본 가정을 바탕으로 한다. 첫째, 각 층은 섬유 방향과 이에 수직한 방향으로의 물성이 다른 이방성(anisotropy)으로 가정된다. 이는 각 층의 물성이 방향에 따라 일정하지만, 층 간에는 차이가 있을 수 있다는 의미이다. 둘째, 각 층은 평면 내에서 균일하게 분포되어 있으며 이로써 층 내부에서 응력과 변형이 동일하게 전달된다고 가정한다. 끝으로, 적층판 내부의 각 층은 전체 두께에 비해 충분히 얇다고 가정하며, 층 간의 접착력이나 결합력은 고려하지 않는다. 고전 적층 이론의 주요 장점으로 먼저, 단순한 모델링 구조로 인해 초기 설계 단계에서 빠르게 계산을 수행할 수 있다. 이로써 다양한 설계 시나리오를 빠르게 평가하고 최적의 해법을 찾을 수 있다. 또한 정적 및 동적 응력 분석에 활용이 가능하며, 엔지니어링 계산과 설계에 유용하여 널리 사용되고 있다.

본 장에서는 고전 적층 이론에 대한 이해를 높여 최근까지 항공기 분야에서 적

용되던 복합재료가 현재는 전기자동차 및 다양한 수송기계의 경량화를 위한 기본 소재로 널리 적용되기 시작하여 지금은 학부수준에서도 강의가 진행되고 있을 정도로 보편화 되고 있어 역학을 배우는 학생들에게는 유용한 설계 도구가 될 것으로 보이며 본 장을 통해 이해도를 높이면 향후 유용하게 사용될 것으로 기대할 수 있다.

2. 복합재료의 기계적 특성

본 절에서는 주로 인장하중을 전달하는 역할을 하는 적층 구조 복합재료에 대한 여러 기초적인 탄성거동에 대해 고찰하고자 한다. 복합재료에 대한 수학적 해석과정은 주로 주어진 적층 구조에 대한 변형과 응력상태를 결정하는 것으로 적층 구조의 이방성을 고려하여 재료 역학적인 선형탄성 해석을 수행하게 된다. 적층 구조의 기본이론이 되는 이방성의 탄성론을 간략히 살펴보고 단일방향 복합재료에 대한 주축방향(1, 2 ; principal directions)의 탄성계수 및 좌표 변환된 임의 방향(x, y directions)에서의 탄성계수의 결정과 이들 층(lamina)들로 여러 각도로 적층 되어 이루어진 복합재료 적층판(composite laminate)의 일반적인 거동에 대해 살펴본다.

2.1 응력-변형률 관계(Stress-Strain Relations)

그림 2.1과 같은 3차원 연속체내의 한 점 p에서의 선형탄성 응력성분(σ_{ij})과 변형률성분(ε_{ij}) 사이의 관계는 다음과 같이 일반화된 후크의 법칙(generalized Hooke's law)으로 표현된다. 이때 하첨자 i와 j는 각각 하중이 작용하는 면과 그 면에 작용하는 하중의 방향을 의미한다. 예를 들면 그림 2.1에 도시된 미소 정육면체 체적요소의 σ_{12}는 1축방향(+)의 수직면(1면)에 힘이 2축방향(+)으로 단위 면적당 하중이 작용하는 것을 응력 텐서(stress tensor)로 표시한 것이다.

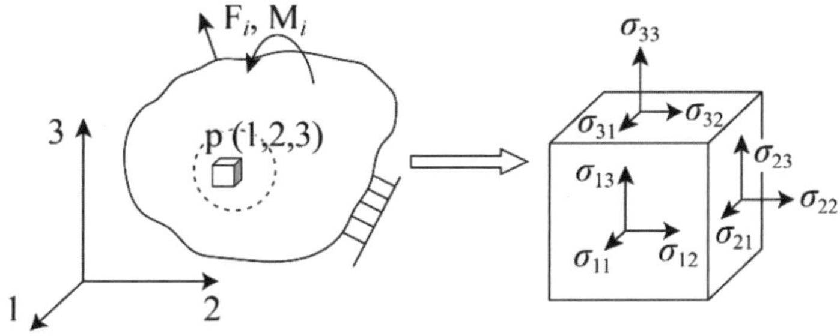

그림 2.1 연속체의 한점 p에서의 응력 상태

식 (2.1a)의 C_{ijkl}는 일반적인 이방성 재료가 갖는 재료물성인 강성계수(stiffness constants)를 의미하며 방향에 따라 물성이 다름을 표시하고 있다. 하첨자 i, j, k, l은 각각 1, 2, 3으로 3개의 값을 갖는 것으로 물성의 수는 $3^4(= 81)$개를 가짐을 의미한다. 하첨자 i, j, k, l은 일반적인 tensor로서 좌표축방향 1, 2, 3을 의미하며 1번 반복되는 경우 범위내의 합(summation; 예, $\sigma_{ii} = \sigma_{11} + \sigma_{22} + \sigma_{33}$)을 의미한다.

$$\sigma_{ij} = C_{ijkl}\varepsilon_{kl} \quad (i, j, k, l\,; 1, 2, 3) \tag{2.1a}$$

역으로 ε_{ij}로 표현하면 다음 (2.1b)식과 같다.

$$\varepsilon_{ij} = S_{ijkl}\sigma_{kl} \quad (i, j, k, l \;;\; 1, 2, 3) \tag{2.1b}$$

여기서 S_{ijkl}는 유연성계수(compliance coefficients)라 부르며 81개의 성분으로 구성되어 있다. 식 (2.1a,b)를 행렬식으로 풀어쓰면 다음 식 (2.2a,b)와 같이 표현된다.

$$\begin{Bmatrix} \sigma_{11} \\ \sigma_{22} \\ \sigma_{33} \\ \sigma_{23} \\ \sigma_{31} \\ \sigma_{12} \\ \sigma_{32} \\ \sigma_{13} \\ \sigma_{21} \end{Bmatrix} = \begin{bmatrix} C_{1111} & C_{1122} & C_{1133} & C_{1123} & C_{1131} & C_{1112} & C_{1132} & C_{1113} & C_{1121} \\ C_{2211} & C_{2222} & C_{2233} & C_{2223} & C_{2231} & C_{2212} & C_{2232} & C_{2213} & C_{2221} \\ C_{3311} & C_{3322} & C_{3333} & C_{3323} & C_{3331} & C_{3312} & C_{3332} & C_{3313} & C_{3321} \\ C_{2311} & C_{2322} & C_{2333} & C_{2323} & C_{2331} & C_{2312} & C_{2332} & C_{2313} & C_{2321} \\ C_{3111} & C_{3122} & C_{3133} & C_{3123} & C_{3131} & C_{3112} & C_{3132} & C_{3113} & C_{3121} \\ C_{1211} & C_{1222} & C_{1233} & C_{1223} & C_{1231} & C_{1212} & C_{1232} & C_{1213} & C_{1221} \\ C_{3211} & C_{3222} & C_{3233} & C_{3223} & C_{3231} & C_{3212} & C_{3232} & C_{3213} & C_{3221} \\ C_{1311} & C_{1322} & C_{1333} & C_{1323} & C_{1331} & C_{1312} & C_{1332} & C_{1313} & C_{1321} \\ C_{2111} & C_{2122} & C_{2133} & C_{2123} & C_{2131} & C_{2112} & C_{2132} & C_{2113} & C_{2121} \end{bmatrix} \begin{Bmatrix} \varepsilon_{11} \\ \varepsilon_{22} \\ \varepsilon_{33} \\ \varepsilon_{23} \\ \varepsilon_{31} \\ \varepsilon_{12} \\ \varepsilon_{32} \\ \varepsilon_{13} \\ \varepsilon_{21} \end{Bmatrix} \tag{2.2a}$$

$$\begin{Bmatrix} \varepsilon_{11} \\ \varepsilon_{22} \\ \varepsilon_{33} \\ \varepsilon_{23} \\ \varepsilon_{31} \\ \varepsilon_{12} \\ \varepsilon_{32} \\ \varepsilon_{13} \\ \varepsilon_{21} \end{Bmatrix} = \begin{bmatrix} S_{1111} & S_{1122} & S_{1133} & S_{1123} & S_{1131} & S_{1112} & S_{1132} & S_{1113} & S_{1121} \\ S_{2211} & S_{2222} & S_{2233} & S_{2223} & S_{2231} & S_{2212} & S_{2232} & S_{2213} & S_{2221} \\ S_{3311} & S_{3322} & S_{3333} & S_{3323} & S_{3331} & S_{3312} & S_{3332} & S_{3313} & S_{3321} \\ S_{2311} & S_{2322} & S_{2333} & S_{2323} & S_{2331} & S_{2312} & S_{2332} & S_{2313} & S_{2321} \\ S_{3111} & S_{3122} & S_{3133} & S_{3123} & S_{3131} & S_{3112} & S_{3132} & S_{3113} & S_{3121} \\ S_{1211} & S_{1222} & S_{1233} & S_{1223} & S_{1231} & S_{1212} & S_{1232} & S_{1213} & S_{1221} \\ S_{3211} & S_{3222} & S_{3233} & S_{3223} & S_{3231} & S_{3212} & S_{3232} & S_{3213} & S_{3221} \\ S_{1311} & S_{1322} & S_{1333} & S_{1323} & S_{1331} & S_{1312} & S_{1332} & S_{1313} & S_{1321} \\ S_{2111} & S_{2122} & S_{2133} & S_{2123} & S_{2131} & S_{2112} & S_{2132} & S_{2113} & S_{2121} \end{bmatrix} \begin{Bmatrix} \sigma_{11} \\ \sigma_{22} \\ \sigma_{33} \\ \sigma_{23} \\ \sigma_{31} \\ \sigma_{12} \\ \sigma_{32} \\ \sigma_{13} \\ \sigma_{21} \end{Bmatrix} \tag{2.2b}$$

또한 응력의 대칭(symmetry) 특성으로부터 $\sigma_{ij} = \sigma_{ji}$ 이므로 해당 강성계수는 $C_{ijkl} = C_{jikl}$ 이 된다. 또한 유사하게 변형률의 대칭특성으로부터 $\varepsilon_{kl} = \varepsilon_{lk}$ 이므로 해당 강성계수는 $C_{ijkl} = C_{ijlk}$가 되어 앞의 81개 상수 중 강성계수 및 유연성계수는 각각 36개(6×6 행렬)로 축소된다. 이들 축소된 상수에 대해 후크의 법칙을 다시 적용하여 기술하면 다음 식 (2.3a,b)와 같이 표현할 수 있다.

$$\sigma_i = C_{ij}\varepsilon_j \quad (i, j\,; 1, 2, \dots, 6) \tag{2.3a}$$

$$\varepsilon_i = S_{ij}\sigma_j \quad (i, j\,; 1, 2, \dots, 6) \tag{2.3b}$$

여기서 C_{ij}는 강성계수, 탄성상수(elastic constants), moduli 등의 다양한 이름으로 불리어 지고 있다. 역으로 변형률을 응력의 항으로 풀어쓰려면 determinant $|C_{ij}| \neq 0$이어야 하고 응력과 변형률 성분은 다음과 같이 정의된다.

$$\{\sigma_i\} = \begin{Bmatrix} \sigma_1 \\ \sigma_2 \\ \sigma_3 \\ \sigma_4 \\ \sigma_5 \\ \sigma_6 \end{Bmatrix} = \begin{Bmatrix} \sigma_1 \\ \sigma_2 \\ \sigma_3 \\ \tau_4 \\ \tau_5 \\ \tau_6 \end{Bmatrix} = \begin{Bmatrix} \sigma_{11} \\ \sigma_{22} \\ \sigma_{33} \\ \tau_{23} \\ \tau_{31} \\ \tau_{12} \end{Bmatrix}, \quad \{\varepsilon_i\} = \begin{Bmatrix} \varepsilon_1 \\ \varepsilon_2 \\ \varepsilon_3 \\ \varepsilon_4 \\ \varepsilon_5 \\ \varepsilon_6 \end{Bmatrix} = \begin{Bmatrix} \varepsilon_1 \\ \varepsilon_2 \\ \varepsilon_3 \\ \gamma_4 \\ \gamma_5 \\ \gamma_6 \end{Bmatrix} = \begin{Bmatrix} \varepsilon_{11} \\ \varepsilon_{22} \\ \varepsilon_{33} \\ \gamma_{23} \\ \gamma_{31} \\ \gamma_{12} \end{Bmatrix} = \begin{Bmatrix} \varepsilon_{11} \\ \varepsilon_{22} \\ \varepsilon_{33} \\ 2\varepsilon_{23} \\ 2\varepsilon_{31} \\ 2\varepsilon_{12} \end{Bmatrix} \tag{2.4a,b}$$

한편 위의 재료 내에 열역학법칙에 기초한 단위 체적당 일에너지인 에너지밀도함수(energy density function) W가 존재하여 식 (2.5a)를 만족하면 탄성상수에도 대칭성 ($C_{ij} = C_{ji}$)이 존재한다.

$$W = \frac{1}{2} C_{ij} \varepsilon_i \varepsilon_j \tag{2.5a}$$

응력-변형률 관계식은 식 (2.5a)를 ε_j로 편미분하여 식 (2.5b)와 같이 얻을 수 있다.

$$\sigma_i = \frac{\partial W}{\partial \varepsilon_i} = C_{ij} \varepsilon_j \tag{2.5b}$$

C_{ij}를 행렬식으로 표현하면 다음 식 (2.6a)와 같이 $C_{ij} = C_{ji}$이므로 21개의 독립된 탄성계수를 갖으며 이러한 물질을 이방성 재료(anisotropic material)라 부른다.

$$[C_{ij}] = \begin{bmatrix} C_{11} & C_{12} & C_{13} & C_{14} & C_{15} & C_{16} \\ C_{21} & C_{22} & C_{23} & C_{24} & C_{25} & C_{26} \\ C_{31} & C_{32} & C_{33} & C_{34} & C_{35} & C_{36} \\ C_{41} & C_{42} & C_{43} & C_{44} & C_{45} & C_{46} \\ C_{51} & C_{52} & C_{53} & C_{54} & C_{55} & C_{56} \\ C_{61} & C_{62} & C_{63} & C_{64} & C_{56} & C_{66} \end{bmatrix} \tag{2.6a}$$

$[C_{ij}]$를 식 (2.3a)에 적용하여 풀어 쓰면 다음과 같다.

$$\{\sigma_i\} = \begin{Bmatrix} \sigma_1 \\ \sigma_2 \\ \sigma_3 \\ \tau_4 \\ \tau_5 \\ \tau_6 \end{Bmatrix} = \begin{bmatrix} C_{11} & C_{12} & C_{13} & C_{14} & C_{15} & C_{16} \\ C_{21} & C_{22} & C_{23} & C_{24} & C_{25} & C_{26} \\ C_{31} & C_{32} & C_{33} & C_{34} & C_{35} & C_{36} \\ C_{41} & C_{42} & C_{43} & C_{44} & C_{45} & C_{46} \\ C_{51} & C_{52} & C_{53} & C_{54} & C_{55} & C_{56} \\ C_{61} & C_{62} & C_{63} & C_{64} & C_{56} & C_{66} \end{bmatrix} \begin{Bmatrix} \varepsilon_1 \\ \varepsilon_2 \\ \varepsilon_3 \\ \gamma_4 \\ \gamma_5 \\ \gamma_6 \end{Bmatrix} \tag{2.3c}$$

식 (2.6a)의 역행렬인 유연성계수 S_{ij}는 식 (2.6b)와 같이 표현될 수 있다.

$$[S_{ij}] = \begin{bmatrix} S_{11} & S_{12} & S_{13} & S_{14} & S_{15} & S_{16} \\ S_{21} & S_{22} & S_{23} & S_{24} & S_{25} & S_{26} \\ S_{31} & S_{32} & S_{33} & S_{34} & S_{35} & S_{36} \\ S_{41} & S_{42} & S_{43} & S_{44} & S_{45} & S_{46} \\ S_{51} & S_{52} & S_{53} & S_{54} & S_{55} & S_{56} \\ S_{61} & S_{62} & S_{63} & S_{64} & S_{56} & S_{66} \end{bmatrix} \tag{2.6b}$$

$[S_{ij}]$를 식 (2.3b)에 적용하여 풀어 쓰면 다음과 같다.

$$\{\varepsilon_i\} = \begin{Bmatrix} \varepsilon_1 \\ \varepsilon_2 \\ \varepsilon_3 \\ \gamma_4 \\ \gamma_5 \\ \gamma_6 \end{Bmatrix} = \begin{bmatrix} S_{11} & S_{12} & S_{13} & S_{14} & S_{15} & S_{16} \\ S_{21} & S_{22} & S_{23} & S_{24} & S_{25} & S_{26} \\ S_{31} & S_{32} & S_{33} & S_{34} & S_{35} & S_{36} \\ S_{41} & S_{42} & S_{43} & S_{44} & S_{45} & S_{46} \\ S_{51} & S_{52} & S_{53} & S_{54} & S_{55} & S_{56} \\ S_{61} & S_{62} & S_{63} & S_{64} & S_{56} & S_{66} \end{bmatrix} \begin{Bmatrix} \sigma_1 \\ \sigma_2 \\ \sigma_3 \\ \tau_4 \\ \tau_5 \\ \tau_6 \end{Bmatrix} \tag{2.3d}$$

2.1.1 단사정계 재료(Monoclinic Material)

한편 이방성 재료가 그림 2.2에 도시된 바와 같이 한면 1-2면에 대해서 응력 및 변형률이 대칭인 특성을 갖고 있다면 21개의 탄성계수는 더 줄어들 수 있다.

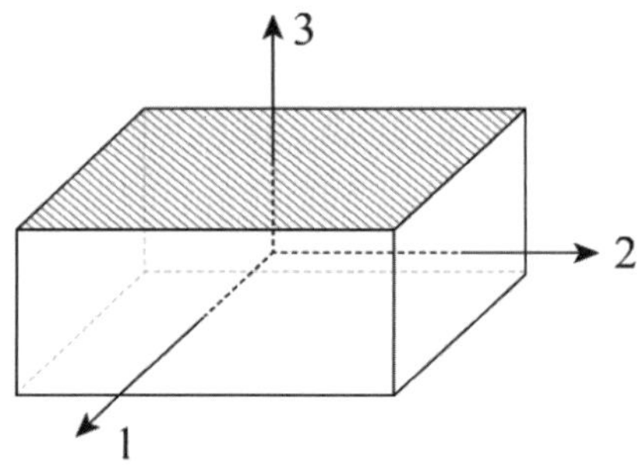

그림 2.2 1-2면에 대칭 (Symmetry about 1-2 plane)

그림 2.2와 그림 2.3과 같이 1-2면에 대칭인 재료를 1-2-3좌표계 및 1′-2′-3′좌표계에 대해 고려해보면 다음식이 성립되어야 한다.

$$C_{ij} = C'_{ij} \tag{2.7}$$

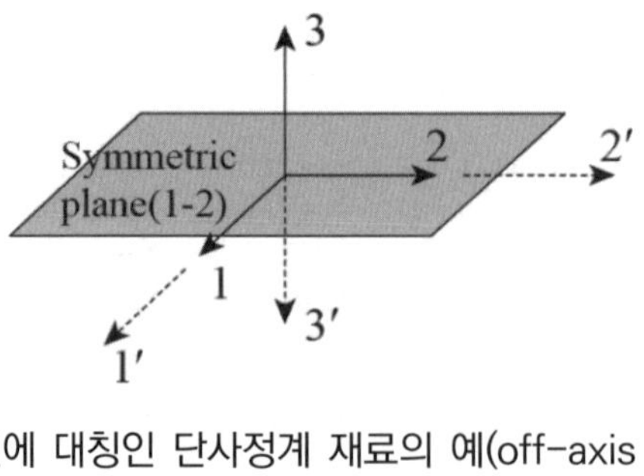

그림 2.3 1-2 평면에 대칭인 단사정계 재료의 예(off-axis 단일방향 lamina)

후크의 법칙을 각 좌표계에 대해 표현하면 다음식을 얻는다.

$$\sigma_i = C_{ij}\varepsilon_j \quad (i, j\,; 1, 2, \ldots, 6) \tag{2.3a}$$

$$\sigma'_i = C'_{ij}\varepsilon'_j \quad (i, j\,; 1, 2, \ldots, 6) \tag{2.8}$$

그림 2.3의 좌표계 정의로부터 다음식들이 성립한다.

$$\sigma'_1 = \sigma_1, \sigma'_2 = \sigma_2, \sigma'_3 = \sigma_3, \sigma'_4 = -\sigma_4, \sigma'_5 = -\sigma_5, \sigma'_6 = -\sigma_6 \tag{2.9}$$

$$\varepsilon'_1 = \varepsilon_1, \varepsilon'_2 = \varepsilon_2, \varepsilon'_3 = \varepsilon_3, \varepsilon'_4 = -\varepsilon_4, \varepsilon'_5 = -\varepsilon_5, \varepsilon'_6 = -\varepsilon_6 \tag{2.10}$$

식 (2.9)의 첫 식($\sigma'_1 = \sigma_1$)에 대해 식 (2.3a)와 식 (2.8)을 대입하여 정리하면 다음식을 얻는다.

$$C'_{11}\varepsilon'_1 + C'_{12}\varepsilon'_2 + \cdots + C'_{16}\varepsilon'_6 = C_{11}\varepsilon_1 + C_{12}\varepsilon_2 + \cdots + C_{16}\varepsilon_6 \tag{2.11}$$

식 (2.11)에 식 (2.10)을 대입하여 ε_i에 대해 정리하고 $C_{ij} = C'_{ij}$인 관계를 이용하여 상수를 서로 비교하면 다음 결과를 얻을 수 있다.

$$C_{14} = C_{15} = 0 \tag{2.12}$$

같은 방법으로 식 (2.9)의 나머지식에 대해 각각 정리하면 다음과 같은 상수들을 결정할 수 있다.

$$C_{24} = C_{25} = C_{34} = C_{35} = C_{46} = C_{56} = 0 \tag{2.13}$$

결론적으로 1-2면에 대칭인 이방성 재료는 다음과 같은 13개의 탄성상수를 갖음을 확인할 수 있으며 이러한 재료를 단사정계 재료(monoclinic material)라고 하며 다음 식 (2.14)와 같은 강성계수를 갖는다.

$$[C_{ij}] = \begin{bmatrix} C_{11} & C_{12} & C_{13} & 0 & 0 & C_{16} \\ C_{12} & C_{22} & C_{23} & 0 & 0 & C_{26} \\ C_{13} & C_{23} & C_{33} & 0 & 0 & C_{36} \\ 0 & 0 & 0 & C_{44} & C_{45} & 0 \\ 0 & 0 & 0 & C_{45} & C_{55} & 0 \\ C_{16} & C_{26} & C_{36} & 0 & 0 & C_{66} \end{bmatrix} \tag{2.14}$$

2.1.2 특별한 직교 이방성 재료(Specially Orthotropic Material)

식 (2.13)의 특성을 갖는 1-2 대칭면을 갖는 재료가 그림 2.4와 같이 2-3면을 대칭면으로 추가로 갖는 경우에는 식 (2.9)와 식 (2.10) 중의 일부는 다음 식 (2.15)로 교체된다.

$$\sigma'_5 = \sigma_5, \varepsilon'_5 = \varepsilon_5 \tag{2.15}$$

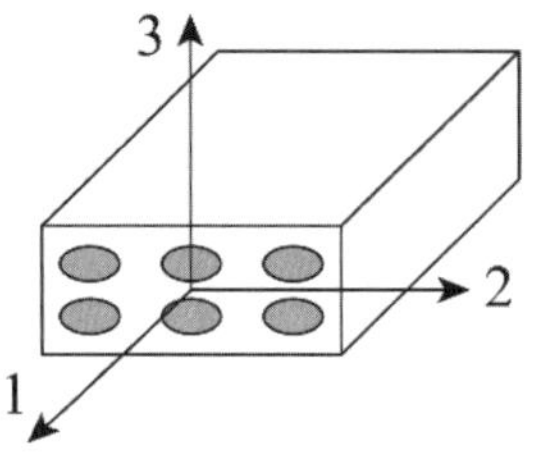

그림 2.4 1-2면과 2-3면에 대해 대칭인 직교 이방성 재료의 예
(타원형 단일방향 섬유가 배열된 lamina)

위에서 기술한 방법으로 상수를 비교하면 그림 2.5와 같이 2개의 서로 직교하는 대칭면을 갖는 직교 이방성 재료는 다음과 같은 상수들이 0값을 가져야 한다.

$$C_{16} = C_{26} = C_{36} = C_{45} = 0 \tag{2.16}$$

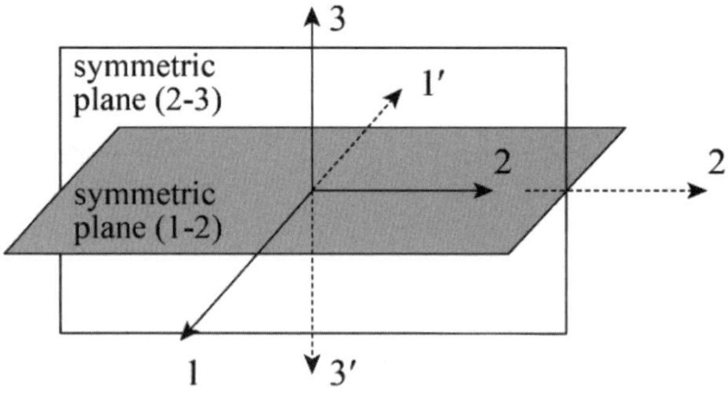

그림 2.5 특별한 직교 이방성 재료의 1-2와 2-3 대칭면

식 (2.16)을 식 (2.14)에 반영하면 다음 식 (2.17a)를 얻는다.

$$[C_{ij}] = \begin{bmatrix} C_{11} & C_{12} & C_{13} & 0 & 0 & 0 \\ C_{12} & C_{22} & C_{23} & 0 & 0 & 0 \\ C_{13} & C_{23} & C_{33} & 0 & 0 & 0 \\ 0 & 0 & 0 & C_{44} & 0 & 0 \\ 0 & 0 & 0 & 0 & C_{55} & 0 \\ 0 & 0 & 0 & 0 & 0 & C_{66} \end{bmatrix} \tag{2.17a}$$

최종적으로 그림 2.5와 같은 대칭면들을 갖는 직교 이방성 재료는 (2.17a)식과 같이 9개의 탄성상수를 갖고 있음을 확인할 수 있으며 이러한 재료를 "특별한 직교 이방성 재료(specially orthotropic material)"라고 부른다. 식 (2.4a,b)와 같이 정리하면 식 (2.17b)와 같이 표현된다.

$$\begin{Bmatrix} \sigma_1 \\ \sigma_2 \\ \sigma_3 \\ \tau_4 \\ \tau_5 \\ \tau_6 \end{Bmatrix} = \begin{bmatrix} C_{11} & C_{12} & C_{13} & 0 & 0 & 0 \\ C_{12} & C_{22} & C_{23} & 0 & 0 & 0 \\ C_{13} & C_{23} & C_{33} & 0 & 0 & 0 \\ 0 & 0 & 0 & C_{44} & 0 & 0 \\ 0 & 0 & 0 & 0 & C_{55} & 0 \\ 0 & 0 & 0 & 0 & 0 & C_{66} \end{bmatrix} \begin{Bmatrix} \varepsilon_1 \\ \varepsilon_2 \\ \varepsilon_3 \\ \gamma_4 \\ \gamma_5 \\ \gamma_6 \end{Bmatrix} \tag{2.17b}$$

식 (2.17b)를 역으로 정리하면 다음 (2.17c)식을 얻는다.

$$\begin{Bmatrix} \varepsilon_1 \\ \varepsilon_2 \\ \varepsilon_3 \\ \gamma_4 \\ \gamma_5 \\ \gamma_6 \end{Bmatrix} = \begin{bmatrix} S_{11} & S_{12} & S_{13} & 0 & 0 & 0 \\ S_{12} & S_{22} & S_{23} & 0 & 0 & 0 \\ S_{13} & S_{23} & S_{33} & 0 & 0 & 0 \\ 0 & 0 & 0 & S_{44} & 0 & 0 \\ 0 & 0 & 0 & 0 & S_{55} & 0 \\ 0 & 0 & 0 & 0 & 0 & S_{66} \end{bmatrix} \begin{Bmatrix} \sigma_1 \\ \sigma_2 \\ \sigma_3 \\ \tau_4 \\ \tau_5 \\ \tau_6 \end{Bmatrix} \tag{2.17c}$$

식 (2.17b,c)에서 C_{ij}와 S_{ij}의 관계식은 $[C_{ij}] = [S_{ij}]^{-1}$ 이므로 다음과 같이 구할 수 있다.

$$\begin{aligned} &C_{11} = (S_{22}S_{33} - {S_{23}}^2)/S,\ \ C_{22} = (S_{33}S_{11} - {S_{13}}^2)/S \\ &C_{33} = (S_{11}S_{22} - {S_{12}}^2)/S,\ \ C_{12} = (S_{13}S_{23} - S_{12}S_{33})/S \\ &C_{23} = (S_{12}S_{13} - S_{23}S_{11})/S, C_{13} = (S_{12}S_{23} - S_{13}S_{22})/S \end{aligned} \tag{2.17d}$$

$$C_{44} = 1/S_{44}, \quad C_{55} = 1/S_{55}, \quad C_{66} = 1/S_{66}$$

$$S = det[S_{ij}] = \begin{vmatrix} S_{11} & S_{12} & S_{13} \\ S_{12} & S_{22} & S_{23} \\ S_{13} & S_{23} & S_{33} \end{vmatrix}$$

위와 같은 특별한 직교 이방성 재료가 추가로 나머지 1-3면에 대해 대칭을 갖는 경우, 식 (2.9)와 식 (2.10) 중의 일부는 다음 식 (2.18)로 교체되어야 한다.

$$\sigma'_4 = \sigma_4\,,\ \varepsilon'_4 = -\varepsilon_4 \ \text{ 또는 } \tau'_4 = \tau_4\,,\ \gamma'_4 = -\gamma_4 \tag{2.18}$$

이 경우에도 식 (2.16)과 같은 결과를 얻으므로 2개의 대칭면을 갖는 재료는 나머지 면에 대해서도 자동적으로 대칭면을 갖음을 확인할 수 있다. 직교 이방성 재료에 대해 얻은 응력-변형률 관계식으로부터 다음과 같은 특성을 말할 수 있다.

- 주축방향(principal material direction)으로 수직응력(normal stress)이 작용하는 경우 변형률은 수직 변형률(normal strain)만 생기며 전단 변형률은 발생하지 않는다.
- 역으로 전단응력이 주축면(principal material plane)에 작용하는 경우에는 전단 변형률만 발생한다.
- 서로 다른 면에서의 전단응력과 전단변형률은 서로 관련이 없다. 즉 하나의 주축면에 작용하는 전단응력은 그 면에서만 전단변형을 일으킨다.

2.1.3 횡 방향으로 등방성인 직교 이방성 재료(Orthotropic Material with Transverse Isotropy)

횡 방향으로 등방성인 직교 이방성 재료는 어느 한 면에서 방향과 상관없이 재료상수가 같은 등방성의 성질을 갖는 재료로 정의된다. 그림 2.4의 타원형 섬유가 원형으로 대체되고 무작위로 배열되어 있는 단일방향 lamina는 2-3면에서 등방성 특성을 갖으므로 이러한 유형의 재료에 속하며 이때 탄성상수는 $C_{11}, C_{12}, C_{22}, C_{23}$ 및 C_{66}의 조합인 5개로 줄어들게 되며 식 (2.19)와 같이 표현된다.

$$[C_{ij}] = \begin{bmatrix} C_{11} & C_{12} & C_{12} & 0 & 0 & 0 \\ C_{12} & C_{22} & C_{23} & 0 & 0 & 0 \\ C_{12} & C_{23} & C_{22} & 0 & 0 & 0 \\ 0 & 0 & 0 & \dfrac{(C_{22} - C_{23})}{2} & 0 & 0 \\ 0 & 0 & 0 & 0 & C_{66} & 0 \\ 0 & 0 & 0 & 0 & 0 & C_{66} \end{bmatrix} \tag{2.19}$$

이를 응력과 변형률의 관계식으로 표현하면 다음 식 (2.20a)와 식 (2.20b)와 같이 표현된다.

$$\begin{Bmatrix} \sigma_1 \\ \sigma_2 \\ \sigma_3 \\ \tau_4 \\ \tau_5 \\ \tau_6 \end{Bmatrix} = \begin{bmatrix} C_{11} & C_{12} & C_{12} & 0 & 0 & 0 \\ C_{12} & C_{22} & C_{23} & 0 & 0 & 0 \\ C_{12} & C_{23} & C_{22} & 0 & 0 & 0 \\ 0 & 0 & 0 & \dfrac{(C_{22} - C_{23})}{2} & 0 & 0 \\ 0 & 0 & 0 & 0 & C_{66} & 0 \\ 0 & 0 & 0 & 0 & 0 & C_{66} \end{bmatrix} \begin{Bmatrix} \varepsilon_1 \\ \varepsilon_2 \\ \varepsilon_3 \\ \gamma_4 \\ \gamma_5 \\ \gamma_6 \end{Bmatrix} \tag{2.20a}$$

$$\begin{Bmatrix} \varepsilon_1 \\ \varepsilon_2 \\ \varepsilon_3 \\ \gamma_4 \\ \gamma_5 \\ \gamma_6 \end{Bmatrix} = \begin{bmatrix} S_{11} & S_{12} & S_{12} & 0 & 0 & 0 \\ S_{12} & S_{22} & S_{23} & 0 & 0 & 0 \\ S_{12} & S_{23} & S_{22} & 0 & 0 & 0 \\ 0 & 0 & 0 & 2(S_{22} - S_{23}) & 0 & 0 \\ 0 & 0 & 0 & 0 & S_{66} & 0 \\ 0 & 0 & 0 & 0 & 0 & S_{66} \end{bmatrix} \begin{Bmatrix} \sigma_1 \\ \sigma_2 \\ \sigma_3 \\ \tau_4 \\ \tau_5 \\ \tau_6 \end{Bmatrix} \tag{2.20b}$$

2.1.4 평면응력상태하의 직교 이방성 재료(Orthotropic Material under Plane Stress State)

복합재료는 대부분의 구조용 응용 분야에서 상대적으로 얇은 적층판(thin laminate) 형태로 성형 제작되어 사용된다. 이때 적층판을 구성하는 얇은 lamina의 단면 내에 평면 방향인 1 또는 2방향 하중이 작용되면 식 (2.21)과 같이 lamina는 두께 방향인 3방향(out-of plane direction)의 응력성분이 0인 평면응력상태하에 있게 된다.

$$\begin{aligned} \sigma_3 &= 0 \\ \tau_{23} &= \tau_4 = 0 \\ \tau_{13} &= \tau_5 = 0 \end{aligned} \tag{2.21}$$

식 (2.21)을 식 (2.17b)에 대입하여 정리하면 다음 식 (2.22a)를 얻는다.

$$\begin{Bmatrix} \sigma_1 \\ \sigma_2 \\ 0 \\ 0 \\ 0 \\ \tau_6 \end{Bmatrix} = \begin{bmatrix} C_{11} & C_{12} & C_{13} & 0 & 0 & 0 \\ C_{12} & C_{22} & C_{23} & 0 & 0 & 0 \\ C_{13} & C_{23} & C_{33} & 0 & 0 & 0 \\ 0 & 0 & 0 & C_{44} & 0 & 0 \\ 0 & 0 & 0 & 0 & C_{55} & 0 \\ 0 & 0 & 0 & 0 & 0 & C_{66} \end{bmatrix} \begin{Bmatrix} \varepsilon_1 \\ \varepsilon_2 \\ \varepsilon_3 \\ \gamma_4 \\ \gamma_5 \\ \gamma_6 \end{Bmatrix} \tag{2.22a}$$

식 (2.22a)를 풀어 정리하면 다음 식 (2.22b)와 같다.

$$\begin{gathered} \sigma_1 = C_{11}\varepsilon_1 + C_{12}\varepsilon_2 + C_{13}\varepsilon_3 \\ \sigma_2 = C_{12}\varepsilon_1 + C_{22}\varepsilon_2 + C_{23}\varepsilon_3 \\ 0 = C_{13}\varepsilon_1 + C_{23}\varepsilon_2 + C_{33}\varepsilon_3 \\ \gamma_4 = \gamma_5 = 0 \\ \tau_6 = C_{66}\gamma_6 \end{gathered} \tag{2.22b}$$

식 (2.22b)의 3번째 식에서 ε_3를 구하여 나머지 식에 대입하여 정리하면 다음 식 (2.22c)와 같다.

$$\begin{gathered} \sigma_1 = \left(C_{11} - \frac{C_{13}C_{13}}{C_{33}}\right)\varepsilon_1 + \left(C_{12} - \frac{C_{13}C_{23}}{C_{33}}\right)\varepsilon_2 = Q_{11}\varepsilon_1 + Q_{12}\varepsilon_2 \\ \sigma_2 = \left(C_{12} - \frac{C_{23}C_{13}}{C_{33}}\right)\varepsilon_1 + \left(C_{22} - \frac{C_{23}C_{23}}{C_{33}}\right)\varepsilon_2 = Q_{12}\varepsilon_1 + Q_{22}\varepsilon_2 \\ \tau_6 = C_{66}\gamma_6 = Q_{66}\gamma_6 \end{gathered} \tag{2.22c}$$

식 (2.22c)를 행렬식으로 정리하면 식 (2.22d)와 같다.

$$\begin{Bmatrix} \sigma_1 \\ \sigma_2 \\ \tau_6 \end{Bmatrix} = \begin{bmatrix} Q_{11} & Q_{12} & 0 \\ Q_{12} & Q_{22} & 0 \\ 0 & 0 & Q_{66} \end{bmatrix} \begin{Bmatrix} \varepsilon_1 \\ \varepsilon_2 \\ \gamma_6 \end{Bmatrix} \tag{2.22d}$$

식 (2.22d)를 더 간략히 표현하면 식 (2.22e)와 같다.

$$\{\sigma\}_{1,2,6} = [Q]_{1,2,6}\,\{\varepsilon\}_{1,2,6} \tag{2.22e}$$

여기서 축약된 강성행렬(reduced stiffness matrix) $[Q]_{1,2,6}$를 구성하는 원소 Q_{ij}는 식 (2.23)과 같이 표현된다.

$$Q_{ij} = C_{ij} - \frac{C_{i3}C_{j3}}{C_{33}} \ (i,j=1,2) \tag{2.23}$$

식 (2.22d)를 역으로 정리하면 다음 식 (2.24a)와 (2.24b)식과 같다.

$$\begin{Bmatrix} \varepsilon_1 \\ \varepsilon_2 \\ \gamma_6 \end{Bmatrix} = \begin{bmatrix} S_{11} & S_{12} & 0 \\ S_{12} & S_{22} & 0 \\ 0 & 0 & S_{66} \end{bmatrix} \begin{Bmatrix} \sigma_1 \\ \sigma_2 \\ \tau_6 \end{Bmatrix} \tag{2.24a}$$

$$\{\varepsilon\}_{1,2,6} = [S]_{1,2,6}\{\sigma\}_{1,2,6} \tag{2.24b}$$

평면응력상태($\sigma_{i3}=0,\ i=1,2,3$)에서 두께방향의 변형률 ε_3(또는 ε_z)는 0이 아니며, 식 (2.20b)에서와 같이 유연성계수 S_{12} 및 S_{23}과 연관되어 면내 응력 σ_1 및 σ_2와 관련된다는 점에 유의해야 한다.

2.1.5 등방성 재료(Isotropic Material)

끝으로 등방성 재료는 나머지 1개 면에 대해서도 대칭성을 갖고 각 면내에서 방향성이 없는 재료특성을 갖는 경우로 정의되며 이때 강성계수는 아래 식 (2.25)와 같이 C_{11}과 C_{12} 2개만이 남게 된다.

$$[C_{ij}] = \begin{bmatrix} C_{11} & C_{12} & C_{12} & 0 & 0 & 0 \\ C_{12} & C_{11} & C_{12} & 0 & 0 & 0 \\ C_{12} & C_{12} & C_{11} & 0 & 0 & 0 \\ 0 & 0 & 0 & \frac{(C_{11}-C_{12})}{2} & 0 & 0 \\ 0 & 0 & 0 & 0 & \frac{(C_{11}-C_{12})}{2} & 0 \\ 0 & 0 & 0 & 0 & 0 & \frac{(C_{11}-C_{12})}{2} \end{bmatrix} \tag{2.25}$$

앞에서 설명한 다양한 특성의 재료에 대해 독립적으로 존재하는 탄성계수의 수를 표 2.2에 정리하였다.

표 2.2 재료특성에 따른 독립 탄성계수 수의 감소

	재료의 특성과 응력 상태	독립된 탄성계수의 수
1	일반적인 이방성 재료(General anisotropic material) : $\sigma_{ij} = C_{ijkl}\varepsilon_{kl} \quad (i, j, k, l = 1,2,3)$	81
2	응력과 변형률 텐서의 대칭성을 갖는 이방성 재료 : $\sigma_{ij} = \sigma_{ji},\ \varepsilon_{ij} = \varepsilon_{ji}$	36
3	탄성에너지를 고려한 이방성 재료 : $W = \frac{1}{2}C_{ij}\varepsilon_i\varepsilon_j \rightarrow C_{ij} = C_{ji},\ S_{ij} = S_{ji}$	21
4	단사정계 재료(Monoclinic material with 1 plane material symmetry) Ex.) Off-axis unidirectional lamina	13
5	일반적인 직교 이방성 재료(General orthotropic material with 3 mutually perpendicular planes of symmetry) Ex.) On-axis unidirectional lamina	9
6	횡 방향으로 등방성인 직교 이방성 재료(Orthotropic material with transverse isotropy) Ex.) Randomly oriented on-axis unidirectional lamina	5
7	평면응력상태의 횡 방향으로 등방성인 직교 이방성 재료 (Orthotropic material with transverse isotropy under plane stress, Lamina) $E_x,\ E_y,\ G_{xy},\ \nu_{xy}$	4
8	등방성 재료(Isotropic material) $\sigma = E\varepsilon,\ E, \nu$	2

2.2 응력-변형률 관계(Stress-Strain Relations)

표 2.3은 두께가 얇은 단일방향 lamina에 작용하는 다양한 하중의 종류를 도시하고 요구되는 수학적 응력-변형률 관계식과 이를 공학적 설계에 적용하는 물성식으로 표시한 것을 보여주고 있다. 각각의 단축인장 및 전단하중을 응력-변형률 관계식인 식 (2.17c)에 적용하여 얻어진 식을 제시하였다.

표 2.3 단일방향 lamina에 가한 하중조건과 수학 및 공학적 유연성계수

인장하중 방향	수학적 응력-변형률 식	공학적 응력-변형률 식
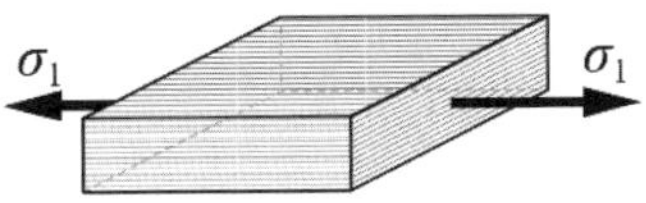 (a) Longitudinal tension, σ_1	$\varepsilon_1 = S_{11}\sigma_1$ $\varepsilon_2 = S_{12}\sigma_1$ $\varepsilon_3 = S_{13}\sigma_1$ (2.26a)	$\varepsilon_1 = \frac{\sigma_1}{E_1}$ $\varepsilon_2 = -\frac{\nu_{12}}{E_1}\sigma_1$ $\varepsilon_3 = -\frac{\nu_{13}}{E_1}\sigma_1$ (2.26b)
	$S_{11} = \frac{1}{E_1}$ $S_{12} = -\frac{\nu_{12}}{E_1}$ $S_{13} = -\frac{\nu_{13}}{E_1}$ (2.26c)	
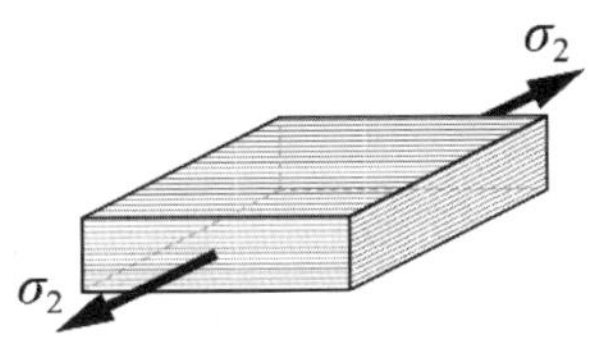 (b) Transverse in-plane tension, σ_2	$\varepsilon_1 = S_{12}\sigma_2$ $\varepsilon_2 = S_{22}\sigma_2$ $\varepsilon_3 = S_{23}\sigma_2$ (2.27a)	$\varepsilon_1 = -\frac{\nu_{21}}{E_2}\sigma_2$ $\varepsilon_2 = \frac{\sigma_2}{E_2}$ $\varepsilon_3 = -\frac{\nu_{23}}{E_2}\sigma_2$ (2.27b)
	$S_{12} = -\frac{\nu_{21}}{E_2}$ $S_{22} = \frac{1}{E_2}$ $S_{23} = -\frac{\nu_{23}}{E_2}$ (2.27c)	
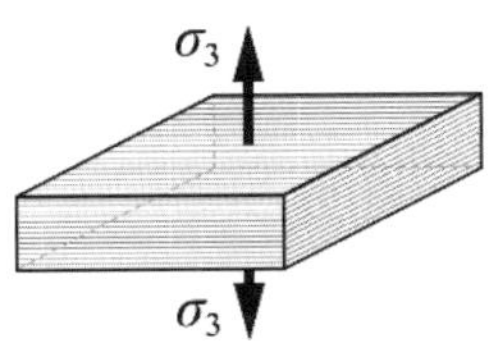 (c)Transverse out-of plane tension, σ_3	$\varepsilon_1 = S_{13}\sigma_3$ $\varepsilon_2 = S_{23}\sigma_3$ $\varepsilon_3 = S_{33}\sigma_3$ (2.28a)	$\varepsilon_1 = -\frac{\nu_{31}}{E_3}\sigma_3$ $\varepsilon_2 = -\frac{\nu_{32}}{E_3}\sigma_3$ $\varepsilon_3 = \frac{\sigma_3}{E_3}$ (2.28b)
	$S_{13} = -\frac{\nu_{31}}{E_3}$ $S_{23} = -\frac{\nu_{32}}{E_3}$ $S_{33} = \frac{1}{E_3}$ (2.28c)	

표 2.3 단일방향 lamina에 가한 하중조건과 수학 및 공학적 유연성계수(계속)

전단하중 방향	수학적 응력-변형률 식	공학적 응력-변형률 식
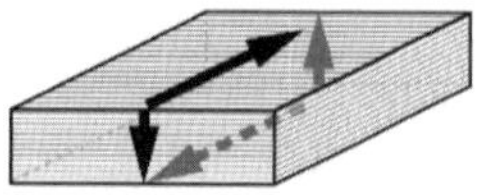 (d) Out-of-plane shear, τ_4 ($\tau_4=\tau_{23}=\tau_{32}$)	$\gamma_4 = S_{44}\tau_4$ (2.29a)	$\gamma_4 = \frac{\tau_4}{G_{23}}$ (2.29b)
	$S_{44} = \frac{1}{G_{23}}$ (2.29c)	
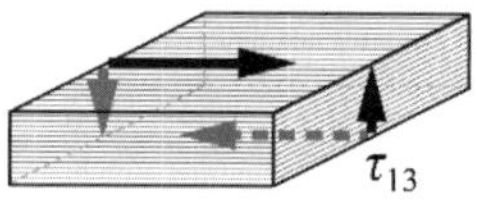 (e) Out-of-plane shear, τ_5 ($\tau_5=\tau_{13}=\tau_{31}$)	$\gamma_5 = S_{55}\tau_5$ (2.30a)	$\gamma_5 = \frac{\tau_5}{G_{13}}$ (2.30b)
	$S_{55} = \frac{1}{G_{13}}$ (2.30c)	
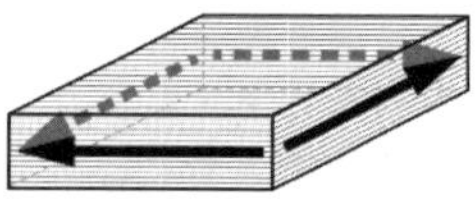 (f) In-plane shear, τ_6 ($\tau_6=\tau_{12}=\tau_{21}$)	$\gamma_6 = S_{66}\tau_6$ (2.31a)	$\gamma_6 = \frac{\tau_6}{G_{12}}$ (2.31b)
	$S_{66} = \frac{1}{G_{12}}$ (2.31c)	

식 (2.17d)에서 언급한 C_{ij}와 S_{ij}의 관계식인 $[C_{ij}] = [S_{ij}]^{-1}$에 표 2.3의 S_{ij}와 공학적 재료물성(engineering material property)과의 관계식들인 (2.26c), (2.27c), (2.28c), (2.29c), (2.30c), (2.31c)를 대입하면 다음과 같은 관련 식을 얻을 수 있다.

$$
\begin{aligned}
C_{11} &= (1-\nu_{23}\nu_{32})/(E_2E_3\Delta) \\
C_{22} &= (1-\nu_{13}\nu_{31})/(E_1E_3\Delta) \\
C_{33} &= (1-\nu_{12}\nu_{21})/(E_1E_2\Delta) \\
C_{12} &= (\nu_{21}+\nu_{31}\nu_{23})/(E_2E_3\Delta) = (\nu_{21}+\nu_{31}\nu_{23})/(E_2E_3\Delta) \\
C_{23} &= (\nu_{32}+\nu_{12}\nu_{31})/(E_1E_3\Delta) = (\nu_{23}+\nu_{21}\nu_{13})/(E_1E_2\Delta) \\
C_{13} &= (\nu_{13}+\nu_{12}\nu_{23})/(E_1E_2\Delta) = (\nu_{31}+\nu_{21}\nu_{32})/(E_2E_3\Delta) \\
C_{44} &= G_{23}, C_{55} = G_{13}, C_{66} = G_{12} \\
\Delta &= \frac{1}{E_1E_2E_3}\begin{vmatrix} 1 & -\nu_{21} & -\nu_{31} \\ -\nu_{12} & 1 & -\nu_{32} \\ -\nu_{13} & -\nu_{23} & 1 \end{vmatrix}
\end{aligned}
\tag{2.32}
$$

앞에서 언급한 2-3면에 대해 횡 방향으로 등방성인 직교 이방성 재료에 적용하는 경우 $E_2 = E_3$, $G_{12} = G_{13}, \nu_{12} = \nu_{13}$가 됨을 주의해야 한다. 표 2.3의 유연성계수 관계를 모아 정리하면 다음 식 (2.33)과 같이 공학적 유연성계수 행렬식(Compliance matrix)으로 얻어진다.

$$\begin{Bmatrix} \varepsilon_1 \\ \varepsilon_2 \\ \varepsilon_3 \\ \gamma_4 \\ \gamma_5 \\ \gamma_6 \end{Bmatrix} = \begin{bmatrix} \frac{1}{E_1} & -\frac{\nu_{21}}{E_2} & -\frac{\nu_{31}}{E_3} & 0 & 0 & 0 \\ -\frac{\nu_{12}}{E_1} & \frac{1}{E_2} & -\frac{\nu_{32}}{E_3} & 0 & 0 & 0 \\ -\frac{\nu_{13}}{E_1} & -\frac{\nu_{23}}{E_2} & \frac{1}{E_3} & 0 & 0 & 0 \\ 0 & 0 & 0 & \frac{1}{G_{23}} & 0 & 0 \\ 0 & 0 & 0 & 0 & \frac{1}{G_{13}} & 0 \\ 0 & 0 & 0 & 0 & 0 & \frac{1}{G_{13}} \end{bmatrix} \begin{Bmatrix} \sigma_1 \\ \sigma_2 \\ \sigma_3 \\ \tau_4 \\ \tau_5 \\ \tau_6 \end{Bmatrix} \tag{2.33}$$

식 (2.33)은 다음 식 (2.34)와 같이 간결하게 표현될 수 있다.

$$\{\varepsilon\}_{6\,\mathrm{x}\,1} = [S]_{6\,\mathrm{x}\,6}\{\sigma\}_{6\,\mathrm{x}\,1} \tag{2.34}$$

이때 유연성계수 행렬(Compliance matrix) $[S_{ij}]$가 대칭 행렬이므로 다음 관계식이 성립한다.

$$\frac{\nu_{ij}}{E_i} = \frac{\nu_{ji}}{E_j} \quad \text{또는} \quad \frac{\nu_{ij}}{\nu_{ji}} = \frac{E_i}{E_j} \quad (i, j = 1,2,3) \tag{2.35}$$

2.2.1 얇은 Lamina의 응력-변형률 관계(Stress-Strain Relations for a Thin Lamina)

두께가 얇은 단일방향 lamina는 평면응력상태에 있다고 가정할 수 있다. 그러므로 응력-변형률 관계식은 앞에서 언급한 식 (2.22d)가 그대로 적용될 수 있다.

$$\begin{Bmatrix} \sigma_1 \\ \sigma_2 \\ \tau_6 \end{Bmatrix} = \begin{bmatrix} Q_{11} & Q_{12} & 0 \\ Q_{12} & Q_{22} & 0 \\ 0 & 0 & Q_{66} \end{bmatrix} \begin{Bmatrix} \varepsilon_1 \\ \varepsilon_2 \\ \gamma_6 \end{Bmatrix} = \begin{bmatrix} \frac{E_1}{1-\nu_{12}\nu_{21}} & \frac{\nu_{12}E_2}{1-\nu_{12}\nu_{21}} & 0 \\ \frac{\nu_{21}E_1}{1-\nu_{12}\nu_{21}} & \frac{E_2}{1-\nu_{12}\nu_{21}} & 0 \\ 0 & 0 & Q_{66} \end{bmatrix} \begin{Bmatrix} \varepsilon_1 \\ \varepsilon_2 \\ \gamma_6 \end{Bmatrix} \tag{2.22d}$$

여기서 $Q_{21} = Q_{12}$이므로 $\nu_{12}E_2 = \nu_{21}E_1$ 관계가 성립한다. 단일방향 응력-변형률 관계식도 앞에서 언급한 식 (2.24a,b)가 그대로 적용될 수 있다.

$$\begin{Bmatrix} \varepsilon_1 \\ \varepsilon_2 \\ \gamma_6 \end{Bmatrix} = \begin{bmatrix} S_{11} & S_{12} & 0 \\ S_{12} & S_{22} & 0 \\ 0 & 0 & S_{66} \end{bmatrix} \begin{Bmatrix} \sigma_1 \\ \sigma_2 \\ \tau_6 \end{Bmatrix} = \begin{bmatrix} 1/E_1 & -\nu_{21}/E_2 & 0 \\ -\nu_{12}/E_1 & 1/E_2 & 0 \\ 0 & 0 & 1/G_{12} \end{bmatrix} \begin{Bmatrix} \sigma_1 \\ \sigma_2 \\ \tau_6 \end{Bmatrix} \quad (2.24a)$$

$$\{\varepsilon\}_{1,2,6} = [S]_{1,2,6}\{\sigma\}_{1,2,6} \quad (2.24b)$$

또한 $S_{21} = S_{12}$이므로 $\nu_{12}E_2 = \nu_{21}E_1$ 관계가 얻어진다. 식 (2.22d)와 식 (2.24a)에서 알 수 있듯이 두께가 얇은 단일방향 lamina는 각각 섬유방향 1방향과 섬유방향에 수직한 2방향으로의 4개의 물성($E_1, E_2, G_{12}, \nu_{12}$)을 실험을 통해 얻으면 평면 응력상태에 두께가 얇은 단일방향 lamina는 물성이 모두 결정된다.

2.2.2 2차원 Lamina의 응력-변형률 관계(2-D Stress-Strain Relations for a Thin Lamina)

그림 2.6은 얇은 lamina의 섬유방향(1)과 θ의 각도를 이루는 x축 방향으로 응력 σ_x와 σ_y가 작용하는 경우를 도시한 것이다. 이때 섬유방향(1) 및 이에 수직한 방향(2)으로 나타나는 응력성분은 각각 σ_1과 σ_2가 발생한다.

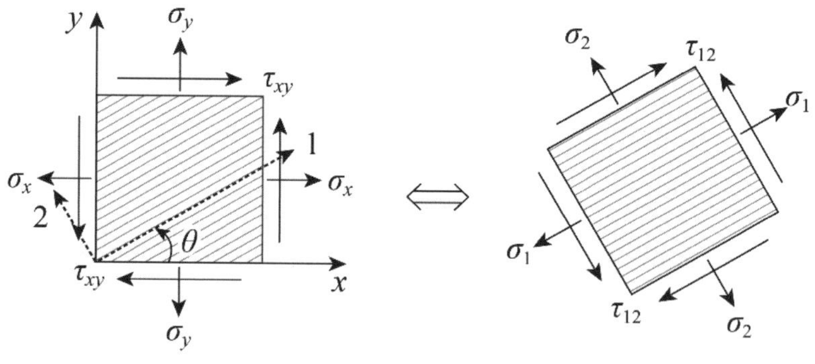

그림 2.6 라미나에 작용하는 응력의 변환(Transformation of stress in lamina)

응력 σ_1, σ_2, τ_{12} 및 변형률 ε_1, ε_2, γ_{12}는 다음 식 (2.36a,b)와 같이 표현된다. 즉, 각각의 단축하중에 대해 응력-변형률 관계식을 적용하여 정리하면 다음과 같은 관

계식을 얻을 수 있다.

$$\begin{Bmatrix}\sigma_1\\ \sigma_2\\ \tau_{12}\end{Bmatrix} = [T]\begin{Bmatrix}\sigma_x\\ \sigma_y\\ \tau_{xy}\end{Bmatrix},\quad \begin{Bmatrix}\varepsilon_1\\ \varepsilon_2\\ \gamma_{12}/2\end{Bmatrix} = [T]\begin{Bmatrix}\varepsilon_x\\ \varepsilon_y\\ \gamma_{xy}/2\end{Bmatrix} \tag{2.36a,b}$$

이때 그림 2.6에 대한 응력 및 변형률의 변환 행렬(Transformation matrix) $[T]$는 다음 식 (2.37a,b)와 같이 표현된다.

$$[T] = \begin{bmatrix}\cos^2\theta & \sin^2\theta & 2\cos\theta\sin\theta\\ \sin^2\theta & \cos^2\theta & -2\cos\theta\sin\theta\\ -\cos\theta\sin\theta & \cos\theta\sin\theta & (\cos^2\theta - \sin^2\theta)\end{bmatrix} = \begin{bmatrix}c^2 & s^2 & 2cs\\ s^2 & c^2 & -2cs\\ -cs & cs & (c^2 - s^2)\end{bmatrix} \tag{2.37a}$$

$$[T]^{-1} = [T(-\theta)] = \begin{bmatrix}c^2 & s^2 & -2cs\\ s^2 & c^2 & 2cs\\ cs & -cs & (c^2 - s^2)\end{bmatrix} \tag{2.37b}$$

여기서 $c = \cos\theta,\ s = \sin\theta$이다.

2.2.3 얇은 Lamina의 물성값 변환(Transformation of Elastic Material Properties for a Thin Lamina)

얇은 lamina의 두께방향을 z (또는 3, z축과 3축 방향은 일치)라 하면 3차원 lamina의 1, 2, 3 좌표축과 x, y, z 좌표축에 대한 상관 관계는 다음 식 (2.38a)와 같이 표현된다.

$$\begin{aligned}\{\varepsilon\}_{x,y,s} &= [T]^{-1}\{\varepsilon\}_{1,2,6} = [T]^{-1}[T]\{\varepsilon\}_{x,y,s} = [T]^{-1}[S]_{1,2,6}\{\sigma\}_{1,2,6}\\ &= [T]^{-1}[S]_{1,2,6}[T]\{\sigma\}_{x,y,s} = [S]_{x,y,s}\{\sigma\}_{x,y,s}\end{aligned} \tag{2.38a}$$

여기서 $[S]_{x,y,s}$ (=$[T]^{-1}[S]_{1,2,6}[T]$)는 x, y 좌표계에서의 lamina의 상당유연성행렬(Equivalent compliance matrix)이다. 얇은 lamina가 x, y 평면내에서 하중을 받는 경우 평면응력상태(plane stress state)로 $\sigma_z, \tau_{xz}, \tau_{xz}$는 모두 0으로 가정할 수 있다. 이를 고려하면 식 (2.38a)는 다음 식 (2.38b)와 같이 간결하게 표현될 수 있다.

$$\{\varepsilon\}_{x,y,s} = [S]_{x,y,s}\{\sigma\}_{x,y,s} \tag{2.38b}$$

역으로 정리하면 다음 식 (2.38c)와 같이 표현할 수 있다.

$$\{\sigma\}_{x,y,s} = [Q]_{x,y,s}\{\varepsilon\}_{x,y,s} \tag{2.38c}$$

위의 식 (2.38b)를 풀어 쓰면 다음 식 (2.38d)와 같다.

$$\begin{Bmatrix} \varepsilon_x \\ \varepsilon_y \\ \gamma_s \end{Bmatrix} = \begin{bmatrix} S_{xx} & S_{xy} & S_{xs} \\ S_{yx} & S_{yy} & S_{ys} \\ S_{sx} & S_{sy} & S_{ss} \end{bmatrix} \begin{Bmatrix} \sigma_x \\ \sigma_y \\ \tau_s \end{Bmatrix} \tag{2.38d}$$

여기서 대칭행렬(Symmetric matrix)인 $[S]_{x,y,s}$의 각 성분은 표 2.4에 도시하였다.

표 2.4 상당유연성행렬 $[S]_{x,y,s}$와 유연성행렬$[S]_{1,2,6}$의 성분 연관표

	S_{11}	S_{12}	S_{22}	S_{66}
$S_{xx}=$	c^4	$2c^2s^2$	s^4	c^2s^2
$S_{xy}=$	c^2s^2	(c^4+s^4)	c^2s^2	$-c^2s^2$
$S_{yy}=$	s^4	$2c^2s^2$	c^4	c^2s^2
$S_{ss}=$	$4c^2s^2$	$-8c^2s^2$	$4c^2s^2$	$(c^2-s^2)^2$
$S_{xs}=$	$2c^3s$	$-2cs(c^2-s^2)$	$-2cs^3$	$-cs(c^2-s^2)$
$S_{ys}=$	$2cs^3$	$2cs(c^2-s^2)$	$-2c^3s$	$cs(c^2-s^2)$

여기서 c와 s는 각각 $\cos\theta$, $\sin\theta$를 의미하고 상당유연성행렬 $[S]_{x,y,s}$는 (2.38d)식의 우측 정방행렬부분이다. 하나의 예로서 S_{xx}는 다음 식 (2.38e)와 같이 표에서 읽을 수 있다.

$$S_{xx} = c^4S_{11} + 2c^2s^2S_{12} + s^4S_{22} + c^2s^2S_{66} \tag{2.38e}$$

또한 S_{xs}와 S_{ys}는 다음과 같이 표현된다.

$$S_{xs} = S_{sx} = \frac{\eta_{xs}}{E_x} = \frac{\eta_{sx}}{G_{xy}} \tag{2.38f}$$

$$S_{ys} = S_{sy} = \frac{\eta_{ys}}{E_y} = \frac{\eta_{sy}}{G_{xy}} \tag{2.38g}$$

여기서 η_{xs}와 η_{ys}는 전단결합계수(shear coupling coefficients)로서 다음 식 (2.38h)와 (2.38i)와 같이 표현된다.

$$\eta_{xs} = \frac{S_{sx}}{S_{xx}},\ \eta_{sx} = \frac{S_{xs}}{S_{ss}} \tag{2.38h}$$

$$\eta_{ys} = \frac{S_{sy}}{S_{yy}},\ \eta_{sy} = \frac{S_{ys}}{S_{ss}} \tag{2.38i}$$

위의 식 (3.28f)와 (2.38g)는 공학상수(engineering constants)들로 다음과 같이 표현될 수 있다.

$$S_{xs} = S_{sx} = \frac{\eta_{xs}}{E_x} = \frac{\eta_{sx}}{G_{xy}} = \frac{2c^3s}{E_1}(1+\nu_{12}) - \frac{2cs^3}{E_2}(1+\nu_{21}) - \frac{cs(c^2-s^2)}{G_{12}} \tag{2.38j}$$

$$S_{ys} = S_{sy} = \frac{\eta_{ys}}{E_y} = \frac{\eta_{sy}}{G_{xy}} = \frac{2cs^3}{E_1}(1+\nu_{12}) - \frac{2c^3s}{E_2}(1+\nu_{21}) + \frac{cs(c^2-s^2)}{G_{12}} \tag{2.38k}$$

또한 표 2.4의 S_{xx}, S_{xy}, S_{yy}, S_{ss} 관계식에 표 2.3의 S_{11}, S_{12}, S_{22}, S_{66} 식을 대입하면 다음과 같은 식을 얻을 수 있다.

$$S_{xx} = \frac{1}{E_x} = \frac{c^2}{E_1}(c^2 - s^2\nu_{12}) + \frac{s^2}{E_2}(s^2 - c^2\nu_{21}) + \frac{c^2s^2}{G_{12}} \tag{2.38l}$$

$$S_{xy} = S_{yx} = -\frac{\nu_{xy}}{E_x} = -\frac{\nu_{yx}}{E_y} = \frac{c^2}{E_1}(s^2 - c^2\nu_{12}) + \frac{s^2}{E_2}(c^2 - s^2\nu_{21}) - \frac{c^2s^2}{G_{12}} \tag{2.38m}$$

$$S_{yy} = \frac{1}{E_y} = \frac{s^2}{E_1}(s^2 - c^2\nu_{12}) + \frac{c^2}{E_2}(c^2 - s^2\nu_{21}) + \frac{c^2s^2}{G_{12}} \tag{2.38n}$$

$$S_{ss} = \frac{1}{G_{xy}} = \frac{4c^2s^2}{E_1}(1+\nu_{12}) + \frac{4c^2s^2}{E_2}(1+\nu_{21}) + \frac{(c^2-s^2)^2}{G_{12}} \tag{2.38o}$$

여기서 $c = \cos\theta$, $s = \sin\theta$이다.

(2.38a)식 또는 (2.38b)식을 역 변환하여 정리하면 다음 (2.39)식과 같이 정리된다.

$$\begin{aligned}\{\sigma\}_{x,y,s} &= [T]^{-1}[T]\{\sigma\}_{x,y,s} = [T]^{-1}\{\sigma\}_{1,2,6} = [T]^{-1}[Q']_{1,2,6}\{\varepsilon\}_{1,2,6} \\ &= [T]^{-1}[Q']_{1,2,6}[T]\{\varepsilon\}_{x,y,s} = [Q]_{x,y,s}\{\varepsilon\}_{x,y,s}\end{aligned} \tag{2.39}$$

여기서 $[Q']$는 $[Q]$의 전치행렬(Transpose matrix)이다.

또한 $[Q]_{1,2,6}$은 식 (2.22e)에서 주어지는 대칭행렬인 강성행렬이며 $[Q]_{x,y,s}$는 x, y 좌표계에서의 lamina의 상당강성행렬(Equivalent compliance matrix)로 식 (2.39)를 행렬성분으로 펼쳐서 정리한 것이 식 (2.40)이다.

$$\begin{Bmatrix} \sigma_x \\ \sigma_y \\ \tau_s \end{Bmatrix} = \begin{bmatrix} Q_{xx} & Q_{xy} & Q_{xs} \\ Q_{yx} & Q_{yy} & Q_{ys} \\ Q_{sx} & Q_{sy} & Q_{ss} \end{bmatrix} \begin{Bmatrix} \varepsilon_x \\ \varepsilon_y \\ \gamma_s \end{Bmatrix} \tag{2.40}$$

여기서 대칭행렬 $[Q]_{x,y,s}$의 각 성분은 표 2.5에 도시하였다.

표 2.5 상당강성행렬 $[Q]_{x,y,s}$와 강성행렬 $[Q]_{1,2,6}$의 성분연관표

	Q_{11}	Q_{12}	Q_{22}	Q_{66}
$Q_{xx}=$	c^4	$2c^2s^2$	s^4	$4c^2s^2$
$Q_{xy}=$	c^2s^2	(c^4+s^4)	c^2s^2	$-4c^2s^2$
$Q_{yy}=$	s^4	$2c^2s^2$	c^4	$4c^2s^2$
$Q_{ss}=$	c^2s^2	$-2c^2s^2$	c^2s^2	$(c^2-s^2)^2$
$Q_{xs}=$	c^3s	$-cs(c^2-s^2)$	$-cs^3$	$-2cs(c^2-s^2)$
$Q_{ys}=$	cs^3	$cs(c^2-s^2)$	$-c^3s$	$2cs(c^2-s^2)$

3. 고전 적층 이론(Classical Lamination Theory, CLT)

섬유와 기지로 구성된 여러 장의 층(ply 또는 lamina)이 다양한 각도로 적층(lay-up)되는 적층판(laminate)이 열, 수분 및 기계적 하중을 받는 경우 각층의 적층 각도(angle of ply) 및 적층 수(number of plies)와 각층의 섬유방향과 이에 수직한 방향의 수분, 열 및 기계적 하중과 재료의 물성(Hygro-thermo-mechanical loads and material properties) 등에 의해 적층판은 변형이 되고 이에 따라 각 층에는 변형률과 응력이 발생하게 된다. 이와 관련된 복합재료 적층판의 적층 및 하중 특성에 따른 각 층의 변형률과 응력 분포를 제시하는 이론을 고전 적층 이론(Classical Lamination Theory, CLT)이라 한다. 고전 적층 이론은 여러 개의 얇은 판이 접합되어 이루어진 적층판이 변형 전에 중립면(mid-plane)에 수직한 단면이 변형 후에도 수직면을 유지하는 경우에 적용하는 이론으로서 주어진 각 층(ply)의 기계적 물성치($E_1, E_2, \nu_{12}, G_{12}$)가 주어지고, 적층각 및 순서(ply stacking angle and sequence)가 결정되면 CLT에 의해 적층판의 상당 물성값과 일반적 하중상태에서의 응력 및 변형률을 구할 수 있어 현재까지 가장 널리 활용되고 있다. 적층판이 변형 전에 중립면(mid-plane)에 수직한 단면이 변형 후에도 평면을 유지한다는 가정은 횡 방향 전단변형(transverse shear distortion)이 거의 없음을 의미(즉 γ_{yz} 및 γ_{zx} 변형률 성분이 무시할 수 있을 만큼 작아 $\gamma_{yz} = \gamma_{zx} \cong 0$)하며 얇은 적층판(thin laminates)의 경우 잘 일치함을 알 수 있다. 일반적으로 얇은 복합재료 적층판은 평면내 탄성계수의 크기에 비해 작은 크기의 층간 전단계수 (interlaminar shear stiffness)값을 갖고 있어 등방성 재료에 비해 전단변형에 매우 민감하다.

복합재료 구조물의 경우 구조적 성능은 섬유의 적층 각도 및 두께 방향으로의 적층 배열에 크게 좌우되기 때문에 복합재료 적층 구조물을 수학적으로 해석하기 위해서는 복합재료 적층 이론을 정립해야 한다. 적층판을 다루는 고전 적층 이론은 Kirchhoff 가정에 의해 제안된 등방성 및 균질 재료에 대한 고전 판 이론의 직접적인 확장 이론이라 할 수 있다. 그러나 이 이론을 적층판으로 확장하려면 적층판의 두께 방향으로의 비균질성을 고려해서 몇 가지 가정이 필요하다. 즉, 복합재료 적층판의 고전 적층 이론은 적층판의 두께는 얇고 가로, 세로 길이가 정해지지 않은 무한 평면 상태일 때의 상황을 고려하며 다음의 가정을 따른다.

1) 각층은 일정한 섬유와 기지의 부피비율(섬유체적비 V_f 및 기지체적비 V_m)로 구성되어 있으며 이들의 값들이 적층판의 물성에 반영되어 있다. 적층판의 구조에는 섬유와 기지재가 모델링 되어 있지 않은 상태이다.
2) 각 층(lamina 또는 ply)은 준균질성 및 직교 이방성(Quasi-homogeneous and orthotropic properties)을 따른다.

3) 각 층은 서로 붙어 있고 층과 층사이에 접합면이 분리된 경우에는 본 이론은 적용되지 않는다.
4) 적용되는 이론은 선형탄성학(linear elasticity)으로 비선형 문제는 적용되지 않는다.
5) 각 층은 적층판의 두께에 비해 얇다.
6) 평면 응력 상태(plane stress state, $\sigma_z = \sigma_{xz} = \sigma_{yz} = 0$)이다.
7) 적층판은 일정한 두께(h)를 가진다. 본 이론은 층내에서 두께가 감소하는 부분이나 점프하는 부위에서는 적용되지 않는다.
8) 적층판에 구멍(hole)이나 함유물(inclusion), 구석(corners), 가장자리(edge)가 있는 경우 이들 근처에서는 본 이론은 적용되지 않는다.
9) 모든 변위는 적층판의 두께(h)에 비해 매우 작으며 변위는 적층판 안에서 연속적이다.
10) x, y방향의 변위인 u, v는 두께방향 좌표 z와 선형함수 관계에 있다.
11) 전단 변형률 γ_{xz}, γ_{yz}는 0이다.
12) 변위-변형률 관계식과 응력-변형률 관계식은 선형이다.
13) 적층판의 두께 방향의 변위 w는 두께 좌표 z와 무관하다.

3.1 적층판의 기하학적 변형(Geometric Deformation of Laminate)

그림 3.1은 적층판의 중립면(mid plane)에 위치한 x, y, z 좌표계의 위치와 해당 평면에서의 x, y, z축 방향으로의 각각의 변위 u, v, w를 도시한 것이다. 중립면은 x 또는 y방향의 변형률이 0으로 응력-변형률 관계식으로부터 평면내의 x 또는 y방향 응력이 0인 평면(그림에서 실선)을 지칭한다. 만약 lamina의 두께가 모두 같고 각층의 섬유방향도 두께 방향(z 방향)으로 서로 대칭을 이룬다면 가장 위층의 평면과 가장 아래층의 평면과의 거리가 동일한 위치의 평면이 중립면이 된다. 그림 3.1(a)는 변형 전 x방향으로의 임의 단면(A, B, C, D의 위치)이고 그림 3.1(b)는 이들 점이 있는 단면의 변형 후 단면(A′, B′, C′, D′의 위치)을 도시한 것이다.

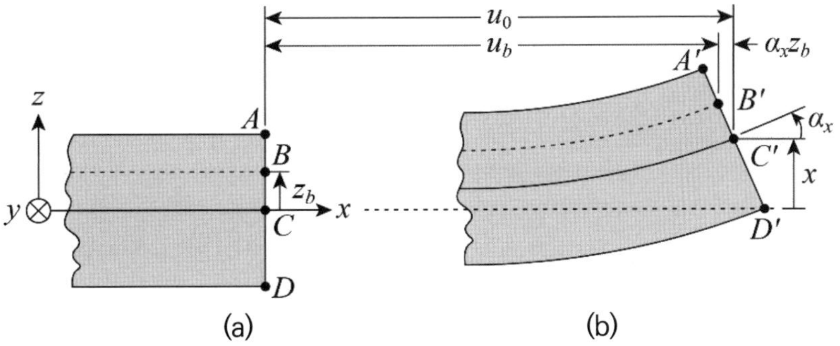

그림 3.1 얇은 적층판 단면의 변형 전후 형상 (a) 변형 전 ABCD, (b) 변형 후 A'B'C'D'

그림 3.1에서 중립면 상의 C점의 변형 후의 x, y, z방향 변위(displacement)는 다음 식 (3.1)과 같이 구할 수 있다.

$$u_0 = u_0(x, y) \tag{3.1a}$$

$$v_0 = v_0(x, y) \tag{3.1b}$$

$$w = f(x, y) \tag{3.1c}$$

그리고 x축 및 y축 단면의 변형 후 기울기 α_x와 α_y는 $w = f(x, y)$를 각각 x축과 y축에 대해 미분한 것으로 다음 식 (3.2)와 같다.

$$\alpha_x = \frac{\partial w}{\partial x} \quad (\ll 1) \tag{3.2a}$$

$$\alpha_y = \frac{\partial w}{\partial y} \quad (\ll 1) \tag{3.2b}$$

B점의 평면내 변위 u_b와 v_b는 B점의 z방향 위치 z_b와 B′점의 기울기 α_x와 α_y의 식으로 다음 식 (3.3)과 같이 구해질 수 있다.

$$u_b = u_0 - z_b \sin\alpha_x \approx u_0 - \alpha_x z_b \tag{3.3a}$$

$$v_b = v_0 - z_b \sin\alpha_y \approx v_0 - \alpha_y z_b \tag{3.3b}$$

그림 3.1에서와 같이 x방향으로의 평면 변위를 u라 정의하면 u는 중립면의 변위인 u_0와 중립면의 x방향으로의 기울기(slope)의 항으로 표현될 수 있으며 y방향의 변위 v도 다음 식 (3.4)와 같이 적층판의 임의의 z점에서 일반화하여 표현된다.

$$u(x,y) = u_0(x,y) - z\frac{\partial w(x,y)}{\partial x},$$
$$v(x,y) = v_0(x,y) - z\frac{\partial w(x,y)}{\partial y}, \qquad (3.4a,b,c)$$
$$w = f(x,y)$$

여기서 z는 중립면에서 정의되는 두께 방향 좌표 값이고 w는 중립면의 z방향으로의 변위이다. 그리고 각 방향의 미소 변위 u, v, w ($|u|, |v|, |w| << h$, h는 적층판의 두께)에 대한 변위-변형률 관계식과 중립면에서의 변형률 관계식은 각각 다음 식 (3.5)와 같다.

$$\varepsilon_x = \frac{\partial u}{\partial x} = \frac{\partial u_0}{\partial x} - z\frac{\partial^2 w}{\partial x^2} = {\varepsilon_x}^0 - z\frac{\partial^2 w}{\partial x^2} \qquad (3.5a)$$

$$\varepsilon_y = \frac{\partial v}{\partial y} = \frac{\partial v_0}{\partial y} - z\frac{\partial^2 w}{\partial y^2} = {\varepsilon_y}^0 - z\frac{\partial^2 w}{\partial y^2} \qquad (3.5b)$$

$$\gamma_{xy} = \gamma_s = \frac{\partial u}{\partial y} + \frac{\partial v}{\partial x} = \frac{\partial u_0}{\partial y} + \frac{\partial v_0}{\partial x} - 2z\frac{\partial^2 w}{\partial y^2} = {\gamma_s}^0 - 2z\frac{\partial^2 w}{\partial y^2} \qquad (3.5c)$$

여기서 상 첨자 0는 중립면을 의미한다. 또한 적층판의 곡률(κ)은 다음 식 (3.6)과 같이 표현할 수 있다.

$$\kappa_x = -\frac{\partial^2 w}{\partial x^2} \qquad (3.6a)$$

$$\kappa_y = -\frac{\partial^2 w}{\partial y^2} \qquad (3.6b)$$

$$\kappa_{xy} = \kappa_s = -2\frac{\partial^2 w}{\partial x \partial y} \qquad (3.6c)$$

식 (3.6)을 식 (3.5)에 대입하면 중립면에서의 변형률과 적층판의 곡률의 관계식을 다음 식 (3.7)과 같이 나타낼 수 있다.

$$\begin{Bmatrix} \varepsilon_x \\ \varepsilon_y \\ \gamma_s \end{Bmatrix} = \begin{Bmatrix} \varepsilon_x^o \\ \varepsilon_y^o \\ \gamma_s^o \end{Bmatrix} + z\begin{Bmatrix} \kappa_x \\ \kappa_y \\ \kappa_s \end{Bmatrix}, \quad (-\frac{h}{2} \le z \le \frac{h}{2}) \qquad (3.7)$$

식 (3.7)을 통해 적층판의 변형률은 두께 방향(z)으로 곡률이 일정하므로 z에 비례하여 선형적으로 변함을 알 수 있다.

3.2 적층판의 k번째 층에 대한 응력-변형률 관계식

얇은 적층판을 구성하는 각층이 평면 응력 상태(Plane stress state)를 만족한다고 가정하면 그림 3.2의 적층판의 맨 아래 n=1인 층(layer)에서부터 위로 임의의 k번째 층)에 대해 섬유방향 1과 이에 수직한 2방향으로의 응력-변형률 관계식은 다음 식 (3.8)과 같이 표현된다.

$$\begin{Bmatrix} \sigma_1 \\ \sigma_2 \\ \tau_6 \end{Bmatrix}_k = \begin{bmatrix} Q_{11} & Q_{12} & 0 \\ Q_{21} & Q_{22} & 0 \\ 0 & 0 & Q_{66} \end{bmatrix}_k \begin{Bmatrix} \varepsilon_1 \\ \varepsilon_2 \\ \gamma_6 \end{Bmatrix}_k, \quad (k = 1, 2, \dots, n) \tag{3.8}$$

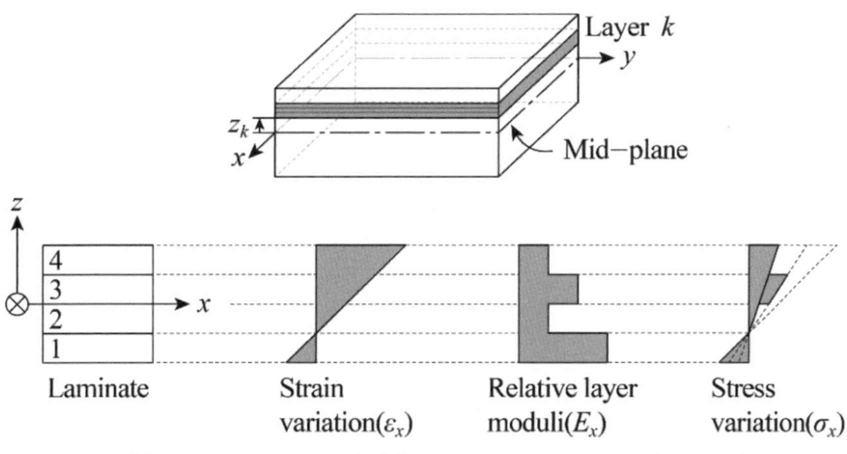

그림 3.2 (a) 적층판의 k번째 층 (b) 적층판의 각층에서의 응력, 변형률 분포

식 (3.8)을 적층판에 대한 x, y, z 좌표계에 대해 변환하면 다음 식 (3.9)로 표현된다.

$$\begin{Bmatrix} \sigma_x \\ \sigma_y \\ \tau_s \end{Bmatrix}_k = \begin{bmatrix} Q_{xx} & Q_{xy} & Q_{xs} \\ Q_{yx} & Q_{yy} & Q_{ys} \\ Q_{sx} & Q_{sy} & Q_{ss} \end{bmatrix}_k \begin{Bmatrix} \varepsilon_x \\ \varepsilon_y \\ \gamma_s \end{Bmatrix}_k, \quad (k = 1, 2, \dots, n) \tag{3.9}$$

식 (3.7)을 식 (3.9)에 적용하면 로부터 다음 식 (3.10a)와 같이 표현될 수 있다.

$$\begin{Bmatrix} \sigma_x \\ \sigma_y \\ \tau_s \end{Bmatrix}_k = \begin{bmatrix} Q_{xx} & Q_{xy} & Q_{xs} \\ Q_{yx} & Q_{yy} & Q_{ys} \\ Q_{sx} & Q_{sy} & Q_{ss} \end{bmatrix}_k \left\{ \begin{Bmatrix} \varepsilon_x^o \\ \varepsilon_y^o \\ \gamma_{xy}^o \end{Bmatrix}_k + z \begin{Bmatrix} \kappa_x \\ \kappa_y \\ \kappa_{xy} \end{Bmatrix}_k \right\}, \quad (k = 1, 2, \ldots, n) \tag{3.10a}$$

식 (3.10a)를 간략하게 표현하면 식 (3.10b)와 같이 표현할 수 있다.

$$\{\sigma\}_{x,y,s}^k = [Q]_{x,y,s}^k \{\varepsilon^0\}_{x,y,s} + z[Q]_{x,y,s}^k \{\kappa\}_{x,y,s}, \quad (k = 1, 2, \ldots, n) \tag{3.10b}$$

여기서 k번째 층의 x, y 방향 물성값은 행렬 $[Q]_{x,y,s}^k$로 표현되어 있다. 식 (3.10b)를 살펴보면 두께방향으로 곡률은 일정하나 적층판에 작용하는 층간 응력은 $[Q]_{x,y,s}^k$가 층마다 다른 값을 갖으므로 층내에서 선형적이나 적층판 전체 두께에 걸쳐서는 그림 3.2(b)에 도시된 바와 같이 각층마다 기울기가 다른 것을 알 수 있다.

3.3 힘-모멘트 평형

그림 3.3은 적층판에 작용하는 외력인 전단력(N_s)과 수직력(N_x, N_y) 굽힘모멘트(M_x, M_y)와 비틀림(M_s) 모멘트를 도시한 것으로 단위는 각각 단위 폭당 힘(N/m)과 모멘트(Nm/m)를 갖는다.

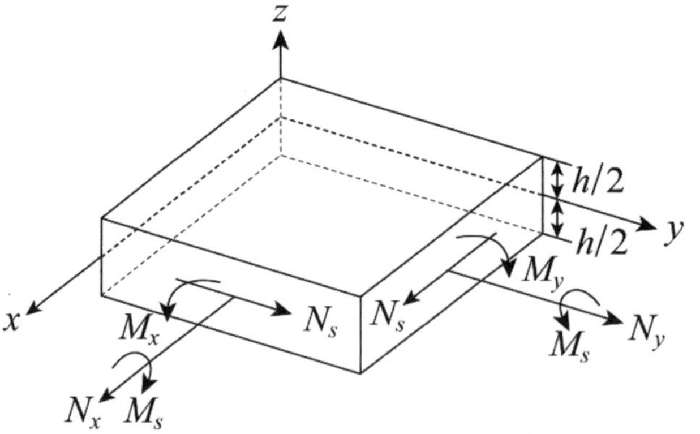

그림 3.3 양(+)의 결과력과 결과모멘트(Positive resultant forces and moments)

그림 3.4는 적층판의 k번째 층의 위치 및 상하면의 위치 z_k와 z_{k-1}을 정의한 것이다.

이때 n은 적층판을 구성하는 층의 갯수(number of plies)이고 k번째 층의 두께 h_k는 $z_k - z_{k-1}$이 된다. 적층판의 단위 폭 당 단면에 작용하는 결과력(resultant force)은 적층판의 두께 방향으로 두께 h에 걸쳐 응력을 적분함으로써 다음 식 (3.11)과 같이 표현된다.

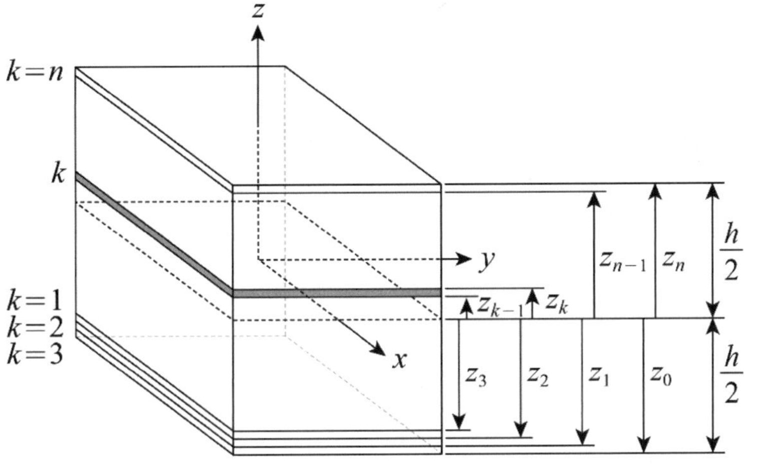

그림 3.4 적층판의 k번째 층의 번호 정의 및 각층의 상하면의 정의

$$\begin{Bmatrix} N_x \\ N_y \\ N_s \end{Bmatrix} = \int_{-h/2}^{h/2} \begin{Bmatrix} \sigma_x \\ \sigma_y \\ \tau_{xy} \end{Bmatrix} dz = \sum_{k=1}^{n} \int_{z_{k-1}}^{z_k} \begin{Bmatrix} \sigma_x \\ \sigma_y \\ \tau_{xy} \end{Bmatrix}_k dz = \sum_{k=1}^{n} \int_{z_{k-1}}^{z_k} \{\sigma\}_{x,y,s}^{k} dz \tag{3.11}$$

한편 적층판의 단위 폭 당 작용하는 결과모멘트(resultant moment)는 적층판의 두께 h에 걸쳐 두께 방향으로 응력과 모멘트 팔 길이 z의 곱을 적분함으로써 다음 식 (3.12)와 같이 표현된다.

$$\begin{Bmatrix} M_x \\ M_y \\ M_s \end{Bmatrix} = \int_{-h/2}^{h/2} \begin{Bmatrix} \sigma_x \\ \sigma_y \\ \tau_s \end{Bmatrix} z dz = \sum_{k=1}^{n} \int_{z_{k-1}}^{z_k} \begin{Bmatrix} \sigma_x \\ \sigma_y \\ \tau_s \end{Bmatrix}_k z dz = \sum_{k=1}^{n} \int_{z_{k-1}}^{z_k} \{\sigma\}_{x,y,s}^{k}\, z dz \tag{3.12}$$

여기서 N_s와 M_s는 각각 전단력 N_{xy}와 비틀림 모멘트 M_{xy}를 달리 표시한 것이다.

결과력 및 결과모멘트의 양(+)의 부호는 그림 3.3에 도시 되어 있다. 식 (3.10b)를 식 (3.11)과 (3.12)에 대입하여 정리하면 다음 식 (3.13a)가 얻어진다.

$$\begin{aligned}
\{N\}_{x,y,s} &= \sum_{k=1}^{n} \int_{z_{k-1}}^{z_k} \{\sigma\}_{x,y,s}^{k} dz \\
&= \sum_{k=1}^{n} \int_{z_{k-1}}^{z_k} \left([Q]_{x,y,s}^{k} \{\varepsilon^0\}_{x,y,s} + z[Q]_{x,y,s}^{k} \{\kappa\}_{x,y,s} \right) dz \qquad (3.13a) \\
&= \sum_{k=1}^{n} \left([Q]_{x,y,s}^{k} \int_{z_{k-1}}^{z_k} dz \right) \{\varepsilon^0\}_{x,y,s} + \sum_{k=1}^{n} \left([Q]_{x,y,s}^{k} \int_{z_{k-1}}^{z_k} z\, dz \right) \{\kappa\}_{x,y,s} \\
&= \sum_{k=1}^{n} \left([Q]_{x,y,s}^{k} (z_k - z_{k-1}) \right) \{\varepsilon^0\}_{x,y,s} + \frac{1}{2} \left(\sum_{k=1}^{n} [Q]_{x,y,s}^{k} ({z_k}^2 - {z_{k-1}}^2) \right) \{\kappa\}_{x,y,s} \\
&= [A]_{x,y,s} \{\varepsilon^0\}_{x,y,s} + [B]_{x,y,s} \{\kappa\}_{x,y,s}
\end{aligned}$$

유사한 방법으로 모멘트에 관한 식은 다음 식 (3.13b)와 같이 얻을 수 있다.

$$\{M\}_{x,y,s} = [B]_{x,y,s} \{\varepsilon^0\}_{x,y,s} + [D]_{x,y,s} \{\kappa^0\}_{x,y,s} \qquad (3.13b)$$

식 (3.13)을 행렬식으로 표현하면 각 면에 대한 수직 및 전단력과 굽힘 및 비틀림 모멘트는 다음 식 (3.14a,b)와 같이 표현할 수 있다.

$$\begin{Bmatrix} N_x \\ N_y \\ N_s \end{Bmatrix} = \begin{bmatrix} A_{xx} & A_{xy} & A_{xs} \\ A_{xy} & A_{yy} & A_{ys} \\ A_{xs} & A_{ys} & A_{ss} \end{bmatrix} \begin{Bmatrix} {\varepsilon_x}^0 \\ {\varepsilon_y}^0 \\ {\gamma_s}^0 \end{Bmatrix} + \begin{bmatrix} B_{xx} & B_{xy} & B_{xs} \\ B_{xy} & B_{yy} & B_{ys} \\ B_{xs} & B_{ys} & B_{ss} \end{bmatrix} \begin{Bmatrix} \kappa_x \\ \kappa_y \\ \kappa_s \end{Bmatrix} \qquad (3.14a)$$

$$\begin{Bmatrix} M_x \\ M_y \\ M_s \end{Bmatrix} = \begin{bmatrix} B_{xx} & B_{xy} & B_{xs} \\ B_{xy} & B_{yy} & B_{ys} \\ B_{xs} & B_{ys} & B_{ss} \end{bmatrix} \begin{Bmatrix} {\varepsilon_x}^0 \\ {\varepsilon_y}^0 \\ {\gamma_s}^0 \end{Bmatrix} + \begin{bmatrix} D_{xx} & D_{xy} & D_{xs} \\ D_{xy} & D_{yy} & D_{ys} \\ D_{xs} & D_{ys} & D_{ss} \end{bmatrix} \begin{Bmatrix} \kappa_x \\ \kappa_y \\ \kappa_s \end{Bmatrix} \qquad (3.14b)$$

식 (3.14)에서 적층판의 x-y평면 내에서 한 점의 곡률은 두께방향으로 각층에서 모두 같으므로 상첨자 0을 생략하였다. κ_{xy}와 ${\gamma_{xy}}^0$는 각각 κ_s와 ${\gamma_s}^0$로 표현하였고 상첨자 0는 적층판의 중립면을 의미한다. 수직 및 전단력과 굽힘 및 비틀림 모멘트를 하나의 행렬로 묶어서 정리하면 아래의 식 (3.15a)로 표현된다.

$$\begin{Bmatrix} N_x \\ N_y \\ N_s \\ \cdots \\ M_x \\ M_y \\ M_s \end{Bmatrix} = \begin{bmatrix} A_{xx} & A_{xy} & A_{xs} & \vdots & B_{xx} & B_{xy} & B_{xs} \\ A_{xy} & A_{yy} & A_{ys} & \vdots & B_{xy} & B_{yy} & B_{ys} \\ A_{xs} & A_{ys} & A_{ss} & \vdots & B_{xs} & B_{ys} & B_{ss} \\ \cdots & \cdots & \cdots & \cdots & \cdots & \cdots & \cdots \\ B_{xx} & B_{xy} & B_{xs} & \vdots & D_{xx} & D_{xy} & D_{xs} \\ B_{xy} & B_{yy} & B_{ys} & \vdots & D_{xy} & D_{yy} & D_{ys} \\ B_{xs} & B_{ys} & B_{ss} & \vdots & D_{xs} & D_{ys} & D_{ss} \end{bmatrix} \begin{Bmatrix} \varepsilon_x{}^0 \\ \varepsilon_y{}^0 \\ \gamma_s{}^0 \\ \cdots \\ \kappa_x \\ \kappa_y \\ \kappa_s \end{Bmatrix} \tag{3.15a}$$

식 (3.15a)를 더 간단하게 표현하면 식 (3.15b)로 표현할 수 있다.

$$\begin{Bmatrix} N \\ \cdots \\ M \end{Bmatrix}_{x,y,s} = \begin{bmatrix} A & \vdots & B \\ \cdots & \cdots & \cdots \\ B & \vdots & D \end{bmatrix}_{x,y,s} \begin{Bmatrix} \varepsilon^0 \\ \cdots \\ \kappa \end{Bmatrix}_{x,y,s} \tag{3.15b}$$

3.4 적층판의 상당물성(Equivalent Material Properties of Laminate)

적층판의 상당물성값을 나타내는 행렬 $[A_{ij}], [B_{ij}]$ 및 $[D_{ij}]$는 각각 다음 식 (3.16)과 같이 표현된다.

$$A_{ij} = \sum_{k=1}^{n} (Q_{ij})_k (z_k - z_{k-1}) = \sum_{k=1}^{n} (Q_{ij})_k h_k, \quad (i,j = x,y,s) \tag{3.16a}$$

$$B_{ij} = \frac{1}{2}\sum_{k=1}^{n} (Q_{ij})_k (z_k{}^2 - z_{k-1}{}^2) = \sum_{k=1}^{n} (Q_{ij})_k h_k \bar{z}_k, \quad (i,j = x,y,s) \tag{3.16b}$$

$$D_{ij} = \frac{1}{3}\sum_{k=1}^{n} (Q_{ij})_k (z_k{}^3 - z_{k-1}{}^3) = \sum_{k=1}^{n} (Q_{ij})_k \left(\frac{h_k{}^3}{12} + h_k \bar{z}_k{}^2\right), (i,j = x,y,s) \tag{3.16c}$$

여기서 $\bar{z}_k$는 적층판의 중립면(mid-plane)에서 k번째 층의 중심면까지의 거리로 $\bar{z}_k = (z_k + z_{k-1})/2$로 계산된다. 또한 $[A_{ij}]$는 평면내 인장 강성 행렬(in-plane extensional stiffness matrix)로서 평면내 하중(in-plane load)과 중립면의 변형률 성분을 연결하고, $[D_{ij}]$는 굽힘 강성 행렬(bending stiffness matrix)로서 굽힘모멘트와 곡률을 연결시키며, $[B_{ij}]$는 굽힘/인장 커플링 행렬(bending/extension coupling matrix)로서 평면내 하중과 곡률, 굽힘모멘트와 중립면의 변형률을 연결하는 역할을 한다. 한편 식 (3.15b)를 식 (3.17)과 같이 역으로 표현하면 때때로 편리할 때가 있다.

$$\begin{Bmatrix} \varepsilon^0 \\ \cdots \\ \kappa \end{Bmatrix}_{x,y,s} = \begin{bmatrix} A^* & \vdots & B^* \\ \cdots & \cdots & \cdots \\ (B^*)^T & \vdots & D^* \end{bmatrix}_{x,y,s} \begin{Bmatrix} N \\ \cdots \\ M \end{Bmatrix}_{x,y,s} \tag{3.17}$$

여기서 $A^*, B^*, (B^*)^T$와 D^*는 다음 식 (3.18)과 같이 표현된다.

$$A^* = A^{-1} + A^{-1}B(D - BA^{-1}B)^{-1}BA^{-1} \tag{3.18a}$$

$$B^* = -A^{-1}B(D - BA^{-1}B)^{-1} \tag{3.18b}$$

$$(B^*)^T = -(D - BA^{-1}B)^{-1}BA^{-1} \tag{3.18c}$$

$$D^* = (D - BA^{-1}B)^{-1} \tag{3.18d}$$

중립면에 대해 상하 대칭인 적층을 갖는 적층판의 경우 $B = 0$ 이므로, $A^* = A^{-1}$, $B^* = (B^*)^T = 0$, $D^* = D^{-1}$ 이다. 그림 3.5는 lamina의 물성값으로부터 임의로 적층된 적층판(laminate)의 x, y 좌표축에 대한 상당 물성값을 얻기 위한 순서도를 표시하고 있다.

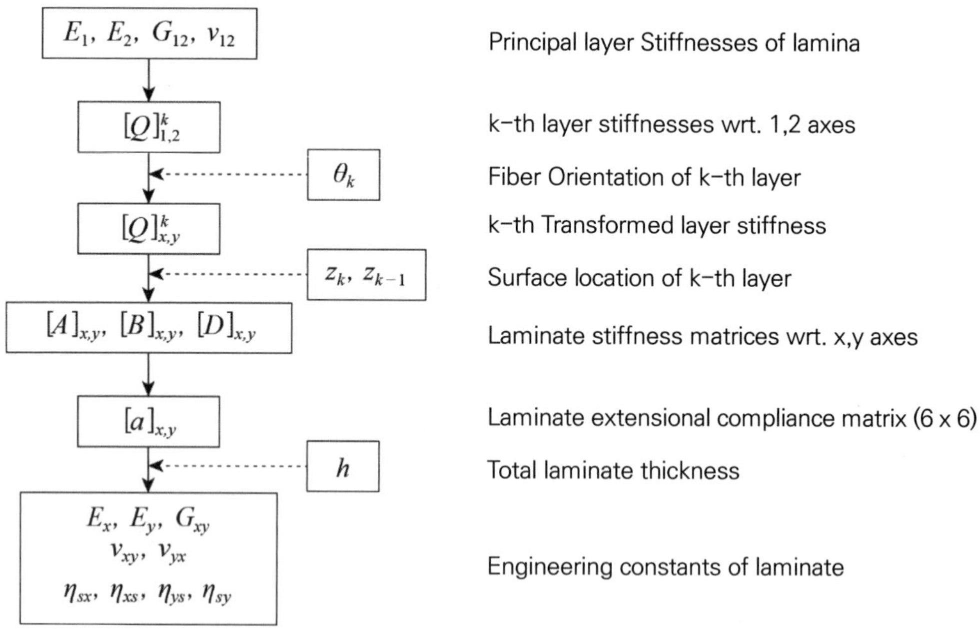

그림 3.5 적층판의 공학 탄성 물성값을 얻기 위한 계산 흐름도

3.5 A, B, D 행렬

A, B, D 행렬을 구하기 전에 $[Q]_{1,2,6}$ 행렬과 $[Q]_{x,y,s}$ 행렬을 설명한다. $[Q]_{1,2,6}$ 행렬은 평면응력 상태하의 ply의 reduced ply stiffness이다. 그리고 $[Q]_{x,y,s}$ 행렬은 transformed laminate stiffness이며 층의 각도로 인한 강성이 반영된 행렬로 $[Q]_{1,2,6}$ 행렬에 ply의 각도를 적용해 계산한 결과이다. 다음 식 (3.19)는 $[Q]_{1,2,6}$ 행렬과 $[Q]_{x,y,s}$ 행렬을 계산하는 과정이다.

$$[Q]_{1,2,6} = \begin{bmatrix} Q_{11} & Q_{12} & 0 \\ Q_{21} & Q_{22} & 0 \\ 0 & 0 & Q_{66} \end{bmatrix} = \begin{bmatrix} \dfrac{E_1}{1-\nu_{12}\nu_{21}} & \dfrac{\nu_{21}E_1}{1-\nu_{12}\nu_{21}} & 0 \\ \dfrac{\nu_{12}E_2}{1-\nu_{12}\nu_{21}} & \dfrac{E_2}{1-\nu_{12}\nu_{21}} & 0 \\ 0 & 0 & G_{12} \end{bmatrix} \tag{3.19}$$

$[Q]_{1,2,6}$ 행렬은 대칭 행렬이기 때문에 다음과 같은 관계식을 갖는다.

$$Q_{12} = Q_{21} \tag{3.20}$$

$[Q]_{1,2.6}$ 행렬을 계산하였다면, 다음은 $[Q]_{x,y,s}$ 행렬을 구해야 한다. $[Q]_{x,y,s}$ 행렬은 $[Q]_{1,2.6}$ 행렬처럼 대칭 행렬이라서, 다음 식 (3.21)과 같이 표현할 수 있다.

$$[Q]_{x,y,s} = \begin{bmatrix} Q_{xx} & Q_{xy} & Q_{xs} \\ Q_{yx} & Q_{yy} & Q_{ys} \\ Q_{sx} & Q_{sy} & Q_{ss} \end{bmatrix} \quad (Q_{ij} = Q_{ji},\ i,j = x,y,s) \tag{3.21}$$

$[Q]_{x,y,s}$ 행렬은 $[Q]_{1,2,6}$ 행렬이 ply의 적층 각도로 인해 달라진 행렬이므로 $[Q]_{x,y,s}$ 행렬의 계산식을 아래 식 (3.22)와 같이 표현하였다.

$$\begin{bmatrix} Q_{xx} & Q_{xy} & 2Q_{xs} \\ Q_{yx} & Q_{yy} & 2Q_{ys} \\ Q_{sx} & Q_{sy} & 2Q_{ss} \end{bmatrix} = [T^{-1}] \begin{bmatrix} Q_{11} & Q_{12} & 0 \\ Q_{21} & Q_{22} & 0 \\ 0 & 0 & 2Q_{66} \end{bmatrix} [T] \tag{3.22a}$$

$$[T] = \begin{bmatrix} c^2 & s^2 & 2cs \\ s^2 & c^2 & -2cs \\ -cs & cs & (c^2 - s^2) \end{bmatrix} \tag{3.22b}$$

$$[T^{-1}] = \begin{bmatrix} c^2 & s^2 & -2cs \\ s^2 & c^2 & 2cs \\ cs & -cs & (c^2 - s^2) \end{bmatrix} \tag{3.22c}$$

여기서, $[T]$는 변환행렬(transformation matrix)이고 c와 s는 각각 $\cos\theta$와 $\sin\theta$을 의미한다. 식 (3.22)와 적층판의 높이를 이용하면 적층판의 A, B, D 행렬값을 계산할 수 있다. A, B, D 행렬에서 A 행렬은 면내에 작용하는 인장 강성(extensional stiffness)이고, B 행렬은 면 내외의 커플링 강성(coupling stiffness), D 행렬은 면 외의 굽힘 강성(bending stiffness)을 의미한다. 하지만 A, B, D 행렬을 계산하기 위해서는 $[Q]_{x,y,s}$ 값과 각 lamina 층의 두께 값이 필요하다. 이때 적층판의 바닥에서부터 위로 k 번째 층의 두께 값은 h_k로 표시하며 k 번째층의 좌표축에서의 바닥면의 z방형의 좌표 z_{k-1}의 기준은 적층판의 맨 아래층을 기준으로 k 번째 층의 아랫면까지의 거리이다. 그리고 A, B, D 행렬들은 각 층의 변수값 z_k와 $[Q]_{x,y,s}$ 행렬을 사용하여 A, B, D 행렬 값을 다음 식 (3.23)과 같이 표현할 수 있다.

$$A_{ij} = \sum_{k=1}^{n} (Q_{ij})_k (z_k - z_{k-1}) \tag{3.23a}$$

$$B_{ij} = \frac{1}{2} \sum_{k=1}^{n} (Q_{ij})_k ({z_k}^2 - {z_{k-1}}^2), \; i, j = x, y, s \tag{3.23b}$$

$$D_{ij} = \frac{1}{3} \sum_{k=1}^{n} (Q_{ij})_k ({z_k}^3 - {z_{k-1}}^3) \tag{3.23c}$$

3.6 열과 수분에 의한 힘 및 모멘트

적층판을 구성하는 각 층에서의 열에 의한 열팽창계수 또한 고려할 사항이다. 열팽창계수 또한 $[Q]_{x,y,s}$와 같이 적층 각도에 따라서 결정되므로 1, 2 좌표계와 θ축의 각도를 이루는 x, y 좌표계에 대해서 θ값을 적용한 열팽창계수를 다시 계산해야 한다. 그리고 그 식들을 아래 식 (3.24)에 표현하였다.

$$\alpha_x = \alpha_{11}\cos^2\theta + \alpha_{22}\sin^2\theta \tag{3.24a}$$

$$\alpha_y = \alpha_{11}\sin^2\theta + \alpha_{22}\cos^2\theta \tag{3.24b}$$

$$\alpha_{xy} = (\alpha_{11} - \alpha_{22})2\cos\theta\sin\theta \tag{3.24c}$$

같은 방식으로 각 ply의 수분팽창계수(moisture expansion coefficients)를 고려한 x, y 방향의 수분팽창계수를 다음 식 (3.25)과 같이 얻을 수 있다.

$$\beta_x = \beta_1\cos^2\theta + \beta_2\sin^2\theta \tag{3.25a}$$

$$\beta_y = \beta_1\sin^2\theta + \beta_2\cos^2\theta \tag{3.25b}$$

$$\beta_{xy} = (\beta_1 - \beta_2)\cos\theta\sin\theta \tag{3.25c}$$

Lamina는 환경조건의 그 요소인 온도 변화와 수분팽창계수와 연관되어 있다. 하지만, 온도와 수분은 서로 독립적인 관계로 가정하며 온도와 수분에 의한 변형률을 각각 만들어 그 변형률은 이들의 합인 다음 식 (3.26)으로 설명할 수 있다.

$$e_1 = \alpha_1\Delta T + \beta_1\Delta c \tag{3.26a}$$

$$e_2 = \alpha_2\Delta T + \beta_2\Delta c \tag{3.26b}$$

$$e_6 = 0 \tag{3.26c}$$

이때 x축과 y축에 대한 변형률 식은 아래 식 (3.27)과 같이 표현할 수 있다.

$$e_x = e_1c^2 + e_2s^2, \quad e_y = e_1x^2 + e_2s^2, \quad e_{xy} = e_s = 2(e_1 - e_2)cs \tag{3.27}$$

여기서 $m = \cos\theta$, $n = \sin\theta$이다. 식 (3.26)에 $[T^{-1}]$을 곱한 것이 식 (3.28)이다.

$$\begin{Bmatrix} e_x \\ e_y \\ \frac{1}{2}e_s \end{Bmatrix} = [T^{-1}]\begin{Bmatrix} e_1 \\ e_2 \\ 0 \end{Bmatrix} \tag{3.28}$$

따라서 식 (3.25) ~ 식 (3.27)을 사용해서 열과 수분에 의한 힘과 모멘트에 대해 정리하면 다음과 같은 식 (3.29)를 얻을 수 있다.

$$\begin{Bmatrix} N_x{}^{HT} \\ N_y{}^{HT} \\ N_s{}^{HT} \end{Bmatrix} = \sum_{k=1}^{n}\begin{bmatrix} Q_{xx} & Q_{xy} & Q_{xs} \\ Q_{yx} & Q_{yy} & Q_{ys} \\ Q_{sx} & Q_{sy} & Q_{ss} \end{bmatrix}_k \begin{Bmatrix} e_x \\ e_y \\ e_s \end{Bmatrix} h_k \tag{3.29a}$$

$$\begin{Bmatrix} M_x{}^{HT} \\ M_y{}^{HT} \\ M_s{}^{HT} \end{Bmatrix} = \sum_{k=1}^{n} \begin{bmatrix} Q_{xx} & Q_{xy} & Q_{xs} \\ Q_{yx} & Q_{yy} & Q_{ys} \\ Q_{sx} & Q_{sy} & Q_{ss} \end{bmatrix}_k \begin{Bmatrix} e_x \\ e_y \\ e_s \end{Bmatrix} \bar{z}_k h_k \tag{3.29b}$$

여기서, HT, h_k, $\bar{z}_k$는 각각 열과 수분을 의미하는 Hygro-thermal, k번째 Lamina의 z 방향 두께 및 Lamina의 상단 위치와 하단 위치의 중간 위치를 의미한다. 식 (3.29a,b)를 기계적 힘과 모멘트에 더하면 복합재에 작용하는 결과력과 결과모멘트(result force and result moments) 식을 다음 식 (3.30a,b)와 같이 구할 수 있다.

$$\begin{Bmatrix} \overline{N}_x \\ \overline{N}_y \\ \overline{N}_s \end{Bmatrix} = \begin{Bmatrix} N_x \\ N_y \\ N_s \end{Bmatrix} + \begin{Bmatrix} N_x{}^{HT} \\ N_y{}^{HT} \\ N^{HT} \end{Bmatrix} \tag{3.30a}$$

$$\begin{Bmatrix} \overline{M}_x \\ \overline{M}_y \\ \overline{M}_s \end{Bmatrix} = \begin{Bmatrix} M_x \\ M_y \\ M_s \end{Bmatrix} + \begin{Bmatrix} M_x{}^{HT} \\ M_y{}^{HT} \\ M_s{}^{HT} \end{Bmatrix} \tag{3.30b}$$

식 (3.30a,b)를 식 (3.17)과 같이 정리하면 다음과 같이 표현할 수 있다.

$$\begin{Bmatrix} \overline{N} \\ \cdots \\ \overline{M} \end{Bmatrix} = \begin{bmatrix} A & \vdots & B \\ \cdots & \cdots & \cdots \\ B & \vdots & D \end{bmatrix} \begin{Bmatrix} \varepsilon^0 \\ \cdots \\ \kappa \end{Bmatrix} \tag{3.31}$$

3.7 상당 물성의 열팽창계수와 수분팽창계수

순수하게 열과 수분에 의한 힘과 모멘트만 존재할 때 중립면에서의 변형률은 상당 물성의 열팽창계수(Thermal Expansion Coefficient, TEC)와 수분팽창계수(Moisture Expansion Coefficient, MOC)를 통해 다음 식 (3.32)와 같이 구할 수 있다.

$$\begin{Bmatrix} \varepsilon_x{}^0 \\ \varepsilon_y{}^0 \\ \gamma_{xy}{}^0 \end{Bmatrix} = \begin{Bmatrix} \overline{\alpha}_x \\ \overline{\alpha}_y \\ \overline{\alpha}_s \end{Bmatrix} \Delta T + \begin{Bmatrix} \overline{\beta}_x \\ \overline{\beta}_y \\ \overline{\beta}_s \end{Bmatrix} \Delta c \tag{3.32}$$

여기서, $\{\overline{\alpha}\}_{x,y}$, $\{\overline{\beta}\}_{x,y}$는 물성의 상당 열팽창계수와 수분팽창계수인데 식 (3.31)에서 $\{\varepsilon^0\}$에 대해 정리하면 식 (3.33)과 같이 얻어진다.

$$\begin{Bmatrix} \varepsilon_x{}^0 \\ \varepsilon_y{}^0 \\ \gamma_{xy}{}^0 \end{Bmatrix} = \begin{bmatrix} a_{xx} & a_{xy} & a_{xs} \\ a_{yx} & a_{yy} & a_{ys} \\ a_{sx} & a_{sy} & a_{ss} \end{bmatrix} \begin{Bmatrix} N_x{}^{HT} \\ N_y{}^{HT} \\ N_s{}^{HT} \end{Bmatrix} + \begin{bmatrix} b_{xx} & b_{xy} & b_{xs} \\ b_{yx} & b_{yy} & b_{ys} \\ b_{sx} & b_{sy} & b_{ss} \end{bmatrix} \begin{Bmatrix} M_x{}^{HT} \\ M_y{}^{HT} \\ M_s{}^{HT} \end{Bmatrix} \tag{3.33}$$

여기서, $[a]_{x,y}$, $[b]_{x,y}$는 각각 A, B 행렬의 역행렬이다. $\{\overline{\alpha}\}_{x,y}$는 $\Delta T = 1(℃), \Delta c = 0(\%)$를, $\{\overline{\beta}\}_{x,y}$는 $\Delta T = 0(℃), \Delta c = 1(\%)$를 식 (3.32)에 각각 대입하여 정리하면 다음과 같은 식 (3.34)가 얻어진다.

$$\begin{Bmatrix} \overline{\alpha}_x \\ \overline{\alpha}_y \\ \overline{\alpha}_s \end{Bmatrix} = \begin{bmatrix} a_{xx} & a_{xy} & a_{xs} \\ a_{yx} & a_{yy} & a_{ys} \\ a_{sx} & a_{sy} & a_{ss} \end{bmatrix} \begin{Bmatrix} N_x{}^{T} \\ N_y{}^{T} \\ N_s{}^{T} \end{Bmatrix} + \begin{bmatrix} b_{xx} & b_{xy} & b_{xs} \\ b_{yx} & b_{yy} & b_{ys} \\ b_{sx} & b_{sy} & b_{ss} \end{bmatrix} \begin{Bmatrix} M_x{}^{T} \\ M_y{}^{T} \\ M_s{}^{T} \end{Bmatrix} \tag{3.34a}$$

$$\begin{Bmatrix} \overline{\beta}_x \\ \overline{\beta}_y \\ \overline{\beta}_s \end{Bmatrix} = \begin{bmatrix} a_{xx} & a_{xy} & a_{xs} \\ a_{yx} & a_{yy} & a_{ys} \\ a_{sx} & a_{sy} & a_{ss} \end{bmatrix} \begin{Bmatrix} N_x{}^{H} \\ N_y{}^{H} \\ N_s{}^{H} \end{Bmatrix} + \begin{bmatrix} b_{xx} & b_{xy} & b_{xs} \\ b_{yx} & b_{yy} & b_{ys} \\ b_{sx} & b_{sy} & b_{ss} \end{bmatrix} \begin{Bmatrix} M_x{}^{H} \\ M_y{}^{H} \\ M_s{}^{H} \end{Bmatrix} \tag{3.34b}$$

$\{N^T\}_{x,y}$, $\{M^T\}_{x,y}$는 식 (3.29a,b)에 $\Delta T = 1(℃)$, $\Delta c = 0(\%)$를 대입하여 구할 수 있고, $\{N^H\}_{x,y}$, $\{M^H\}_{x,y}$는 동일하게 $\Delta T = 0(℃)$, $\Delta c = 1(\%)$를 대입하여 구할 수 있다.

3.8 k층에서의 응력 및 변형률

열과 수분에 의한 열·수분 변형률이 가해질 때, k층에서의 총 변형률은 식 (3.35)로 구할 수 있다.

$$\begin{Bmatrix} \varepsilon_x \\ \varepsilon_y \\ \gamma_s \end{Bmatrix}_k = \begin{bmatrix} S_{xx} & S_{xy} & S_{xs} \\ S_{yx} & S_{yy} & S_{ys} \\ S_{sx} & S_{sy} & S_{ss} \end{bmatrix} \begin{Bmatrix} \sigma_x \\ \sigma_y \\ \tau_s \end{Bmatrix}_k + \begin{Bmatrix} e_x \\ e_y \\ e_s \end{Bmatrix}_k \tag{3.35}$$

식 (3.35)를 통해 개별 층에 대한 응력을 식 (3.36)과 같이 구할 수 있다.

$$\begin{Bmatrix} \sigma_x \\ \sigma_y \\ \tau_s \end{Bmatrix}_k = \begin{bmatrix} Q_{xx} & Q_{xy} & Q_{xs} \\ Q_{yx} & Q_{yy} & Q_{ys} \\ Q_{sx} & Q_{sy} & Q_{ss} \end{bmatrix} \begin{Bmatrix} \varepsilon_x - e_x \\ \varepsilon_y - e_y \\ \gamma_s - e_s \end{Bmatrix}_k \tag{3.35}$$

식 (3.7)을 식 (3.35)에 대입하면 중립면에서의 변형률과 곡률을 이용하여 k 번째 층에서의 응력 식 (3.36a)를 얻을 수 있다.

$$\begin{Bmatrix} \sigma_x \\ \sigma_y \\ \tau_s \end{Bmatrix}_k = \begin{bmatrix} Q_{xx} & Q_{xy} & Q_{xs} \\ Q_{yx} & Q_{yy} & Q_{ys} \\ Q_{sx} & Q_{sy} & Q_{ss} \end{bmatrix} \begin{Bmatrix} \varepsilon_x{}^0 + z\kappa_x - e_x \\ \varepsilon_y{}^0 + z\kappa_y - e_y \\ \gamma_s{}^0 + z\kappa_s - e_s \end{Bmatrix}_k \tag{3.36a}$$

또한 x, y 방향에 대한 k 번째 층의 상당 변형률은 다음 식 (3.37)과 같이 얻을 수 있다.

$$\begin{Bmatrix} \varepsilon_x \\ \varepsilon_y \\ \gamma_s \end{Bmatrix}_k = \begin{Bmatrix} \varepsilon_x{}^0 \\ \varepsilon_y{}^0 \\ \gamma_s{}^0 \end{Bmatrix}_k + z \begin{Bmatrix} \kappa_x \\ \kappa_y \\ \kappa_s \end{Bmatrix}_k - \begin{Bmatrix} e_x \\ e_y \\ e_s \end{Bmatrix}_k \tag{3.36b}$$

식 (3.36b)와 마찬가지로, 1, 2방향에 대한 각 층의 상당 변형률은 $[T]$와 x, y 방향에 대한 변형률을 곱하여 다음식 (3.37)과 같이 나타낼 수 있다.

$$\begin{Bmatrix} \varepsilon_1 \\ \varepsilon_2 \\ \frac{1}{2}\gamma_6 \end{Bmatrix}_k = [T] \begin{Bmatrix} \varepsilon_x \\ \varepsilon_y \\ \frac{1}{2}\gamma_s \end{Bmatrix}_k \tag{3.37}$$

1, 2방향에 대한 각 층의 상당 응력은 식 (3.38)과 같이 표현할 수 있다.

$$\begin{Bmatrix} \sigma_1 \\ \sigma_2 \\ \tau_6 \end{Bmatrix}_k = \begin{bmatrix} Q_{11} & Q_{12} & 0 \\ Q_{21} & Q_{22} & 0 \\ 0 & 0 & Q_{66} \end{bmatrix}_k \begin{Bmatrix} \varepsilon_1 \\ \varepsilon_2 \\ \gamma_6 \end{Bmatrix}_k \tag{3.38}$$

4. 복합재료 적층판의 파손 조건식(Composite Laminate Failure Criterion)

응력, 변형률을 통해 복합재 적층판의 파손 여부를 판정하는 것은 매우 중요하다. 이를 위해 다양한 파손이론이 제시되었는데, 크게 거시역학적, 미시역학적 관점으로 분류된다. 대부분의 파손 분석에는 거시역학적 방법이 사용되는데, 대표적으로 1) 최대 응력 파손 조건식(Maximum stress failure criterion), 2) 최대 변형률 파손 조건식(Maximum strain failure criterion), 3) Tsai-Hill 파손 조건식(Tsai-Hill failure criterion), 4) 최대 섬유 변형률 파손 조건식(Maximum fiber strain failure criterion), 5) Tsai-Wu 파손 조건식(Tsai-Wu failure criterion)이 있다.

본 장에서는 이들 5가지 거시역학적 관점에서 본 복합재료 적층판의 파손 조건식에 대해 살펴본다.

4.1 최대 응력 파손 조건식(maximum stress failure criterion)

최대 응력 파손 조건식은 1방향, 2방향, 1-2 전단 방향의 응력 성분들이 상호 작용 없이 동일 방향의 강도를 초과할 때 파손이 발생한다고 규정한다. 파손 기준은 다음과 같이 파손지수(Failure Index, $F.I$)로 표시할 수 있다.

$$F.I = max(\frac{\sigma_1}{F_1}, \frac{\sigma_2}{F_2}, \left|\frac{\tau_6}{F_{6s}}\right|) \tag{4.1}$$

여기서 섬유(1방향) 및 섬유의 90도 방향(2방향)의 강도를 각각 F_1과 F_2로 표시하였고 전단강도는 F_{6s}이다. 이때 1과 2 방향으로의 수직응력은 σ_1과 σ_2이며 전단응력은 τ_6이다. 응력의 부호에 따라 인장 강도 또는 압축 강도를 취하는데, 그 기준은 다음과 같다.

$$F_1 = \begin{cases} F_{1t} & (\sigma_1 > 0) \\ F_{1c} & (\sigma_1 < 0) \end{cases} \tag{4.2a}$$

$$F_2 = \begin{cases} F_{2t} & (\sigma_2 > 0) \\ F_{2c} & (\sigma_2 < 0) \end{cases} \tag{4.2b}$$

여기서 하첨자 t은 인장, c는 압축하중을 의미한다. 최대 응력 파손 이론에서의 안전 계수(Factor of Safety, FOS)와 파손지수와의 상관관계는 다음과 같다.

$$FOS = {}^{1}/_{F.I} \tag{4.3}$$

또한, 안전 여유(Margin of Safety, M.S)는 다음과 같이 표현된다.

$$M.S = FOS - 1 \tag{4.4}$$

M.S가 0보다 작으면 파손이 발생하는 것으로 간주한다. 최대 응력 조건식은 계산이 간단하다는 장점이 있지만, 응력 성분 간의 상호 작용을 고려하지 않기 때문에 정확한 파손 분석이 아니라는 단점이 있다.

4.2 최대 변형률 파손 조건식(maximum strain failure criterion)

최대 변형률 파손 조건식은 최대 응력 조건식에서 응력 대신 변형률 성분을 취한다. 따라서, 식 (4.1)을 다음과 같이 변형할 수 있다.

$$\mathrm{F.I} = \max\left(\frac{\varepsilon_1}{\varepsilon_{1,\,\mathrm{allow}}}, \frac{\varepsilon_2}{\varepsilon_{2,\,\mathrm{allow}}}, \left|\frac{\gamma_6}{\gamma_{6s}}\right|\right) \tag{4.5}$$

$\varepsilon_{1,\mathrm{allow}}$ 및 $\varepsilon_{2,\mathrm{allow}}$는 각각 섬유 및 수직 방향의 허용 변형률이고 γ_{6s}는 전단허용 변형률이다. 마찬가지로, 인장 또는 압축하중을 받는 섬유 방향 1 및 이에 수직한 2 방향의 허용 변형률은 다음의 기준을 따른다.

$$\varepsilon_{1,\mathrm{allow}} = \begin{cases} \varepsilon_{1t} & (\varepsilon_1 > 0) \\ \varepsilon_{1c} & (\varepsilon_1 < 0) \end{cases} \tag{4.6a}$$

$$\varepsilon_{2,\mathrm{allow}} = \begin{cases} \varepsilon_{2t} & (\varepsilon_2 > 0) \\ \varepsilon_{2c} & (\varepsilon_2 < 0) \end{cases} \tag{4.6b}$$

여기서 ε_{1t}, ε_{1c} 는 각각 1방향의 인장 허용 변형률 및 압축 허용 변형률이며, ε_{2t}, ε_{2c}는 각각 2방향의 인장 허용 변형률 및 압축 허용 변형률이다. 마찬가지로, FOS 및 $M.S$는 식 (4.3) 및 식 (4.4)로 구할 수 있다.

최대 변형률 조건식도 최대 응력 조건식과 마찬가지로 간단하다는 장점이 있지만, 성분 간 상호 작용을 배제하기 때문에 정확한 파손 분석이 아니라는 단점이 있다.

4.3 최대 섬유 변형률 파손 조건식(maximum fiber strain failure criterion)

최대 섬유 변형률 조건식은 최대 변형률 조건식에서 섬유 방향만 고려한다. 따라서, $F.I$는 다음과 같이 쓸 수 있다.

$$F.I = \frac{\varepsilon_1}{\varepsilon_{1,allow}} \tag{4.7a}$$

$$\varepsilon_{1,allow} = \begin{cases} \varepsilon_{1t} & (\varepsilon_1 > 0) \\ \varepsilon_{1c} & (\varepsilon_1 < 0) \end{cases} \tag{4.7b}$$

마찬가지로, FOS 및 $M.S$는 식 (4.3) 및 식 (4.4)로 구할 수 있다.

4.4 Tsai-Hill 파손 조건식(Tsai-Hill failure criterion)

앞의 3가지 조건식은 성분 간 상호 작용이 없어서 현실에 적용하는 데 제한이 있다. 이를 보완하기 위해 나온 조건식이 Tsai-Hill 파손 조건식으로 다음과 같다.

$$F.I = \frac{{\sigma_1}^2 - \sigma_1\sigma_2}{{F_1}^2} + (\frac{\sigma_2}{F_2})^2 + (\frac{\tau_6}{F_{6s}})^2 \tag{4.8}$$

식 (4.8)에서 알 수 있듯이 1, 2 및 6의 모든 방향을 고려한다. Tsai-Hill 파손 조건식도 최대 응력 조건식처럼 F_1, F_2는 식 (4.2)를 통해 구할 수 있다. 또한, FOS

및 M.S도 식 (4.3) 및 식 (4.4)을 통해 구할 수 있다. Tsai-Hill 파손 이론은 식 (4.8)에서 보듯이 인장과 압축을 구분하지 않는다. 즉, 응력의 부호에 따라 인장 또는 압축만 고려한다. 이를 보완한 조건식이 다음의 Tsai-Wu 파손 조건식이다.

4.5 Tsai-Wu 파손 조건식(Tsai-Wu failure criterion)

Tsai-Wu 파손 조건식은 $1, 2$ 방향과 전단 및 인장과 압축 모든 상호 작용을 고려하며, 파손 분석에 가장 널리 사용되고 있다. Tsai-Wu 파손 조건식의 FOS를 구하는 식은 식 (4.9)에 나타내었다.

$$f_1 = (1/F_{1t}) - (1/F_{1c}) \tag{4.9a}$$

$$f_2 = (1/F_{2t}) - (1/F_{2c}) \tag{4.9b}$$

$$f_{12} = -(1/2)\sqrt{(1/F_{1t} * F_{1c} * F_{2t} * F_{2c})} \tag{4.9c}$$

$$f_{11} = 1/(F_{1t} * F_{1c}) \tag{4.9d}$$

$$f_{22} = 1/(F_{2t} * F_{2c}) \tag{4.9e}$$

$$f_6 = (1/F_{6t}) - (1/F_{6c}) \tag{4.9f}$$

$$f_{66} = 1/(F_{6t} * F_{6c}) \tag{4.9g}$$

$$C_1 = f_1\sigma_1 + f_2\sigma_2 + f_6\tau_6 \tag{4.9h}$$

$$C_2 = f_{11}(\sigma_1)^2 + f_{22}(\sigma_2)^2 + f_{66}(\tau_6)^2 + 2f_{12}\sigma_1\sigma_2 \tag{4.9i}$$

$$R = \sqrt{|C_1 + 4C_2|} \tag{4.9j}$$

$$FOS = (-C_1 + R)/(2C_2) \tag{4.9k}$$

마찬가지로, $M.S$는 식 (4.4)을 사용하여 구할 수 있다.

5. 복합재료 적층판 설계 시 고려할 경험 법칙

고전적인 적층 이론과 관련 이론을 설계에 적용하는 데 있어서 도움이 되는 다양한 상용 소프트웨어 프로그램을 사용할 수 있다. 그러나 많은 응용 분야에서 상세한 적층판의 설계를 위해 항상 이러한 기능의 소프트웨어가 필요한 것은 아니다. 본 절에서는 우수한 적층 구조를 설계하기 위한 경험 법칙을 간략하게 소개하면 다음과 같다.

① 대칭 적층판(symmetric laminate)으로 제작한다.

- 적층판의 중립면 위의 각 층에는 중립면 아래에 동일한 층이 있도록 적층한다(중립면까지의 거리, 두께 및 재료 측면에서 대칭). 이 경우 커플링 역할을 하는 B 행렬의 항은 모두 0이 된다.
- 더 두꺼운 적층판을 만들기 위해 두 적층판을 서로 접착(bonding)할 때 이 점을 명심한다.

② 균형 적층판(Balanced laminate)으로 제작한다.

- 적층판 내에 각도 $+\theta$의 ply가 n개 있으면 각도 $-\theta$의 ply가 n개가 있다. 중립면까지의 거리가 동일할 필요는 없다.
- 적층판은 대칭 적층판이나 균형 적층판을 이룰 수도 있다.
- 층 사이의 강성의 점프를 방지한다. 강성 점프를 방지하기 위해서 인접한 두 층간 섬유 방향이 이루는 각도를 60° 이내로 제한한다.

③ 가능하면 준등방성 적층판(quasi-isotropic laminates)을 사용한다.

- 준등방성 적층 구조(quasi-isotropic structure)는 문제 발생을 최소화하나 최적화된 적층 방법은 아니므로 종종 상대적으로 구조물의 무게가 기대 밖으로 증가할 수가 있다.

④ 급격한 층의 두께 낙하를 피한다.

- 불필요한 층의 낙하(ply drop, 내부 또는 표면 층이 이웃 층보다 짧게 종료)을 피한다.
- 층의 낙하(ply drop)가 필요할 때 한 번에 여러 개가 아닌 거리를 두고 하나

씩 발생하도록 한다. 층의 낙하가 서로 너무 가까이 발생하지 않도록 한다.

- 층의 끝부분을 층으로 덮는다.

이러한 경험 법칙 중 다수는 고전 적층 이론을 통해 잘 이해할 수 있다. 끝으로, 비대칭 또는 불균형 적층판(non-symmetric or unbalanced laminates) 설계로 인한 결합 효과(coupling effects)는 가끔 제조 직후 바로 나타나는 경우가 많다. 고온 성형 후 상온으로의 냉각이 끝난 후 열 변형으로 인해 제품이 틀에서 휘거나 곡면이 지거나 면이 비틀어져 나올 수 있다. 또한, 대칭 및 균형 적층판의 경우 층과 층사이의 변형률 차이(differential strains)으로 인해 내부 잔류 응력(internal residual stress)이 발생할 수 있다. 이로 인해 층들을 연이어 연마(sanding)하는 등의 후처리 단계에서 원치 않는 적층판의 갑작스러운 변형이 발생할 수 있다.

6. 엑셀(Excel)을 이용한 고전 적층 이론의 분석

본 절에서는 지금까지 다룬 고전 적층 이론(CLT)의 복잡한 수식 알고리즘을 Microsoft사의 범용 SW인 엑셀(Excel)을 활용하여 엑셀에 탑재된 VBA(Visual Basic for Applications) 코딩 기능을 적용하여 고전 적층 이론을 쉽게 풀 수 있도록 작성한 Hlamnate.xlsm(이하 HLaminate)에 대해 설명하고자 한다.

6.1 HLaminate 기능

HLaminate는 본 장에서 다루는 고전 적층 이론에서 언급한 내용들을 대부분 풀이할 수 있도록 본 도서를 구매 시 제공하고자 만든 엑셀 프로그램 이름이다.

본 소절에서는 이에 대해 간략히 소개하며 본 장을 이해하는 이들은 몇 번 시도하면 쉽게 해를 얻을 수 있도록 구성하였다. 그림 6.1 HLaminate 엑셀 프로그램의 순

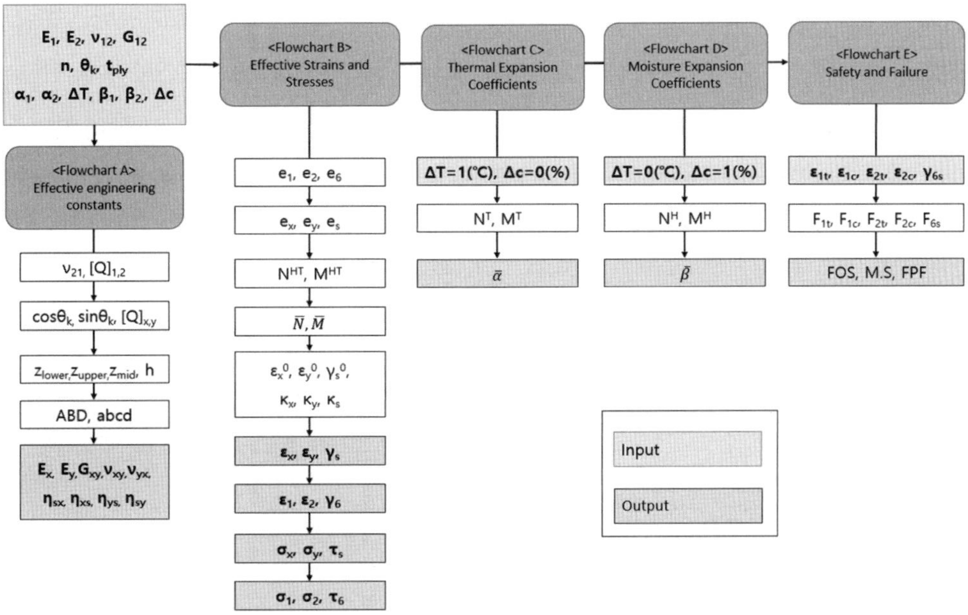

그림 6.1 HLaminate 엑셀 프로그램의 순서도(flow chart)

Input Values			
Variable	**Meaning**	**SI Units**	**USC Units**
E_1	Engineering properties of the unidirectional layer	Mpa	psi
E_2		Mpa	psi
ν_{12}		mm/mm	in/in
G_{12}		Mpa	psi
n	Number of Plies		
θ_k	Angle of the each ply	deg	deg
t_{ply}	One Ply Thickness	mm	in
α_1	Lamina Coefficients of Thermal Expansion and Temperature difference	(mm*mm)/℃	(in*in)/℉
α_2		(mm*mm)/℃	(in*in)/℉
ΔT		(mm*mm)/℃	(in*in)/℉
β_1	Lamina Coefficients of Moisture Expansion and Moisture concentration difference	mm/mm	in/in
β_2		mm/mm	in/in
Δc		%	%
[N]	Mechanical loading	N/mm	lbf/in
[M]		(N*mm)/mm	(lbf*in)/in
ε_{1t}	Ply Based Allowable Strains t : tension c : compression	mm/mm	in/in
ε_{1c}		mm/mm	in/in
ε_{2t}		mm/mm	in/in
ε_{2c}		mm/mm	in/in
γ_{6s}		mm/mm	in/in

그림 6.2 HLaminate 엑셀 프로그램의 Input Values

서도를 도시한 것으로 입력값과 출력값 사이의 과정을 보여주고 있다. 그림 6.2는 HLaminate의 입력값을 캡쳐한 입력값의 의미와 단위계를 표시하고 있다. HLaminate에서는 SI 단위계와 USC 단위계를 버튼으로 선택할 수 있도록 제작하였다.

그림 6.3은 HLaminate에서 사용되는 모든 변수값과 그 의미를 한눈에 파악하도록 만든 것으로 동작 화면을 캡쳐한 것이다.

Variable	Meaning	Variable	Meaning
E_1	Engineering Properties of the unidirectional layer(Young's Modulus 1 direction)	E_x	Effective Young's Modulus(x direction)
E_2	Engineering Properties of the unidirectional layer(Young's Modulus 2 direction)	E_y	Effective Young's Modulus(y direction)
ν_{12}	Engineering Properties of the unidirectional layer(Poisson's ratio 12 direction)	G_{xy}	Effective Shear(x, y axes) Modulus
G_{12}	Engineering Properties of the unidirectional layer(Shear Modulus)	ν_{xy}	Effective Poisson's Ratio(xy direction)
n	Number of Plies	ν_{yx}	Effective Poisson's Ratio(yx direction)
θ_k	Angle of the each ply	η_{sx}	Effective shear coupling coefficients(sx direction)
t_{ply}	One ply thickness	η_{xs}	Effective shear coupling coefficients(xs direction)
α_1	Coefficient of Thermal Expansion(1 direction)	η_{ys}	Effective shear coupling coefficients(ys direction)
α_2	Coefficient of Thermal Expansion(2 direction)	η_{sy}	Effective shear coupling coefficients(sy direction)
ΔT	Temperature difference	$[e]_{1,2}$	Hygrothermal Strain(1, 2 axes)
β_1	Coefficient of Moisture Expansion(1 direction)	$[e]_{x,y}$	Hygrothermal Strain(x, y axes)
β_2	Coefficient of Moisture Expansion(2 direction)	$[N^{HT}]$	Hygrothermal Resultant Force(x, y axes)
Δc	Moisture concentration difference	$[M^{HT}]$	Hygrothermal Resultant Moment(x, y axes)
$[N]$	Mechanical Resultant Force(x, y axes)	$[\bar{N}]$	Combined Resultant Force(x, y axes)
$[M]$	Mechanical Resultant Moment(x, y axes)	$[\bar{M}]$	Combined Resultant Moment(x, y axes)
ν_{21}	Engineering Properties of the unidirectional layer(Poisson's ratio 21 direction)	$[\varepsilon^0]_{x,y}$	Effective mid-plane strains(x, y axes)
$[Q]_{1,2}$	Stiffness Matrix(1,2 axes)	$[\kappa]_{x,y}$	Effective mid-plane curvatures(x, y axes)
$\cos(\theta_k)$	cosine	$[\varepsilon]_{x,y}$	Effective strain at the each ply(x, y axes)
$\sin(\theta_k)$	sine	$[\varepsilon]_{1,2}$	Effective strain at the each ply(1, 2 axes)
$[Q]_{x,y}$	Stiffness Matrix(x,y axes)	$[\sigma]_{x,y}$	Effective stress at the each ply(x, y axes)
z_{lower}	Thickness Coordinate at the lowest position	$[\sigma]_{1,2}$	Effective stress at the each ply(1, 2 axes)
z_{upper}	Thickness Coordinate at the top position	$[N^T]$	Thermal Resultant Force(x, y axes)
z_{mid}	Thickness Coordinate at the middle position	$[M^T]$	Thermal Resultant Moment(x, y axes)
h	Total thickness of the Laminate	$[\bar{\alpha}]$	Effecitve Coefficient of Thermal Expansions(x, y axes)
[ABD]	ABD Matrix(Effective Stiffness Matrix)	$[N^H]$	Hygro Resultant Force(x, y axes)
[abcd]	abcd Matrix(Compliance Matrix)	$[M^H]$	Hygro Resultant Moment(x, y axes)
$[\bar{\beta}]$	Effecitve Coefficient of Moisture Expansions(x, y axes)	F_{1t}	Strength(tension and 1 direction)
ε_{1t}	Ply Based Allowable Strains(tension and 1 direction)	F_{1c}	Strength(compression and 1 direction)
ε_{1c}	Ply Based Allowable Strains(compression and 1 direction)	F_{2t}	Strength(tension and 2 direction)
ε_{2t}	Ply Based Allowable Strains(tension and 2 direction)	F_{2c}	Strength(compression and 2 direction)
ε_{2c}	Ply Based Allowable Strains(compression and 2 direction)	F_{6s}	Strength(shear)
γ_{6s}	Ply Based Allowable Strains(shear)	FOS	Factor of Safety
	Input / Output	M.S	Margin of Safety
		FPF	First Ply Failure

그림 6.3 HLaminate 엑셀 프로그램의 Nomenclature

그림 6.4는 HLaminate의 제어창을 캡처한 것으로 데이터 입력 및 다양한 적층판의 종류를 선택하여 입력 또는 결과 값을 출력할 수 있고 기존 출력값을 삭제할 수 있도록 되어 있다.

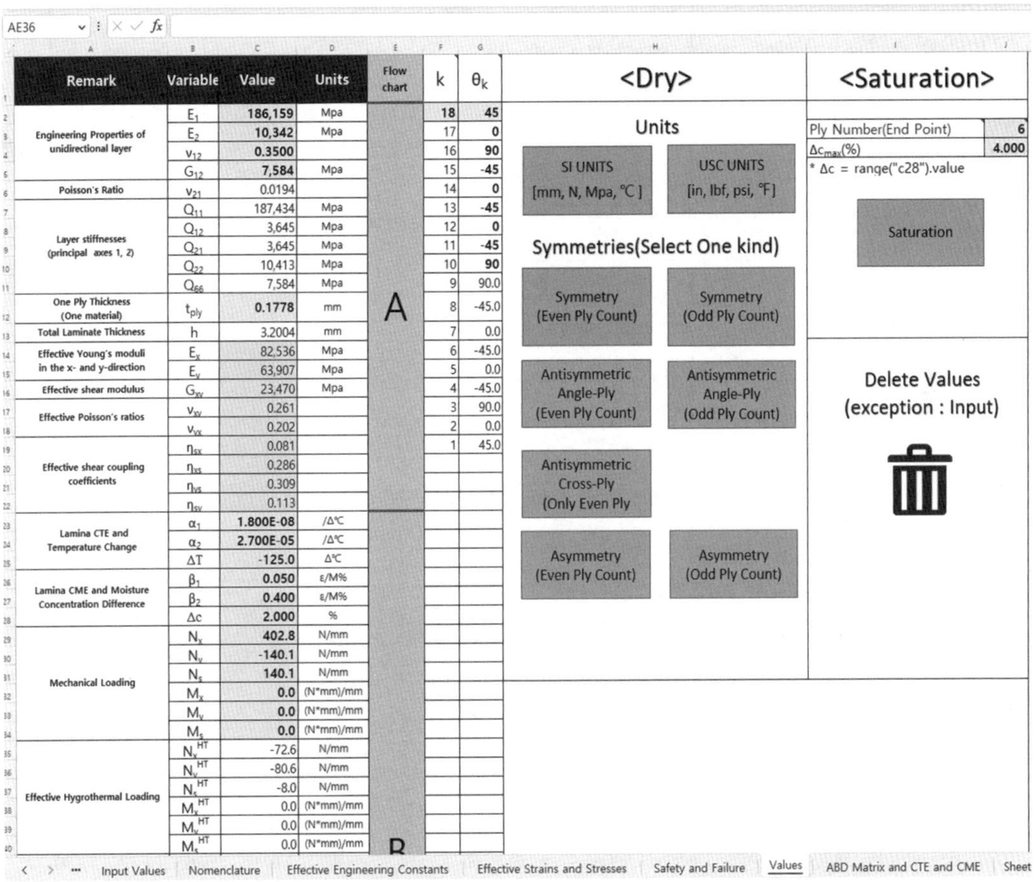

그림 6.4 HLaminate 엑셀 프로그램의 제어창(데이터 입력 및 적층종류선택)

그림 6.5는 HLaminate를 실행하여 얻어지는 A, B, D 행렬 값과 a, b, c, d 행렬값을 출력한 것이다. 그림 6.6은 HLaminate를 실행하여 얻어지는 적층판의 각층에서의 응력 값과 이를 이용하여 다양한 파손 조건식에서 출력한 값들을 캡처한 것이다.

$$\begin{pmatrix} A & B \\ B & D \end{pmatrix} = \left[\begin{array}{rrr|rrr} 291{,}095 & 68{,}639 & -31{,}474 & 0 & 0 & 0 \\ 68{,}639 & 228{,}146 & -31{,}474 & 0 & 0 & 0 \\ -31{,}474 & -31{,}474 & 81{,}247 & 0 & 0 & 0 \\ \hline 0 & 0 & 0 & 257{,}527 & 62{,}789 & 13{,}598 \\ 0 & 0 & 0 & 62{,}789 & 177{,}264 & 13{,}598 \\ 0 & 0 & 0 & 13{,}598 & 13{,}598 & 73{,}551 \end{array}\right]$$

$$\begin{pmatrix} a & b \\ c & d \end{pmatrix} = \left[\begin{array}{rrr|rrr} 3.786E\text{-}06 & -9.895E\text{-}07 & 1.083E\text{-}06 & -7.572E\text{-}23 & 8.583E\text{-}23 & 2.492E\text{-}23 \\ -9.895E\text{-}07 & 4.889E\text{-}06 & 1.511E\text{-}06 & 9.253E\text{-}23 & -3.402E\text{-}22 & 8.315E\text{-}23 \\ 1.083E\text{-}06 & 1.511E\text{-}06 & 1.331E\text{-}05 & -5.066E\text{-}24 & -1.182E\text{-}22 & 3.520E\text{-}22 \\ \hline -7.572E\text{-}23 & 9.253E\text{-}23 & -5.066E\text{-}24 & 4.269E\text{-}06 & -1.473E\text{-}06 & -5.171E\text{-}07 \\ 8.583E\text{-}23 & -3.402E\text{-}22 & -1.182E\text{-}22 & -1.473E\text{-}06 & 6.230E\text{-}06 & -8.796E\text{-}07 \\ 2.492E\text{-}23 & 8.315E\text{-}23 & 3.520E\text{-}22 & -5.171E\text{-}07 & -8.796E\text{-}07 & 1.385E\text{-}05 \end{array}\right]$$

$$[A^{-1}] = \begin{bmatrix} 3.79E\text{-}06 & -9.90E\text{-}07 & 1.08E\text{-}06 \\ -9.90E\text{-}07 & 4.89E\text{-}06 & 1.51E\text{-}06 \\ 1.08E\text{-}06 & 1.51E\text{-}06 & 1.33E\text{-}05 \end{bmatrix}$$

$$[B^*] = -[A^{-1}][B] = \begin{bmatrix} -1.377E\text{-}17 & 1.080E\text{-}17 & 1.970E\text{-}18 \\ 3.600E\text{-}18 & -5.336E\text{-}17 & 2.748E\text{-}18 \\ -3.941E\text{-}18 & -1.649E\text{-}17 & 2.422E\text{-}17 \end{bmatrix}$$

$$[C^*] = [B][A^{-1}] = \begin{bmatrix} 1.377E\text{-}17 & -3.600E\text{-}18 & 3.941E\text{-}18 \\ -1.080E\text{-}17 & 5.336E\text{-}17 & 1.649E\text{-}17 \\ -1.970E\text{-}18 & -2.748E\text{-}18 & -2.422E\text{-}17 \end{bmatrix}$$

$$[D^*] = [D] - [B][A^{-1}][B] = \begin{bmatrix} 257526.9 & 62788.9 & 13598.2 \\ 62788.9 & 177264.0 & 13598.2 \\ 13598.2 & 13598.2 & 73550.9 \end{bmatrix}$$

$$[D^{*-1}] = \begin{bmatrix} 4.269E\text{-}06 & -1.473E\text{-}06 & -5.171E\text{-}07 \\ -1.473E\text{-}06 & 6.230E\text{-}06 & -8.796E\text{-}07 \\ -5.171E\text{-}07 & -8.796E\text{-}07 & 1.385E\text{-}05 \end{bmatrix}$$

Remark	Variable(SI)	Value	Units
Temperature difference and Moisture concentration difference(Δc=0)	ΔT	1.0	℃
	Δc	0.0	%
Thermal force resultants	N_x^T	0.6	N/mm
	N_y^T	0.6	N/mm
	N_s^T	0.1	N/mm
Thermal moment resultants	M_x^T	0.6	(N*mm)/mm
	M_y^T	0.6	(N*mm)/mm
	M_s^T	0.1	(N*mm)/mm
Temperature difference and Moisture concentration difference(ΔT=0℃)	ΔT	0.0	℃
	Δc	1.0	%
Hygric(Moisture) force resultants	N_x^H	25438.7	N/mm
	N_y^H	23133.6	N/mm
	N_s^H	-2305.0	N/mm
Hygric(Moisture) moment resultants	M_x^H	25438.7	(N*mm)/mm
	M_y^H	23133.6	(N*mm)/mm
	M_s^H	-2305.0	(N*mm)/mm
Effective CTE	$\bar{\alpha}_x$	1.63E-06	ε/Δ℃
	$\bar{\alpha}_y$	2.67E-06	ε/Δ℃
	$\bar{\alpha}_s$	2.45E-06	ε/Δ℃
Effective CME	$\bar{\beta}_x$	7.09E-02	ε/M%
	$\bar{\beta}_y$	8.45E-02	ε/M%
	$\bar{\beta}_s$	3.18E-02	ε/M%

그림 6.5 HLaminate 엑셀 프로그램(ABD Matrix and CTE and CME)

σ_x	σ_y	τ_s	σ_1	σ_2	τ_6	Factor of Safety (Max. Stress)	Factor of Safety (Max. Strain)	Factor of Safety (Max. Fiber Strain)	Factor of Safety (Tsai-Hill)	Factor of Safety (Tsai-Wu)	Margin of Safety (Max. Stress)	Margin of Safety (Max. Strain)	Margin of Safety (Max. Fiber Strain)	Margin of Safety (Tsai-Hill)	Margin of Safety (Tsai-Wu)
145	102	92	215	32	-21	2.26	2.61	5.02	1.79	0.92	1.26	1.61	4.02	0.79	-0.08
310	28	14	310	28	14	2.54	3.23	3.41	1.92	0.90	1.54	2.23	2.41	0.92	-0.10
48	-207	14	-207	48	-14	1.52	1.40	4.15	1.38	0.38	0.52	0.40	3.15	0.38	-0.62
-13	-56	78	-112	44	21	1.64	1.57	7.28	1.46	1.70	0.64	0.57	6.28	0.46	0.70
310	28	14	310	28	14	2.54	3.23	3.41	1.92	0.90	1.54	2.23	2.41	0.92	-0.10
-13	-56	78	-112	44	21	1.64	1.57	7.28	1.46	1.70	0.64	0.57	6.28	0.46	0.70
310	28	14	310	28	14	2.54	3.23	3.41	1.92	0.90	1.54	2.23	2.41	0.92	-0.10
-13	-56	78	-112	44	21	1.64	1.57	7.28	1.46	1.70	0.64	0.57	6.28	0.46	0.70
48	-207	14	-207	48	-14	1.52	1.40	4.15	1.38	0.38	0.52	0.40	3.15	0.38	-0.62
48	-207	14	-207	48	-14	1.52	1.40	4.15	1.38	0.38	0.52	0.40	3.15	0.38	-0.62
-13	-56	78	-112	44	21	1.64	1.57	7.28	1.46	1.70	0.64	0.57	6.28	0.46	0.70
310	28	14	310	28	14	2.54	3.23	3.41	1.92	0.90	1.54	2.23	2.41	0.92	-0.10
-13	-56	78	-112	44	21	1.64	1.57	7.28	1.46	1.70	0.64	0.57	6.28	0.46	0.70
310	28	14	310	28	14	2.54	3.23	3.41	1.92	0.90	1.54	2.23	2.41	0.92	-0.10
-13	-56	78	-112	44	21	1.64	1.57	7.28	1.46	1.70	0.64	0.57	6.28	0.46	0.70
48	-207	14	-207	48	-14	1.52	1.40	4.15	1.38	0.38	0.52	0.40	3.15	0.38	-0.62
310	28	14	310	28	14	2.54	3.23	3.41	1.92	0.90	1.54	2.23	2.41	0.92	-0.10
145	102	92	215	32	-21	2.26	2.61	5.02	1.79	0.92	1.26	1.61	4.02	0.79	-0.08

Input value
Output value

그림 6.6 HLaminate 엑셀 프로그램(적층판 응력 및 손상조건판단)

6.2 적층판의 열·수분·기계적 상당 물성값 및 외력(힘, 모멘트)

HLaminate 입력값을 표 6.1에 나타내었고 적층수와 적층 각도는 표 6.2에 나타내었다. 표 6.1의 E, G, ν는 각각 탄성계수, 전단계수, 푸아송비를 의미한다. t_{ply}는

Lamina의 두께(1 ply thickness, mm)이다, α, β, N, M은 각각 열팽창계수, 수분팽창계수, 단위폭 당 가해준 힘(N/m), 단위폭당 가해준 모멘트(N)이다. e는 허용변형률(allowable strain)을 의미하며 하첨자 1, 2, t, c, tu, cu, s는 각각 섬유방향, 섬유방향의 90도 방향, 인장(tension), 압축(compression), 라미나의 ultimate tension, ultimate compression 및 shear 모드를 의미한다. Temp Δ, Moisture Δ는 온도 변화량(°C)과 수분 흡수율(w%, weight percentage)인데 본 장에서는 이들을 각각 ΔT, Δc로 표시한다. Δc가 1w%라는 의미는 건조상태의 재료(무게 1)가 수분을 재료 무게의 1%(수분 무게 0.01)만큼 흡수한 상태를 의미한다. 또한, Table 3.2의 k 및 θ_k는 각각 k번째 ply Number 및 k번째 ply의 각도(deg.)이다. HLaminate에 입력하는 기본 물성 및 힘, 모멘트, 온도 및 수분 조건 등은 표 6.1에, 적층판의 각층의 번호와 각도인 k 및 θ_k는 표 6.2에 나타내었다.

표 6.1 Hlaminate에 입력하는 복합재료 적층판의 기본 입력변수 및 값

Input parameters	Input values	Input parameters	Input values
E_1(Mpa)	186,159	N_s(N/mm)	140.1
E_2(Mpa)	10,342	M_x(mm*N/mm)	0.0
ν_{12}	0.350	M_y(mm*N/mm)	0.0
G_{12}(Mpa)	7,584	M_s(mm*N/mm)	0.0
t_{ply}(mm)	0.1778	ΔT(deg℃)	-125.0
α_1(ε/°C)	1.800x10-6	Δc(w%)	0.000
α_2(ε/°C)	2.700x10-5	e_1^{tu}	0.00550
β_1(ε/%)	0.050	e_1^{cu}	-0.00500
β_2(ε/%)	0.400	e_2^{tu}	0.00700
N_x(N/mm)	402.8	e_2^{cu}	-0.00700
N_y(N/mm)	-140.1	e_{12}^{s}	0.01000

표 6.2 HLaminate에 입력한 ply number 및 적층 각도 예제: n=9, [45/0/90/−45/$\bar{0}$]s

k	θ_k(deg.)
9	45
8	0
7	90
6	-45
5	0
4	-45
3	90
2	0
1	45

6.3 HLaminate 사용법

여기서는 고전 적층 이론을 엑셀로 만든 HLaminate의 사용법을 간략하게 소개하고자 한다. 본 장에서 학습한 고전 적층 이론을 실제 문제에 적용하는 경우 이를 수식을 풀어 답을 얻으려면 시간과 노력이 많이 소요되어 고전 적층 이론에 대한 내용을 파악하고 이해한 후에는 고전 적층 이론을 담은 프로그램을 고가에 구매하여 사용하거나 본인이 직접 코딩을 하여야 원활하게 사용할 수 있다. 여기서는 엑셀 VBA로 코딩한 HLaminate(그림 6.7 제어창)를 손쉽게 사용하는 법을 간략하게 설명한다.

1. Values 및 ABD Matrix, CTE, CME 시트의 입력 값들(노란색)을 모두 기입한다.
2. Number of Plies(F2셀)와 동일한 숫자만큼 각도를 층별로 기입한다.
   ex) Number of Plies가 4이면 G2셀부터 G5셀까지 각도를 기입한다.
3. Units 또는 Symmetries(Select One Kind) 매크로를 실행한다.
4. 수분을 흡수한 Laminate의 거동을 분석하려면 Saturation 매크로를 실행한다.
5. 데이터들을 초기화하려면 Delete Values 매크로를 실행한다.
   ABD Matrix, CTE, CME 시트의 데이터들은 초기화되지 않아도 새로 매크로를 시행하면 값들이 덮어 씌워지므로 지우지 않아도 된다.

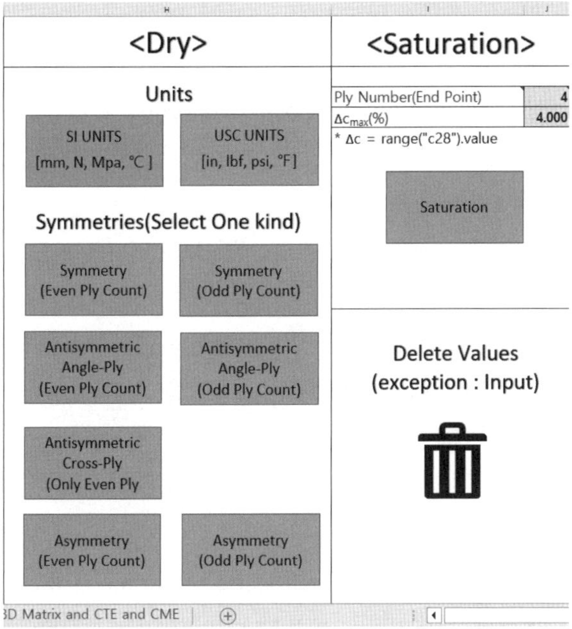

그림 6.7 HLaminate 엑셀 프로그램의 제어창

표 6.3은 그림 6.4의 하단부에 보이는 HLaminate Excel 프로그램 하단부 sheet 설명을 보여준다.

표 6.3 HLaminate Excel 프로그램 하단부 sheet 설명

번호	Sheet 명	설명
1	Nomenclature	HLaminate에 사용된 변수들을 정리한 시트이다.
2	Flow chart	HLaminate의 VBA 알고리즘 순서를 나타낸 시트이다.
3	Input Values	입력값 변수들을 정리한 시트이다.
4	Effective Engineering Constants	강성 행렬 및 기계 상수들의 수식을 정리 한 시트이다.
5	Effective Strains and Stresses	열과 수분을 고려한 힘과 모멘트 및 응력과 변형률 수식들을 정리한 시트이다.
6	Safety and Failure	안전 계수 및 FPF 수식들을 정리한 시트이다.
7	Values	Dry나 Saturation 상태의 Laminate VBA를 실행하는 시트이다. 또한, 데이터들을 초기화할 수 있다.
8	ABD Matrix and CTE and CME	Values 시트에서 실행된 VBA를 통해 ABD Matrix와 상당 물성의 CTE와 CME를 나타낸 시트이다.

7. 참고문헌

[1] Autar K. Kaw, Mechanics of Composite Materials, 1st ed., Pearson, 2023.

[2] Daniel Isaac Harvey, Introduction to Composite Materials Design, 1st ed., McGraw-Hill, 2022.

[3] Ronald F. Gibson, Principles of Composite Material Mechanics, 5th ed., CRC Press, 2021.

[4] Daniel Gay, Composite Materials: Design and Applications, 4th ed., CRC Press, 2020.

[5] Mallick P. K., Fiber Reinforced Composites: Materials, Manufacturing, and Design, 4th ed., CRC Press, 2019.

[6] Stephen W. Tsai and Hong Tae Kang, Theory of Composites Design, 3rd ed., Think Composites, 2018.

[7] Robert M. Jones, Mechanics of Composite Materials, 3rd ed., CRC Press, 2017.

[8] Hyer, M. W., Stress Analysis of Fiber-Reinforced Composite Materials, 3rd ed., Springer, 2016.

[9] Daniel Gay, Composite Materials: Design and Applications, 3rd ed., CRC Press, 2015.

[10] Ronald F. Gibson, Principles of Composite Material Mechanics, 4th ed., CRC Press, 2014.

[11] Mallick P. K., Fiber-Reinforced Composites: Materials, Manufacturing, and Design, 3rd ed., CRC Press, 2013.

[12] Stephen W. Tsai and Hong-Tae Kang, Theory of Composites Design, 2nd ed., Think Composites, 2012.

[13] Robert M. Jones, Mechanics of Composite Materials, 2nd ed., CRC Press, 2011.

[14] Daniel Gay, Composite Materials: Design and Applications, 2nd ed., CRC Press, 2010.

[15] Ronald F. Gibson, Principles of Composite Material Mechanics, 3rd ed., CRC Press, 2009.

[16] Hyer, M. W., Stress Analysis of Fiber-Reinforced Composite Materials, 2nd ed., Springer, 2008.

[17] Mallick P. K., Fiber Reinforced Composites: Materials, Manufacturing, and Design, 2nd ed., CRC Press, 2007.

[18] Isaac M. Daniel and Ori Ishai, Engineering Mechanics of Composite Materials, 1st ed., Oxford University Press, 1994.

[19] Robert M. Jones, Mechanics of Composite Materials, 1st ed., CRC Press, 2005.

[20] Daniel Gay, Composite Materials: Design and Applications, 1st ed., CRC Press, 2004.

[21] Ronald F. Gibson, Principles of Composite Material Mechanics, 2nd ed., CRC Press, 2003.

[22] Hyer, M. W., Stress Analysis of Fiber Reinforced Composite Materials, 1st ed., Springer, 2002.

[23] Mallick P. K., Fiber-Reinforced Composites: Materials, Manufacturing, and Design, 1st ed., CRC Press, 2001.

[24] Ronald F. Gibson, Principles of Composite Material Mechanics, 1st ed., CRC Press, 2000.

[25] Stephen W. Tsai and Hong-Tae Kang, Theory of Composites Design, 1st ed., Think Composites, 1999.

[26] Robert M. Jones, Mechanics of Composite Materials, 2nd ed., CRC Press, 1999.

[27] Carl T. Herakovich, Mechanics of Fibrous Composites, 1st ed., Wiley, 1998.

[28] R. Byron Pipes and J. René Alcala, Analytical Mechanics of Composite Materials, 1st ed., CRC Press, 1997.

[29] Suong V. Hoa, Composite Structures, Design, Safety and Innovation, 1st ed., Springer, 1996.

[30] J. N. Reddy, Mechanics of Laminated Composite Plates and Shells: Theory and Analysis, 2nd ed., CRC Press, 1993.

[31] 전은석, 이우찬, A Study on the Classical Lamination Theory using EXCEL (HLaminate), 홍익대학교 기계정보공학과 학사학위논문(지도교수 최흥섭), 2022.12.

제 4 강

재료진단 역학

조윤호

1. 비파괴검사

대형 구조물의 붕괴는 많은 인명 피해와 경제적인 손실을 초래하게 된다. 따라서 불의의 사고를 방지하기 위해서는 구조물의 시공과 유지관리에 엄격한 안전 관리가 필수적이다. 이러한 안전 관리는 구조물이 얼마만큼의 힘을 버틸 수 있는가 하는 내하력과 앞으로 얼마나 더 사용할 수 있는가 하는 내구성을 평가하여 달성할 수 있는데, 이를 위해서는 구조적인 구조물의 형태는 물론이고, 강도와 같이 재료의 물성과 더불어 균열 및 결함 유무 등과 같은 구조물의 정확한 정보가 필요하다. 비파괴검사는 대상체의 차후 사용에 영향을 주지 않고 재료의 물성을 평가하고 결함을 검출하는 방법으로서 안전진단에 매우 중요한 수단이 되고 있다.

구조물의 수명에 따라서 파손율을 그림 1.1과 같이 도식적으로 나타낼 수 있다.[1] 이 그림에서 나타낸 바와 같이 사용 재료 자체의 결함, 용접 결함, 시공상의 잘못으로 인해 균열과 같은 결함이 존재하면 구조물의 사용 초기에 파손될 가능성이 높다. 구조물을 이루는 부재를 제작할 때나 구조물을 시공할 때에 비파괴검사를 수행함으로써 이러한 조기 파손 가능성을 크게 감소시킬 수 있다. 그 이후에 일반적으로 구조물은 안정성을 유지하나 구조물이 노후함에 따라서 사용된 재료 물성

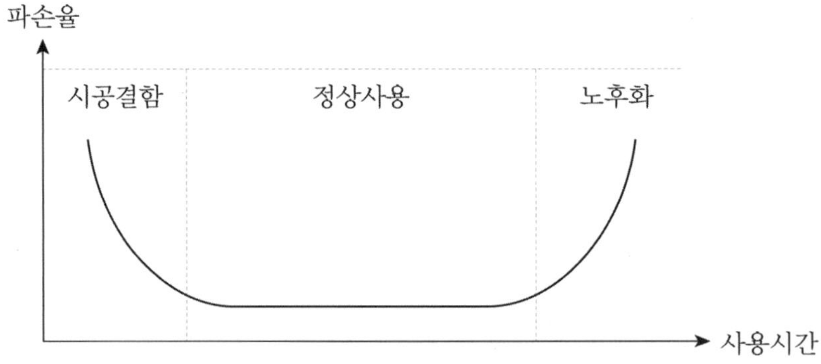

그림 1.1 구조물의 수명에 따른 파손율

1 B. Hillemeier, "Assessment of structural stability of prestressed concrete by non-destructive detection of steel fracture," Proc. Int. Symp. Non-Destruc. Test. Civil Eng. (DGZfP, Berlin, 1995), pp. 23-29.

의 저하, 균열, 부식의 발생으로 인하여 파손의 가능성이 다시 높아진다. 따라서, 구조물의 안전진단을 위해서는 용접 결함과 같은 시공시의 결함 검출은 물론이고, 재질 열화와 같은 재료의 물성 변화를 측정할 수 있는 비파괴검사법이 요구된다. 본 장에서는 널리 사용되는 비파괴검사 방법을 소개한다.

그림 1.2에 비파괴검사의 구성요소에 개한 개념도를 나타내었다. 비파괴검사를 위해서는 시험체에 특정한 검출장을 가해주고 그 검출장이 시험체에 의해 변화된 것을 검출하여 판독하여 보고서를 제출하는 것이다. 검출장은 전자기장이나 기계적인 진동 등으로 시험체에서 얻고자 하는 정보에 의해 변화가 있어야 한다. 일례로 수박이 얼마나 잘 익었는가 알아보기 위해서 손으로 두드려 보는 경우 기계적인 두드림이 검출장이 되고 수박이 익은 정도에 따라서 다른 소리가 나는 것은 검출장의 변화이며 귀로 듣거나 마이크로 소리를 판단하는 것이 지시이며 이를 근거로 익은 정도를 판단한 후에 말하는 것이 보고이다.

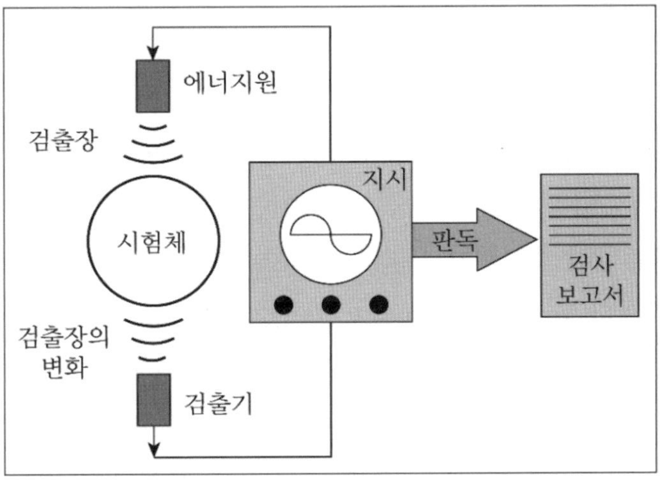

그림 1.2 비파괴검사의 구성요소

대표적인 검출장은 전자기파와 역학적 파동이 있고, 이들 파동은 시험체의 물성이나 내부의 불연속에 의해 반사되거나 흡수되어 파동의 진폭이나 도달시간이 달라지고 이러한 변화를 기반으로 시험체의 물성, 내부구조 등을 평가할 수 있다.

1.1 검사법

비파괴검사법은 소재 또는 부품에 존재할 가능성이 있는 결함, 재료의 이상 또는 열처리 이상 등을 파괴하지 않고 조사하는 방법으로 압연품, 단조품, 주조 등의 소재 및 기계 부품, 용접부 등의 검사에 널리 쓰인다. 비파괴시험에서는 그 목적 달성을 위해서, 각종 물리적 에너지와 현상을 활용한다. 즉, 전자파(X선, 감마선, 자외선, 가시 광선, 적외선, 마이크로파) 중성자선, 기계적 진동(진동, 음향, 초음파), 자기, 열, 전기 등 거의 대부분의 물리적 에너지 및 전자유도, 침투, 누설 등의 물리적 현상이 이용되며 검사 목적에 따라 한가지 혹은 몇 가지 방법이 함께 사용된다. 가장 대표적인 것으로 방사선 투과 검사(RT, Radiographic Test), 초음파 검사(UT, Ultrasonic Test), 자분 탐상 검사(MT, Magnetic Particle Test), 액체 침투 탐상 검사(PT, Liquid Penetrant Test), 와전류 탐상 검사(ECT, Eddy Current Test) 등이 있고 이 외에 누설 시험, 음향방출 시험과 열적 시험 등이 있다. 이들 대부분은 철골 구조물의 용접부 검사에 적용할 수 있다. 가장 많이 사용되는 비파괴시험법들을 간략하게 소개하면 아래와 같다.

1.1.1 육안검사(VT, Visual Inspection Technique)

가장 기본적인 비파괴시험법으로 용접 시공 전, 중, 후에 이뤄지며 표면 개구 결함 검출에 제한된다.[1] 육안으로 검사하기도 하지만 검사구역의 접근성에 따라서 borescope 또는 fiberscope를 사용하기도 하고 이동형 로봇에 탑재한 카메라를 사용하기도 한다. 모든 시험의 최후 결과를 육안에 의해 해석하므로 모든 비파괴시험의 근간이라 할 수 있다. 육안 검사를 비롯하여 기타 비파괴시험을 잘 수행하기 위해서는 철 구조물, 용접 방법에 대한 지식은 물론이고 발생 가능한 용접부 결함에 대한 사전 지식과 경험이 매우 중요하다. 자분탐상시험(MT)과 액체침투시험(PT)은 VT의 보조적인 시험으로 간주되기도 한다.

1 Metals Handbook, 9th Edition, Vol. 17, Nondestructive Evaluation and Quality Control, pp. 71-358

1.1.2 방사선 투과검사(RT)

이 시험법은 현장에서 일반적으로 많이 사용되고 있는 시험법이다. 생산 공장에서 생산된 제품의 품질 검사에서부터 건설 현장에서의 용접부위의 검사에 이르기까지 폭넓게 적용하고 있다. 이는 시험체 내부의 결함을 주변 재질과의 밀도 차이에 의해 확인하는 방법이다. 그러나 결함의 형태에 따라 검출이 곤란한 것도 있다. 즉 방사선 빔에 평행한 균열은 검출하기가 어려운데 적절한 방향이라고 해도 두꺼운 시험체 내에 밀착 균열(tight crack)의 경우 전혀 검출되지 않을 수 있다. 미세기공(microporosity), 미세터짐(microfissure) 등의 미세 불연속도 때때로 검출되지 않으며 박리(Delamination)는 방향성으로 인해 거의 검출할 수 없다. 반면에 용접부에서의 용입부족, 블로우 홀이나 개재물, 보이드 등 결함 내에 내포된 충분한 밀도차의 체적 공간이 존재하는 경우 쉽게 검출할 수 있다.

방사선 투과검사는 방사선원으로 X선을 사용하는 방법과 방사성 동위원소에서 발생하는 감마선을 사용하는 방법으로 나눌 수 있으며 그 결과를 필름에 기록하는 Film Radiography와 형광 스크린을 이용하여 실시간으로 검사가 가능한 Real Time Radiography로 크게 나눌 수 있다. X선 방사선 투과검사는 밀도 차이에 따라 X선이 다르게 투과되는 것을 영상으로 촬영하여 내부 구조를 파악할 수 있다. Film Radiography는 촬영한 결과를 필름에 기록하는 방법이며, 음영으로 표시되는 영상을 통해 내부 구조를 관찰하고 평가할 수 있지만, 결과를 확인하려면 필름 현상이 필요하다. 감마선 방사선 투과검사는 방사성 동위원소에서 나오는 감마선으로 물체 내부를 파악하며, 실시간으로 촬영하여 물체의 구조와 결함을 신속히 확인할 수 있어 널리 사용된다.

1.1.3 자분 탐상 검사(MT)

철강 재료와 같은 강자성체, 즉 자석이 붙는 재료는 자계에 의해 강하게 자화되고 비자성 재료에 비해 수십 배 내지 수천배의 자속을 가진다. 자분 탐상 시험은 그림 1.3에 보여지듯 강자성체인 시험체를 자화시켰을 때 표면 또는 표면 바로 밑에 결함이 있을 때 발생하는 자속선의 흐름변화 및 표면의 누설 자속을 활용한다.

시험체 표면에 자분을 도포하면 누설 자속을 따라 자분이 모이게 되므로 이를 감지하여 표면 결함을 검출할 수가 있다. 따라서 표면에 있는 길이 수 밀리미터의 균열 수준에서도 확실하게 검출이 가능하다. 때문에 강재의 표면 결함 검출용으로 많이 이용하지만 검출한 결함의 깊이는 알 수 없다는 한계가 있다. 철골 구조물의 재료가 대부분 탄소강이므로 이 시험법의 적용이 가능하다.

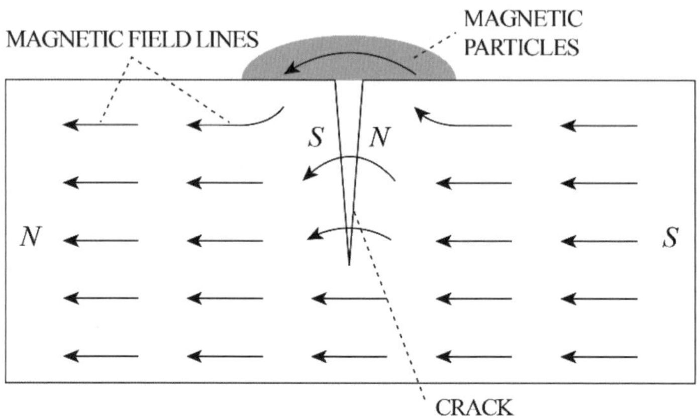

그림 1.3 자분탐상의 개념도

1.1.4 액체 침투 탐상 검사(PT)

침투 탐상 시험은 시험체 표면에 결함을 눈으로 보기 쉽게 하기 위해 붉은색의 염색 침투액, 또는 황록색으로 발광하는 형광 침투액에 의해 결함을 나타내는 방법이다. 이 시험법은 표면이 열린 결함에만 적용할 수 있으며 금속, 비금속을 불문하고 표면 결함을 검출할 수 있는 것이 큰 특징이다. 검출할 수 있는 강재 내 결함의 최소 크기는 길이는 수 밀리미터, 깊이는 수십 마이크로미터, 폭은 수 마이크로미터 정도이다.

1.1.5 와전류 시험법(ECT)

와전류 시험법은 도체에 와전류를 발생시켜 재료의 여러가지 특성을 검사하는 방법으로 시험 원리는 전자기 유도에 의한 것이다. 도체 표면에 와전류 탐촉자를 놓게 되면 코일에 흐르는 전류는 도체 표면에 유도되는 와전류에 의해 진폭이 줄어든다. 결함 위치에서는 와전류가 줄어들기 때문에 코일에 흐르는 전류의 크기는 늘어나게 되고 위상이 달라지며 결함의 크기에 따라서 변하는 정도가 달라진다. 이를 임피던스 평면에 나타낼 수 있고 일반적으로 현장에서 판독이 용이하도록 검사표면으로부터의 떨어진 거리인 Lift-off에 따라 변하는 임피던스를 수평이 되게 나타낸다.

이 시험법은 철강, 비철 금속 등의 전도체에 적용할 수 있으며 유리, 플라스틱 등의 전기적 부도체에는 적용할 수 없다. 이 시험법으로 결함의 검출 뿐만 아니라 금속의 합금 성분과 열처리 상태 및 도체 위의 코팅 두께 등도 검사 가능하다. 특히 이 시험법은 원자력 발전소의 증기 발생기의 튜브 검사와 석유화학 공장 등의 열교환기, 혹은 콘덴서 등의 튜브 검사에 많이 사용되며 자동화된 튜브 및 배관 생산 공장에서 생산된 제품들의 품질 검사에 많이 이용되고 있다. 그러나 유도 전자기파의 침투력 한계로 표면 주위의 결함 검출에 제한된다. 따라서 두께가 두꺼운 부재의 경우는 검사가 곤란하다.

1.1.6 표면 복제법(Replication)

이 시험법은 설비 재료의 미세조직(metallurgical microstructure)을 설비로부터 잘라내지 않고 비파괴적으로 관찰할 수 있는 시험법이다. 60년대부터 진행된 공업화에 따라 세워진 발전소나 석유화학 플랜트 등은 노후화되어 설비들의 잔여 수명과 상태 진단에 대한 관심이 매우 높아지고 있다. 이러한 설비 및 구조물들의 파괴 원인은 재료 열화가 동반된 피로 파괴가 주요 원인이 되고 있으며, 열화가 진행될수록 재료는 조직의 조대화, 탄화물 석출, 그리고 불순물의 입계 편석 등과 같은 미세조직의 변화가 일어나며 재료의 기계적 성질은 떨어지게 된다. 따라서 이 시험법에 의해 재료 열화 평가가 가능하지만 재료 표면의 정보에 제한되는 단점이 있다.

1.1.7 음향 방출 시험(AE, Acoustic Emission)

음향 방출법은 품질 관리, 구조의 실시간 상태 모니터링 및 예측 유지 관리 목적으로 다양한 산업에서 사용되는 비파괴검사 방법이다. 음향 방출은 고체 내부에

국부적으로 형성된 변형에너지가 급격히 해소되면서 발생하는 탄성파 또는 이를 응용하는 기술로 정의된다. 발생된 탄성파는 표면까지 전파된 후 AE 센서에 의해 탐지되고 전기적 신호로 변환되고, 이 신호는 적절한 처리를 거친 후 발생원의 실체를 규명하는데 사용된다. AE는 일반적으로 광대역 주파수 성분을 지니고 있지만, 높은 S/N비를 얻기 위해서 감쇠 및 검출하는 센서나 전기회로 등을 고려하여 금속재료를 기준으로 할 때 수백 kHz 대역의 신호를 수집, 사용한다.

AE 신호의 발생 메커니즘은 소성변형(Dislocation Motion; Precipitates; Twinning etc.), 파괴(Ductile Fracture; Brittle Fracture; Fatigue; Composite (Matrix Cracking, Fiber Breakage, Delamination); Creep etc.), 상변태(Martensitic transformation; Melting/Freezing; Sintering; Curing etc.), 화학반응(Stress Corrosion Cracking(SCC); Hydrogen Induced Cracking; Oxidation; Plating etc.), Magento-Acoustic Emission(Ferromagnetism/Magnetic Domain Wall Motion) 등이 대표적이며 유사 발생원(Pseudo-Sources)으로는 Leakage, Particle Impact, Cavitation, Friction & Wear 등이 있다.

획득한 AE 데이터를 추가 분석하여 균열, 파손 또는 기타 형태의 열화와 같은 재료 손상의 특성 및 심각도를 결정할 수 있다. AE 테스트는 응력 또는 하중이 가해지는 동안 실시간으로 수행될 수 있으므로, 실시간 손상 감지와 더불어, 비파괴성 특성, 소형 결함에 높은 감도, 넓은 검사부위의 실시간 모니터링 가능성 및 시간에 따른 물질 특성 변화의 실시간 모니터링의 장점을 갖고 있다, 그러나 적절한 센서 배치 및 보정에 대한 요구 사항, 외부 노이즈에 대한 민감도, 재료 특성 및 테스트 조건에 대한 의존성, 정확한 결과 해석을 위한 숙련된 직원의 필요성 및 검사결과의 정량적 판독이 어려운 점 등의 제약 사항도 있다.

1.1.8 초음파 시험(UT)

이 시험법은 현장에서 방사선 투과 시험과 더불어 내부의 결함을 찾는데 아주 효과적인 시험법이다. 가장 많이 사용되는 펄스-반사법의 원리를 그림 1.4에 나타내었다.[1] 시험체에 입사한 초음파가 불연속부에서 반사되어 되돌아오는 초음파 에

1 이진학, 조윤호, "수중코팅 해양구조물 비파괴검사 매뉴얼 개발", 한국해양과학기술원, 2022

코에 의해 불연속부의 위치나 깊이 등을 알 수 있다. 초음파로 탐상 가능한 결함의 종류는 균열, 개재물, 박리 등의 소재 고유의 불연속에서부터, 기공, 가공 중 불연속 및 피로 균열과 같은 운용 및 제작 중 발생가능한 불연속에 이르기까지 대부분의 결함들이 검출 가능하다. 또한 재료의 두께 측정에도 사용되어 화학, 정유 처리시설의 보수 검사에 거의 빠짐없이 적용하고 있다. 단점으로는 고도의 검사숙련성이 필요하고 시각적인 정보 추출을 위해 데이터의 후처리 과정이 필요하나, 시험체의 재질에 상관없이 광범위하게 적용될 수 있는 인체에 무해한 가장 폭 넓은 비파괴검사 진단방법이다.

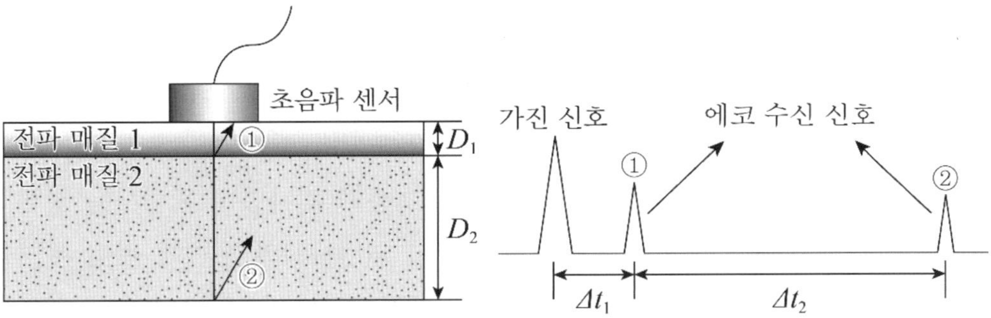

그림 1.4 초음파 탐상의 기본 원리

초음파 탐상에서 일반적으로 사용되는 변수는 도달한 초음파의 전파 시간과 그 진폭이다. 초음파 시험을 분류하는 방법은 여러 가지가 있으나, 산업체에서 주로 이용하는 시험 방법은 A-Scan, B-Scan, C-Scan으로 나눌 수 있다. 여기서 A-Scan은 시간에 대한 증폭을 나타내는 표시 방법으로 화면에 나타나는 음파의 진폭과 시간축 상에서의 위치 정보를 이용하여 결함의 위치(표면으로부터 깊이) 및 대략적인 크기를 알 수 있게 해준다. B-Scan은 시험체의 단면을 표시하는 방법으로 1차원적인 시험 위치에 따라 깊이 방향에 대한 진폭 분포를 밝기로 표시한 방법이다. 시험체의 표면과 후면 그리고 결함의 반사파가 나타나며, 시험체 안의 불연속부의 깊이와 길이를 알 수 있다. 마지막으로 C-Scan은 2차원적인 시험 위치에 대한 초음파의 세기를 밝기로 나타내는 방법이다. X-ray 사진과 비슷하게 나타나는 평면 표시 방법으로 물체의 내부를 평면으로 투영하기 때문에 불연속부가 존재하면 그 윤곽

이 나타나게 된다. 다른 방법들과는 달리 표면 및 후면의 반사파가 사용되지 않고 단지 불연속부로부터의 반사파만 사용된다. 다음 절에서는 초음파 검사의 세부방법을 구분하여 제시하였다.

(a) 경사각 초음파 시험

경사각 초음파 시험은 물체 내부 결함 및 손상을 검출하는 비파괴 검사 기술로, 초음파를 일정한 각도로 재료 내에 경사지게 입사시켜 수행된다. 주로 용접 부위 결함 검출을 확인하는데 사용된다. 용접부에서는 용접면이 평탄치 않으므로 탐촉자의 굴절각에 의한 횡파 사각법과 수직법을 적용할 수 있으며, 이에 대한 기본적인 개념은 그림 1.5와 같다.[1] 초음파 송수신 장치를 통해 물체에 파동을 보내고 이를 반사되는 시간과 진폭을 측정하여 내부 결함의 위치 및 크기의 확인이 가능하다.

그 외에도 시험체의 경계면 조건에 의해 유도되어 전파되는 유도초음파(Guided wave)의 생성에도 널리 활용되고 있다. 유도초음파 검사법에 관해서는 상세 내용을 해당 절에서 설명하였다. 초음파의 파장이 피검사체의 두께에 비해 무시할 수 없거나 더 큰 경우 Snell의 법칙에 의해 정해진 입사각을 통해 초음파 신호를 입사시켜 주면 시험체 내에서 길이 방향으로 전파되는 유도초음파가 발생된다.

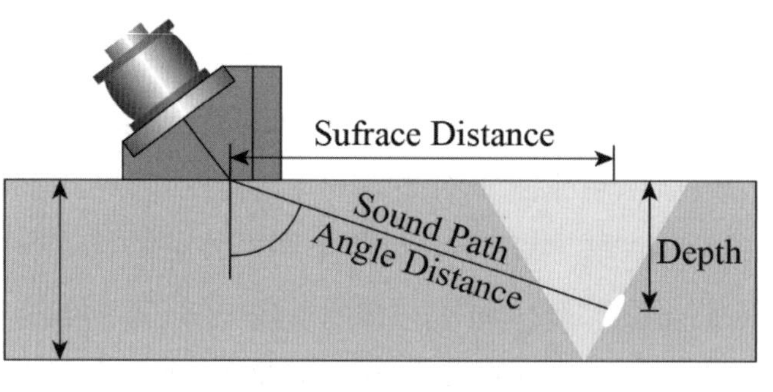

그림 1.5 용접부 검사를 위한 경사각 초음파 탐상 시험

1 https://ndt-kits.com/what-is-angle-beam-testing/

(b) 초음파를 이용한 탄성계수 측정

구조물 안전진단에 있어서 재료의 탄성계수를 측정하기 위해서 구조물에서 시편을 추출하여 파괴적으로 측정하는 것은 어렵기 때문에, 비파괴적인 방법으로 측정하는 것은 매우 유용하다. 이는 초음파의 속도가 탄성계수들로 정의되는 것을 이용한다. 다음은 초음파의 속도와 탄성계수와의 관계식이다.

$$C_L^2 = \frac{E(1-\upsilon)}{\rho(1+\upsilon)(1-2\upsilon)} \tag{1.1}$$

$$C_T^2 = \frac{G}{\rho} = \frac{E}{2\rho(1+\upsilon)} \tag{1.2}$$

여기서는 C_L, C_T는 종파 및 횡파의 속도이고, E, G는 탄성계수(Young's modulus)와 전단탄성계수(shear modulus)이며, ρ, υ는 밀도와 푸아송비이다.

밀도를 알고 있을 경우 횡파와 종파 속도를 측정한다면 E, G, υ를 계산할 수 있다. 그림 1.6에 5 MHz 종파 및 횡파 탐촉자를 사용하여 50 mm 두께의 알루미늄 블록에 대한 초음파 펄스-반사법 실험결과를 보여주고 있다. 이 신호로부터 도달시간을 측정하고, 초음파 신호의 전파경로 길이를 고려하면 종파와 횡파의 속도가 6.36 mm/μs와 3.18 mm/μs임을 알 수 있다. 밀도가 2.7 g/cm^{3}이므로 E= 71.0 GPa, υ= 0.34로 이 값은 일반적인 알루미늄의 E= 70 GPa, υ= 0.33과 매우 유사한 값임을 알 수 있다.

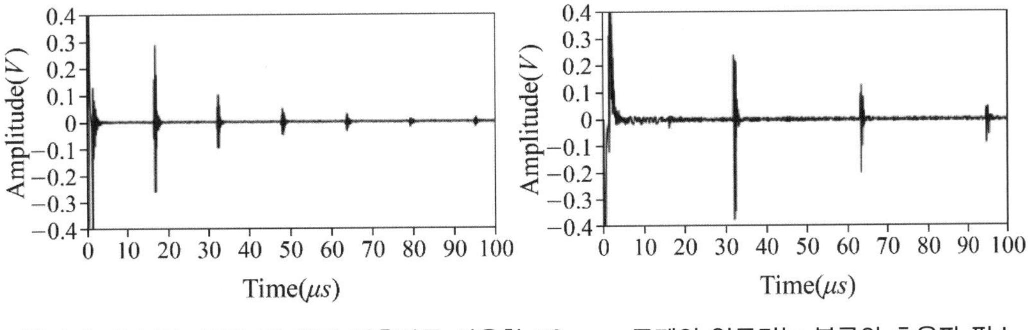

그림 1.6 5 MHz 종파 및 횡파 탐촉자를 사용한 50 mm 두께의 알루미늄 블록의 초음파 펄스-반사법 실험결과

1.2 NDT(Non-destructive testing)와 SHM(Structural Health Monitoring)

비파괴검사(NDT)는 굽힘, 파손, 충격 테스트를 포함하는 파괴 검사와 반대되며, 구조물 자체에 변형이나 손상을 일으키지 않고 구조물의 결함이나 손상을 식별하기 위한 기법이다. 방법으로는 초음파 검사, 방사선 촬영, 열 영상 촬영 등이 있다. NDT는 제조 및 건설 산업에서 제품의 품질을 보장하기 위해 사용되며, 기존 구조물의 주기적 유지보수 및 Off-Line 검사에 일반적으로 사용된다.

실시간 구조진단 기법(SHM)은 다양한 센서와 계측기를 사용하여 물리적인 측정량을 평가하고, 실시간으로 균열, 변형 충격 등의 이상을 감지하여 구조물의 상태를 지속적으로 모니터링하는 것이다. 여기에는 변형, 변위 또는 진동 등을 측정하는 센서가 포함될 수 있다. SHM은 주로 구조공학과 토목공학 분야에서 사용되고 있다. 교량, 건물, 댐 및 기타 대형 구조물의 성능을 시간 경과에 따라 모니터링하여 노후화, 피로 또는 환경적 요인으로 인해 발생할 수 있는 변화 또는 손상을 감지하는데 사용된다. SHM은 구조물의 상태에 대한 실시간 데이터를 제공할 수 있으므로 심각한 손상이 발생하기 전에 적시에 유지보수 또는 수리를 수행할 수 있다.

전체적으로 NDT와 SHM은 모두 구조물에 대한 평가를 포함하지만, 그들의 주안점과 접근 방식은 다르다. NDT는 구조물의 결함 또는 손상을 파악하는 데 중점을 두고 있으며, SHM은 구조물의 지속적인 상태 및 성능을 모니터링하는 데 중점을 두고 있다. 또한 NDT는 제조 및 검사에 일반적으로 사용되는 반면, SHM은 대형 구조물의 수명관리 및 유지보수에 주로 사용된다.

다음 장에서는 여러 NDT 및 SHM 기법 중 가장 널리 활용되는 검사법인 초음파 검사법에 대한 이론 및 현장 활용 사례를 소개한다.

2. 탄성 재료에서의 초음파 비파괴검사 기초 이론

2.1 등방성 탄성 무한체 내에서의 파동이론

등방성 탄성 무한체 내에서의 파동이론은 탄성 상수와 밀도 등 물성 값에 기반하여 무한체 내파동을 해석한다. 등방성(Isotropic)이란, 물질 내의 물질의 특성이 좌표축의 방향에 무관하게 동일하다는 것을 의미한다.

등방성 탄성 무한체의 경우, 파동 방정식 유도는 많은 탄성 역학 교과서에서 고전적으로 다루는 내용이다. 등방성 탄성 무한 매체의 파동 이론은 지진학, 음향학 및 재료 과학을 포함한 광범위한 분야에서 중요한 응용 분야를 가지고 있다. 예를 들어, 지진학자들은 이 이론을 사용하여 지진과 지구 내부의 특성을 연구할 수 있다. 음향학자는 이 이론을 사용하여 의료 영상 및 소나와 같은 다양한 응용 분야에서 음파를 설계하고 최적화할 수 있다. 재료 과학자들은 이 이론을 사용하여 다양한 재료의 파동 거동을 연구하여 다양한 응용 분야에서 재료의 설계 및 성능을 개선하는 데 도움을 줄 수 있다.

등방향 탄성 무한체 내 단위 미소 육면체에 작용하는 직교좌표계 상의 각 방향 단위 부피당 체적력과 총 작용하는 합력을 고려하여 뉴턴의 제2법칙을 적용한 운동방정식은 다음과 같다.

$$\frac{\partial \sigma_{ik}}{\partial x_k} + f_i = \rho \ddot{u}_i \tag{2.1}$$

여기서 σ_{ik}는 응력 텐서이며, 단위부피당 체적력은 f_i, 밀도는 ρ, 변위는 u_i이다. $\ddot{}$ 은 시간에 대한 이차 미분이며 가속도항을 의미한다.

Hooke's law는 다음과 같다.

$$\sigma_{ik} = c_{iklm}\epsilon_{lm} \tag{2.2}$$

여기서 c_{iklm}은 강성 텐서(Stiffness tensor)이며, ϵ_{lm}은 변형률 텐서이다.

등방성 재료에서는

$$\sigma_{ik} = (c_{1111} - c_{1122})\epsilon_{ik} + c_{1122}\theta\delta_{ik} \tag{2.3}$$

이며 여기서 $\theta = \epsilon_{11} + \epsilon_{22} + \epsilon_{33}$이고, δ_{ik}는 Kronecker delta이다.

등방성 재료에서 라메 상수(Lamé constant) λ, G는 다음과 같다.

$$\lambda = c_{1122}, \qquad G = \frac{1}{2}(c_{1111} - c_{1122}) \tag{2.4}$$

식 (2.4)를 식 (2.3)에 적용하면 식 (2.3)은 다음과 같이 나타낼 수 있다.

$$\sigma_{ik} = 2G\epsilon_{ik} + \lambda\theta\delta_{ik} \tag{2.5}$$

푸아송비 ν는 다음과 같이 주어진다.

$$\nu \equiv -\frac{\epsilon_{22}}{\epsilon_{11}} = \frac{\lambda}{2(\lambda + G)} \tag{2.6}$$

탄성계수와 푸아송비, 라메 상수 사이에는 다음과 같은 관계식이 있다.

$$\lambda = \frac{E\nu}{(1 + \nu)(1 - 2\nu)} \tag{2.7}$$

$$G = \frac{E}{2(1 + \nu)} \tag{2.8}$$

따라서 λ 과 G 관계식은

$$\frac{\lambda}{G} = \frac{2\nu}{1 - 2\nu} \tag{2.9}$$

식 (2.1)과 (2.5)로부터 다음과 같은 식을 얻는다.

$$(\lambda + G)\nabla\nabla u_i + G\nabla^2 u_i + f_i = \rho\ddot{u}_i \tag{2.10}$$

여기서 ∇은 그래디언트(Gradient)이며, 이 식을 Navier 운동방정식이라 한다.

일반적으로 단위 부피당 체적력 f_i를 무시하고 다음의 벡터 관계식을 적용하면

$$\nabla^2 = \nabla\nabla\cdot - \nabla\times\nabla \tag{2.11}$$

식 (2.10)은 다음과 같이 된다.

$$(\lambda+2G)\nabla\nabla u_i - G\nabla\times\nabla\times u_i = \rho\ddot{u}_i \tag{2.12}$$

식 (2.12)의 복잡한 편미분방정식을 이론 해가 존재하는 파동방정식의 형태로 풀기위해 다음의 Helmholtz 분해를 사용한다.

변위 벡터 u_i는 Helmholtz 분해를 통해 스칼라 함수의 그래디언트(gradient) 벡터와 벡터 함수의 회전(Curl) 벡터의 선형 조합으로 다음과 같이 나타낼 수 있다.

스칼라 함수 Φ와 벡터 함수 H_i를 사용하여

$$u_i = \nabla\Phi + \nabla\times H_i \tag{2.13}$$

으로 정의하자. 보존 역학계에서는 $\nabla H_i = 0$이다.

식 (2.13)을 식 (2.12)에 대입하고 식 (2.11)와 (2.14)를 이용하면 식 (2.15)와 같이 정리할 수 있다.

$$\begin{gathered}(1)\ \nabla\times\nabla\times\nabla\phi = 0\\ (2)\ \nabla\cdot(\nabla\times H_i) = 0\\ (3)\ \nabla\cdot\nabla\phi = \nabla^2\phi\end{gathered} \tag{2.14}$$

$$\nabla\left[(\lambda+2G)\nabla^2\Phi - \rho\frac{\partial^2\Phi}{\partial t^2}\right] + \nabla\times\left[G\nabla^2 H_i - \rho\frac{\partial^2 H_i}{\partial t^2}\right] = 0 \tag{2.15}$$

이 식을 항상 만족하려면 대괄호 안의 각 항이 0이 되어야 하므로

$$(\lambda+2G)\nabla^2\Phi - \rho\frac{\partial^2\Phi}{\partial t^2} = 0 \tag{2.16}$$

$$G\nabla^2 H_i - \rho\frac{\partial^2 H_i}{\partial t^2} = 0 \tag{2.17}$$

이 된다. 한편 일반적으로 파동방정식

$$\nabla^2 u = \frac{1}{c^2}\frac{\partial^2 u}{\partial t^2} \tag{2.18}$$

의 일반 해는 다음과 같은 D'Alembert 해이다.

$$u(x,t) = f(x - ct) + g(x + ct) \tag{2.19}$$

여기서 c는 파동의 속도, f와 g는 각각 + 및 − 방향으로 진행하는 파형이다.

식 (2.19)는 초기 조건과 경계 조건이 최종적으로 충족될 수 있다면 임의의 함수 f와 g에 대해 $\frac{\partial u}{(\partial x)^2} = \frac{1}{{c_0}^2}\ddot{u}$을 만족한다. 또는 $\xi = x - ct$와 $\eta = x + ct$로 놓으면 $\partial_\eta \frac{\partial^2 u}{\partial_\xi \partial_\eta} = 0$이 되며, 결과적으로 같은 해를 갖는다. 이러한 파동은 그림 2.1과 같이 왜곡(distortion) 없이 전파되며, f와 g는 임의의 함수이다.

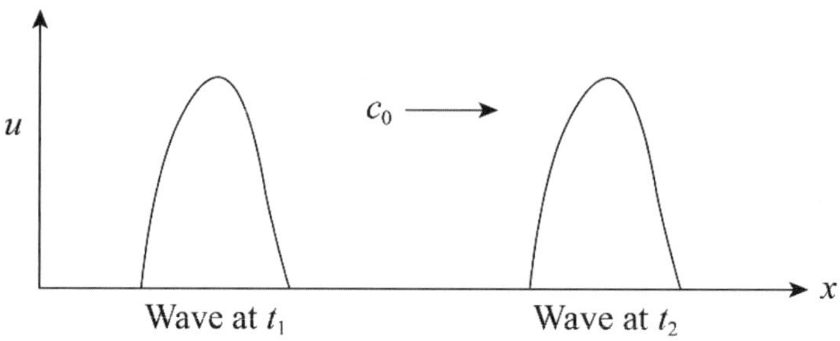

그림 2.1 왜곡 없이 파동이 이동하는 경우

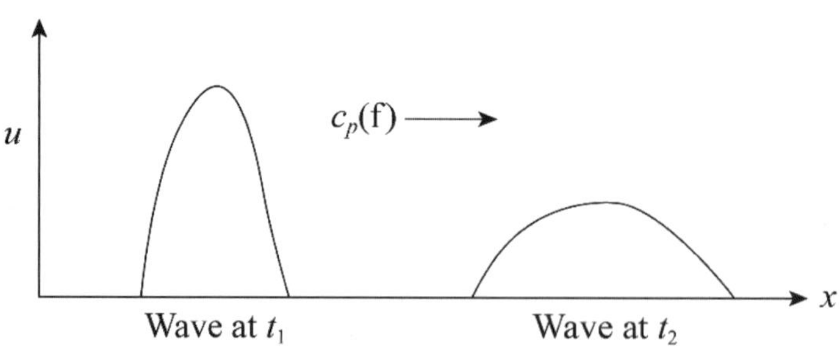

그림 2.2 왜곡 있이 파동이 이동하는 경우

+방향으로 진행하는 파동만 고려하고 f가 조화함수(Harmonic Function)라고 하면 식 (2.19)는

$$u(x,t) = A\sin(kx - wt + \phi) \tag{2.20}$$

와 같이 주어진다.

여기서 $k = \frac{2\pi}{\lambda}$, $\omega = 2\pi f$는 각각 파수(Wave number) 및 각진동수(Angular frequency)이며, λ, f는 각각 파장과 주파수이다.

식 (2.16)과 (2.17)은 식 (2.18)과 같은 형태의 파동 방정식이므로 해는 식 (2.19)와 같이 주어지고 파의 속도는 각각 다음과 같다

$$c_1^2 = \frac{\lambda+2G}{\rho} \tag{2.21}$$

$$c_2^2 = \frac{G}{\rho} \tag{2.22}$$

만일 $\nabla \times u_i = 0$이면 식 (2.13)에서 $u_i = \nabla\Phi$가 되므로 식 (2.18)은

$$(\lambda + 2G)\nabla^2\Phi = \rho\frac{\partial^2\Phi}{\partial t^2} \tag{2.23}$$

이 되며 식 (2.21)의 파의 속도 $c_1 = c_L$는 종파의 속도이다. 마찬가지로 $u_i = \nabla \times H_i, \nabla \cdot H_i = 0$이라면 식 (2.18)은

$$G\nabla^2 H_i = \rho\frac{\partial^2 H_i}{\partial t^2} \tag{2.24}$$

가 되며 식 (2.22)의 파의 속도 $c_2 = c_T$는 횡파의 속도이다.

변위 u_i를 알게 되면 응력성분 σ_{ik}, 변형률성분 ϵ_{ik}는

$$\sigma_{ik} = 2G\epsilon_{ik} + \lambda\theta\delta_{ik} \tag{2.25}$$

$$\epsilon_{ik} = \frac{1}{2}\left(\frac{\partial u_i}{\partial x_k} + \frac{\partial u_k}{\partial x_i}\right) \tag{2.26}$$

로부터 구할 수 있다.

2.2 등방성 탄성 박판 재료 내에서의 파동이론(Lamb wave)

무한체 내에서 전파되는 체적파와 매질 경계에서 발생하는 표면파, Lamb 파 등이 존재한다. 이러한 파들은 전파 방향과 파동의 입사 각도에 따라 전파 속도가 변화할 수 있다. 이로 인해 발생하는 주파수 분산 효과는 위상의 전파 속도와 군속도의 차이로 인해 발생한다.

앞서 살펴본 경우는 모두 초음파 파동이 무한체 내에서 전파되는 경우이다. 이와는 다르게, 파동이 무한체가 아닌 특정한 경계면 형상이 존재하는 시험체에서 그 경계조건에 따라 전파되는 경우가 존재하며, 이를 유도초음파(Guided wave)라고 부른다. 유도초음파는 경계면 조건에 따라 레일리파(Rayleigh wave), 램파(Lamb wave), 스톤리파(Stonely wave) 등 다양하게 존재하며, 이번 장에서는 박판에서 전파되는 램파에 대해 다뤄보고자 한다.

무한체 내에서라면 나비에 방정식만으로 재료 내 파동의 전파 양상을 기술할 수 있지만, 경계조건이 주어지는 유도초음파의 경우에는 추가적인 구속조건이 필요하다. 대표적인 경계조건으로 다음과 같은 변위조건이나 표면력(Traction force) 조건이 있다.

$$u(x,t) = u_0(x,t) \tag{2.27}$$

$$t_i = \sigma_{ji} n_j \tag{2.28}$$

경계면이 자유로운 박판 문제를 고려해 보자. 그림 2.3과 같이 두께 $d = 2h$인 판재의 형상을 고려하면, 윗면과 아랫면의 경계면은 좌표를 통해 $X_3 = h = \frac{d}{2}, X_3 = -h = -\frac{d}{2}$ 로 기술할 수 있으며, 이 경계면에서는 표면력이 0이다. 특정 입사각 θ를 통해 초음파 파동이 판재 내부로 입사되면, 파동은 위, 아래 경계면에서 반사되면서 모드변환을 하게 되며, 이렇게 모드변환 된 파동들이 중첩되며 X_1 방향으로 전파되는 유도초음파가 유도된다.

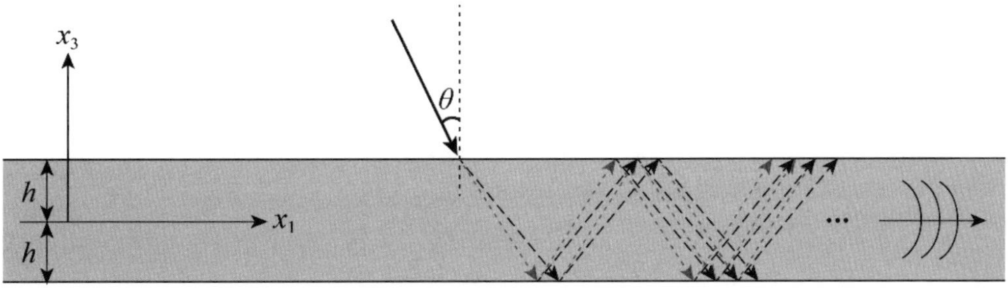

그림 2.3 자유 표면 박판 문제와 유도초음파 생성

Navier 운동방정식은 변위의 형태로 재료 내 파동의 전파양상을 기술하는 방정식이며, 시간에 대한 미분과 방향에 대한 미분이 혼재해 있어 해를 구하는 것이 쉽지 않다. 이를 위해서 Helmholtz 분해를 활용하여 파동방정식을 유도하면

$$\nabla^2 \phi = \frac{1}{c_L^2} \frac{\partial^2 \phi}{\partial t^2} \tag{2.29}$$

$$\nabla^2 H_i = \frac{1}{c_T^2} \frac{\partial^2 H_i}{\partial t^2} \tag{2.30}$$

여기서 c_L, c_T는 각각 종파속도, 횡파속도이다.

$$c_L = \sqrt{\frac{\lambda + 2G}{\rho}}, \qquad c_T = \sqrt{\frac{G}{\rho}} \tag{2.31}$$

이제 경계면에서 표면력이 0인 자유 표면 박판 문제로 돌아가보자. X_2 방향으로는 무한대로 평판이 뻗어 나간다는 평면변형률 가정하에서 식 (2.29)와 (2.30)은

$$\frac{\partial^2 \phi}{\partial x_1^2} + \frac{\partial^2 \phi}{\partial x_3^2} = \frac{1}{c_L^2} \frac{\partial^2 \phi}{\partial t^2} \tag{2.32}$$

$$\frac{\partial^2 H}{\partial x_1^2} + \frac{\partial^2 H}{\partial x_3^2} = \frac{1}{c_T^2} \frac{\partial^2 H}{\partial t^2} \tag{2.33}$$

또한 변위성분과 응력성분을 퍼텐셜 함수 ϕ, H의 형태로 정리하면

$$u_1 = u = \frac{\partial \phi}{\partial x_1} + \frac{\partial H}{\partial x_3} \tag{2.34}$$

$$u_2 = v = 0 \tag{2.35}$$

$$u_3 = w = \frac{\partial \phi}{\partial x_3} + \frac{\partial H}{\partial x_1} \tag{2.36}$$

$$\sigma_{31} = G\left(\frac{\partial u_3}{\partial x_1} + \frac{\partial u_1}{\partial x_3}\right) = G\left(\frac{2\partial^2 \phi}{\partial x_1 \partial x_3} - \frac{\partial^2 H}{\partial x_1^2} + \frac{\partial^2 H}{\partial x_3^2}\right) \tag{2.37}$$

$$\begin{aligned} \sigma_{33} &= \lambda\left(\frac{\partial u_1}{\partial x_1} + \frac{\partial u_3}{\partial x_3}\right) + 2G\frac{\partial u_3}{\partial x_3} \\ &= \lambda\left(\frac{\partial^2 \phi}{\partial x_1^2} + \frac{\partial^2 \phi}{\partial x_3^2}\right) + 2G\left(\frac{\partial^2 \phi}{\partial x_3^2} - \frac{\partial^2 H}{\partial x_1 \partial x_3}\right) \end{aligned} \tag{2.38}$$

파동방정식 (2.32) 및 (2.33)의 해를 조화함수 형태로 가정하면

$$\phi = \Phi(x_3)e^{i(kx_1 - \omega t)} \tag{2.39}$$

$$H = \Psi(x_3)e^{i(kx_1 - \omega t)} \tag{2.40}$$

해의 형태에서 알 수 있듯이, 이 해는 X_1방향으로 전파되고, X_3방향에서는 상하로 진동하는 양상을 가진다.

가정된 해에서 앞부분에 곱해진 미지의 함수 $\Phi(x_3)$와 $\Psi(x_3)$는 다음과 같이 가정할 수 있다.

$$\Phi(x_3) = A_1 \, sin(px_3) + A_2 \cos(px_3) \tag{2.41}$$

$$\Psi(x_3) = B_1 \, sin(qx_3) + B_2 \cos(qx_3) \tag{2.42}$$

여기서

$$p^2 = \frac{\omega^2}{c_L^2} - k^2, \qquad q^2 = \frac{\omega^2}{c_T^2} - k^2 \tag{2.43}$$

가정된 해를 식 (2.34)~(2.38)에 대입하여 정리하면

$$u_1 = \left[ik\Phi + \frac{d\Psi}{dx_3}\right] \tag{2.44}$$

$$u_3 = \left[\frac{d\Phi}{dx_3} + ik\Psi\right] \tag{2.45}$$

$$\sigma_{31} = G\left(2ik\frac{d\Phi}{dx_3} + k^2\Psi + \frac{d^2\Psi}{dx_3^2}\right) \tag{2.46}$$

$$\sigma_{33} = \left[\lambda\left(-k^2\Phi + \frac{d^2\Phi}{dx_3^2}\right) + 2G\left(\frac{d^2\Phi}{dx_3^2} - ik\frac{d\Psi}{dx_3}\right)\right] \tag{2.47}$$

미지함수 Φ, Ψ는 각각 사인함수와 코사인 함수를 포함하고 있으므로 해를 각각 대칭모드(Symmetric Mode)와 반대칭모드(Antisymmetric Mode)로 나누어 생각할 수 있다.

Symmetric Mode

$$\begin{aligned}
&\Phi = A_2\cos(px_3)\\
&\Psi = B_1\sin(qx_3)\\
&u_1 = ikA_2\cos(px_3) + qB_1\cos(qx_3)\\
&u_3 = -pA_2\sin(px_3) - ikB_1\sin(qx_3)\\
&\sigma_{31} = G[-2ikpA_2\sin(px_3) + (k^2 - q^2)B_1\sin(qx_3)]\\
&\sigma_{33} = -\lambda(k^2 + p^2)A_2\cos(px_3) - 2G[p^2A_2\cos(px_3) + ikqB_1\cos(qx_3)]
\end{aligned} \tag{2.48}$$

Antisymmetric Mode

$$\begin{aligned}
&\Phi = A_1\cos(px_3)\\
&\Psi = B_2\sin(qx_3)\\
&u_1 = ikA_1\sin(px_3) - qB_2\sin(qx_3)\\
&u_3 = pA_1\cos(px_3) - ikB_2\cos(qx_3)\\
&\sigma_{31} = G[2ikpA_1\cos(px_3) + (k^2 - q^2)B_1\cos(qx_3)]\\
&\sigma_{33} = -\lambda(k^2 + p^2)A_1\sin(px_3) - 2G[p^2A_1\sin(px_3) - ikqB_2\sin(qx_3)]
\end{aligned} \tag{2.49}$$

식 (2.48) 및 (2.49)에 식 (2.50)의 경계조건을 대입하여 정리하면 대칭모드 및 반대칭모드에 대해 식 (2.51) 및 (2.52)의 형태로 정리할 수 있다.

$$\sigma_{31} = \sigma_{33} = 0 \; at \; x_3 = \pm\frac{d}{2} = \pm h \tag{2.50}$$

$$\frac{\tan(qh)}{\tan(ph)} = -\frac{4k^2pq}{(q^2-k^2)^2} \quad for\ symmetric\ mode \tag{2.51}$$

$$\frac{\tan(qh)}{\tan(ph)} = -\frac{(q^2-k^2)^2}{4k^2pq} \quad for\ antisymmetric\ mode \tag{2.52}$$

식 (2.51) 및 (2.52)을 분산선도를 그리기 위한 형태로 다시 정리하면

$$\frac{\tan(qh)}{q} + \frac{4k^2p\tan(ph)}{(q^2-k^2)^2} = 0 \tag{2.53}$$

$$q\tan(qh) + \frac{(q^2-k^2)^2\tan(ph)}{4k^2p} = 0 \tag{2.54}$$

위 식 (2.53)과 (2.54)을 주파수-두께 성분 $f\cdot d$에 대해 반복적으로 계산하여 위상속도에 대한 분산선도를 그릴 수 있다. 위상속도 c_{ph}는 파동에서 특정 위상이 시간이 지남에 따라 이동하는 속도이다.

$$c_{ph} = \frac{\omega}{k} \tag{2.55}$$

군속도 c_g는 가진된 유도초음파 파동을 구성하는 다양한 주파수 성분의 파동이 모인 패킷(Wave packet)이 이동하는 속도이다.

$$c_g = \frac{d\omega}{dk} \tag{2.56}$$

식 (2.55)의 위상속도의 식에 의해 $k = \frac{\omega}{c_p}$를 식 (2.56)에 대입하여 계산하면

$$c_g = d\omega\left[d(\frac{\omega}{c_p})\right]^{-1} = d\omega\left[\frac{d\omega}{c_p} - \omega\frac{dc_p}{c_p^2}\right]^{-1} = c_p^2\left[c_p - \omega\frac{dc_p}{d\omega}\right]^{-1} \tag{2.57}$$

각주파수 $\omega = 2\pi f$를 대입하면

$$c_g = c_p^2\left[c_p - (fd)\frac{dc_p}{d(fd)}\right]^{-1} \tag{2.58}$$

알루미늄 판재의 위상속도 및 군속도 분산선도의 예는 그림 2.4와 같다.[1] 가로축은 재료의 두께와 가진 주파수의 곱 $f \cdot d$이며 세로축은 각각 위상속도 및 군속도를 나타낸다. 각각의 모드에 따라 $f \cdot d$ 값이 변화함에 따라 속도가 변화하는 것을 볼 수 있으며, 만약 재료의 두께 d가 일정하다면 주파수 f의 변화에 따라, 전파속도의 변화를 관찰할 수 있으며, 이는 유도초음파의 분산성(Dispersion)으로 정의된다.

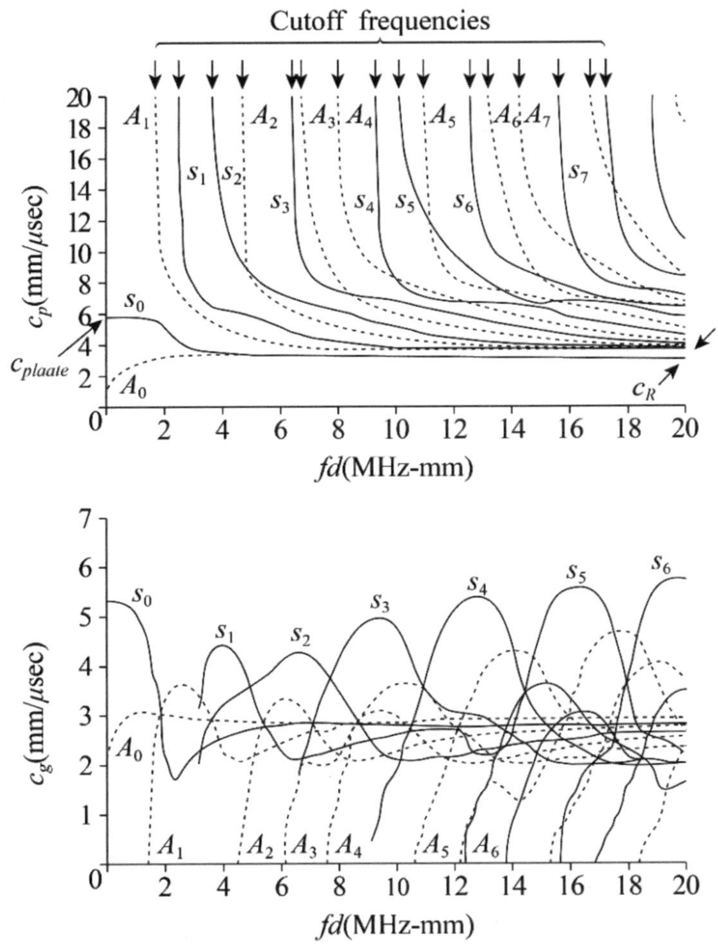

그림 2.4 알루미늄 자유 표면 박판에 대한 분산선도: 위상속도(상) 군속도(하)

1 "Ultrasonic guided wave in solid media", J. L. Rose, Cambridge university press, 2014.

2.3 등방성 탄성 원통 재료 내에서의 파동이론

등방성 탄성 원통 재료에서 원통 좌표계는 아래 그림 2.5와 같이 표현되며, 기본적인 접근방법은 앞서 본 램파의 해석과 동일하다.

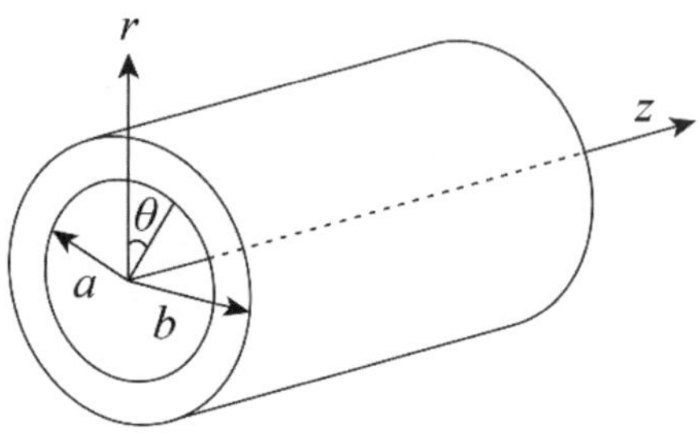

그림 2.5 속이 빈 원통형 구조물에서의 원통좌표계

그리고 여기서 경계조건으로 식 (2.59)와 같이 원통의 안쪽과 바깥쪽 표면에서의 표면력(traction)이 0이 된다.

$$\begin{aligned} \sigma_{rr}|_{r=a,b} &= 0 \\ \sigma_{r\theta}|_{r=a,b} &= 0 \\ \sigma_{rz}|_{r=a,b} &= 0 \end{aligned} \tag{2.59}$$

앞서 램파에서의 해석과 같이 Helmholtz 분해를 이용하여 변위를 스칼라 함수 ϕ와 벡터 함수 H_i를 이용해 표현할 수 있다.

$$u_i = \nabla\phi + \nabla \times H_i \tag{2.60}$$

여기서 $\nabla = \frac{\partial}{\partial r}\widehat{e_r} + \frac{1}{r}\frac{\partial}{\partial\theta}\widehat{e_\theta} + \frac{\partial}{\partial z}\widehat{e_z}$이다.

파동방정식 식 (2.29)와 (2.30)의 해는 식 (2.61)와 같이 가정할 수 있다.

$$\begin{aligned} \phi &= f(r)\cos n\theta \cos(\omega t + kz) \\ H_r &= g_r(r)\sin n\theta \sin(\omega t + kz) \end{aligned} \tag{2.61}$$

$$H_\theta = g_\theta(r)\cos n\theta \sin(\omega t + kz)$$
$$H_z = g_z(r)\sin n\theta \cos(\omega t + kz)$$

여기서 $f(r), g_r(r), g_\theta(r), g_z(r)$는 반지름의 준위 함수이고, n은 파동 모드의 원주 차수이다. 그리고 k는 파수(wave number)이다.

최종적으로 6개의 표면 수직응력이 0이 되는 경계조건으로부터 6개의 방정식을 통해 식 (2.62)과 같이 행렬형태로 표현이 가능하다.

$$\begin{bmatrix} C_{11} & C_{12} & C_{13} & C_{14} & C_{15} & C_{16} \\ C_{21} & C_{22} & C_{23} & C_{24} & C_{25} & C_{26} \\ C_{31} & C_{32} & C_{33} & C_{34} & C_{35} & C_{36} \\ C_{41} & C_{42} & C_{43} & C_{44} & C_{45} & C_{46} \\ C_{51} & C_{52} & C_{53} & C_{54} & C_{55} & C_{56} \\ C_{61} & C_{62} & C_{63} & C_{64} & C_{65} & C_{66} \end{bmatrix}_{6\times 6} \begin{bmatrix} A \\ B \\ A_1 \\ B_1 \\ A_3 \\ B_3 \end{bmatrix} = 0 \qquad (2.62)$$

여기서 A, B, A_1, B_1, A_3, B_3 는 미지의 진폭이다.

이를 바탕으로 $|C|_{6\times 6} = 0$이 되는 고유해를 구한다. 수치 해석적인 방법으로 각주파수 ω의 함수인 파수 k를 구할 수 있다. 일반적으로 위상속도는 각주파수를 파수로 나눈 값으로 각주파수 ω의 함수로 계산이 된다. 여기서 구해진 고유해는 유도초음파의 분산성을 나타내는 모드 및 유도초음파 속도를 표현하며, 고유해를 바탕으로 미지의 진폭을 구할 수 있다. 하지만 여기서 A를 기준으로 다른 변수들의 비율을 구할 수 있고, 배관의 두께에 따라 파형구조 $u_r(r), u_\theta(r), u_z(r)$을 구할 수 있다.

해당 형상의 탄성파 기반의 유도초음파 전파 이론은 3가지의 유도초음파 모드를 발생시키게 된다. 해당 모드는 각각 L-mode(longitudinal mode), T-mode(torsional mode), F-mode(flexural mode) 총 3가지를 발생시킨다.

2.4 이방성 탄성 무한체 내에서의 파동이론

등방성 재료에서와 달리 이방성 재료에서는 재료의 성질이 방향에 따라 서로 다르다.

텐서 형태로 미소 체적에서의 지배방정식을 정리하면(체적력은 무시)

$$\sigma_{ik,k} = \rho \ddot{u}_i \tag{2.63}$$

여기서 σ는 응력이며, ρ는 재료의 밀도이다. Hooke's law에 따라

$$\sigma_{ik} = C_{iklm}\varepsilon_{lm} \tag{2.64}$$

식 (2.63)과 (2.64)를 조합하여 정리하면

$$\rho \ddot{u}_i = C_{iklm} \times \frac{\partial \varepsilon_{lm}}{\partial x_k} = C_{iklm}\varepsilon_{lm,k} \tag{2.65}$$

변위와 변형률 사이의 관계는 식 (2.66)과 같고, 이를 식 (2.65)에 대입하여 정리하면 식 (2.67)과 같이 정리된다.

$$\varepsilon_{lm} = \frac{1}{2}\left(u_{l,m} + u_{m,l}\right) \tag{2.66}$$

$$\rho \ddot{u}_i = \frac{1}{2} C_{iklm}\left(\frac{\partial^2 u_l}{\partial x_k \partial x_m} + \frac{\partial^2 u_m}{\partial x_k \partial x_l}\right) \tag{2.67}$$

식 (2.68)과 같은 조화함수 형태의 파가 전파된다고 가정하자.

$$u_i = A_i \exp\{i(k_j x_j - \omega t)\} \tag{2.68}$$

여기서 k_j는 파수(Wave number)의 j방향 성분이며, $A_i = A\alpha_i$로 α_i는 i방향의 방향여현(Directional cosine)이다. 식 (2.68)을 (2.69)에 대입하면

$$\rho \omega^2 u_i = C_{iklm} k_k k_l u_m \tag{2.69}$$

여기서 $\rho \ddot{u}_i = \rho \omega^2 u_i$이고, Kronecker Delta δ_{im}을 도입하면 $u_i = u_m \delta_{im}$이므로 식 (2.69)는

$$(\rho\omega^2\delta_{im} - C_{iklm}k_k k_l)u_m = 0 \tag{2.70}$$

식 (2.70)을 Christoffel 방정식이라고 한다.

Christoffel 음향 텐서는 식 (2.71)과 같이 정의된다.

$$\lambda_{im} = \Gamma_{im} = C_{iklm}n_k n_l \tag{2.71}$$

여기서 n_k, n_l은 파면에 수직인 방향여현(Directional cosine)으로 $k_k = kn_k, k_l = kn_l$이다.

식 (2.71)을 (2.70)에 대입하여 정리하면

$$(\Gamma_{im}\, k^2 - \rho\omega^2\delta_{im})u_m = 0 \;\; \text{OR} \;\; (\Gamma_{im} \; - \rho c^2\delta_{im})u_m = 0 \tag{2.72}$$

여기서 $c^2 = \frac{\omega^2}{k^2}$이다. 식 (2.72)가 유의미한 해를 가지기 위해서는

$$|\Gamma_{im} \; - \rho c^2\delta_{im}| = 0 \tag{2.73}$$

식 (2.73)을 각 방향별로 풀어쓰면 다음과 같다.

$$\begin{vmatrix} \lambda_{11} - \rho c^2 & \lambda_{12} & \lambda_{12} \\ \lambda_{21} & \lambda_{22} - \rho c^2 & \lambda_{23} \\ \lambda_{31} & \lambda_{32} & \lambda_{33} - \rho c^2 \end{vmatrix} = 0 \tag{2.74}$$

Christoffel 음향 텐서 λ_{im}는 재료의 결정방향 및 파의 진행방향에 의해 결정된다.

Christoffel 음향 텐서를 정의하는 식 (2.71)을 다시 살펴보면 하첨자 i, m은 Free index, k, l은 Dummy index이므로 λ_{11}에 대해

$$\begin{aligned} \lambda_{11} = C_{1111}n_1n_1 + C_{1211}n_2n_1 + C_{1311}n_3n_1 + C_{1121}n_1n_2 \\ + C_{1221}n_2n_2 + C_{1321}n_3n_2 + C_{1131}n_1n_3 \\ + C_{1231}n_2n_3 + C_{1331}n_3n_3 \end{aligned} \tag{2.75}$$

각각의 음향 텐서는 9개의 성분으로 구성되고(11, 12, 13, 21, 22, 23, 31, 32, 33) 이를 다음 규칙에 의해 보다 간단한 표기로 정리할 수 있다.

$$
\begin{aligned}
n &= i \quad if\ i = k \\
m &= j \quad if\ j = l \\
n &= 9 - (i + k) \quad if\ i \neq k \\
m &= 9 - (j + l) \quad if\ j \neq l
\end{aligned} \tag{2.76}
$$

$$
\begin{aligned}
&C_{1111} = C_{11}, \quad C_{1211} = C_{61}, \quad C_{1311} = C_{51} \\
&C_{1121} = C_{16}, \quad C_{1221} = C_{66}, \quad C_{1321} = C_{56} \\
&C_{1131} = C_{15}, \quad C_{1231} = C_{65}, \quad C_{1331} = C_{55}
\end{aligned} \tag{2.77}
$$

3. 초음파 비파괴검사의 주요 현장 응용 사례 소개

3.1 열교환기 설비 진단 기법

산업 현장에서 배관은 가스, 기름, 그리고 물과 같은 다양한 물질들을 장거리로 운송하는데 널리 사용된다. 특히 발전소에 있는 열교환기 배관들은 증기를 생산하는 필수 구성 요소이지만, 고온, 고압 및 부식성 물질에 노출되는 등 가혹한 작동 조건에 놓인다. 이러한 배관의 건전성은 발전소의 안전하고 효율적인 운전을 보장하는 데 매우 중요하다. 그러므로, 이러한 배관들의 상태를 정기적으로 검사할 필요가 있다. 배관의 상태를 평가하기 위한 효과적인 방법 중 하나는 유도초음파 검사인데, 이는 초음파를 사용하여 배관의 결함을 탐지하고 위치를 파악하는 비파괴 검사 기법이다. 유도초음파 검사는 한 위치에서 수 미터의 배관을 검사할 수 있기 때문에 접근하기 어려운 지역에 있는 배관을 검사하는 데 특히 유용하다. 배관에 대한 유도초음파 검사는 종방향, 비틀림 및 굴곡 모드(longitudinal, torsional, and flexural modes)와 같은 세 가지 모드가 있다. 이 세가지 모드를 활용하여 배관을 검사하는 데 있어 적절한 입사각도와 주파수의 결정이 요구된다. 본 절에서는 산업 현장 중 발전소 열교환기에 사용되는 배관 검사에 대한 진단 기법 사례를 소개하고자 한다.

그림 3.1과 그림 3.2에 탄소강 배관의 분산선도를 나타냈다.[1]

1 조윤호, “DX를 활용한 FBHE Tube Health Monitoring”, GS포천그린에너지, 2023

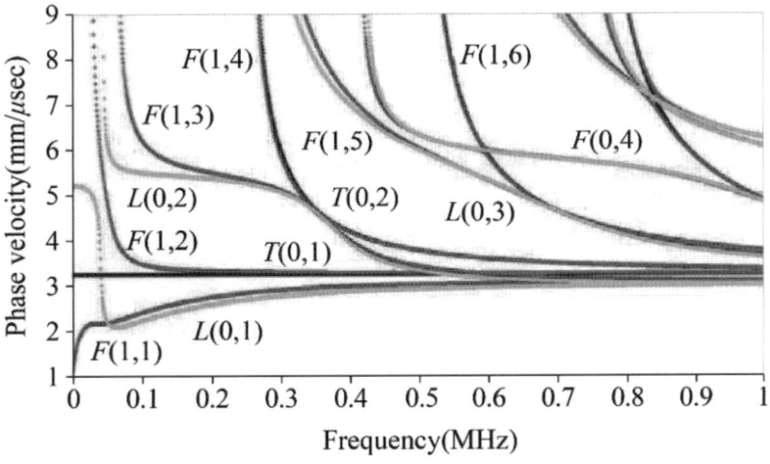

그림 3.1 탄소강 배관의 분산선도 (위상속도)

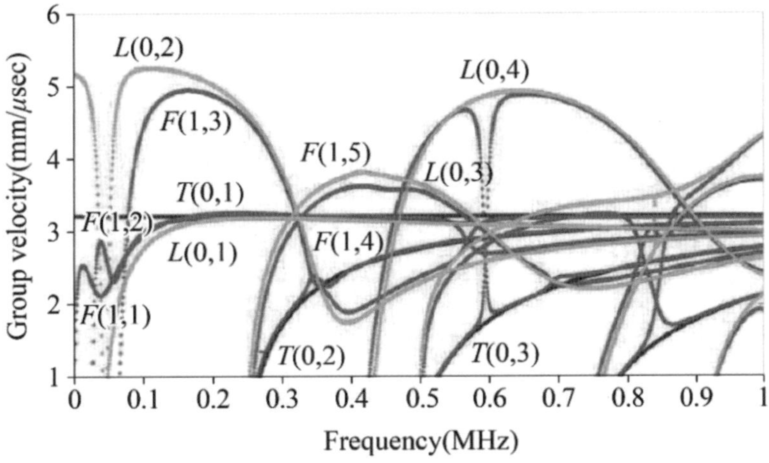

그림 3.2 탄소강 배관의 분산선도 (군속도)

유도초음파 비파괴검사에서 사용되는 초음파 탐촉자는 일반적인 배관 내 초음파 신호를 송신하고 수신할 수 있는 압전 소재 탐촉자이다. 탐촉자는 일반적으로 배관 표면에 배치하며, 유도초음파를 배관에 전파하여 내부의 결함에서 반사된 신호를 수집한다. 이번 사례에서는 600 kHz 탐촉자를 사용하였으며 검사장비의 개략도를 그림 3.3에 도시하였다.[1] 검사 전 시편의 분산선도를 참고하여 적절한 탐촉자의

1 조윤호, "DX를 활용한 FBHE Tube Health Monitoring", GS포천그린에너지, 2023

종류 및 중심 주파수를 고려한 모드 선택을 통해 실험 결과를 향상시킬 수 있다.

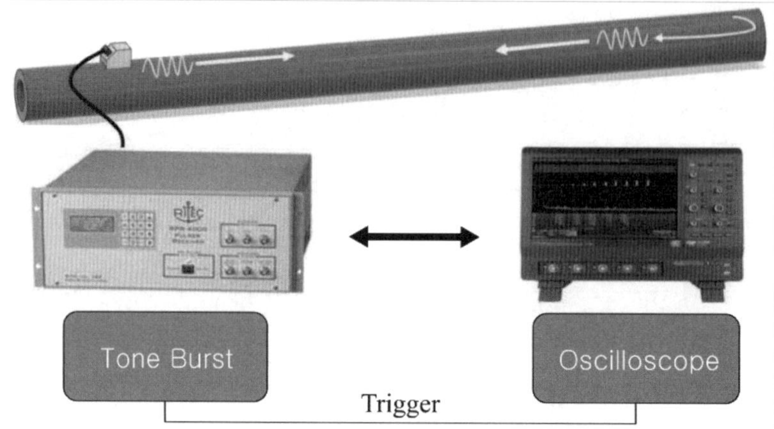

그림 3.3 배관 유도초음파 검사 개략도

배관의 유도초음파 모드는 탐촉자의 주파수와 배관의 재료 특성에 따라 결정된다. 선택한 모드를 가진하기 위해서는 시험체 내로 적절한 입사각도로 초음파 신호를 입사시켜야 한다. 일반적으로 Snell의 법칙을 사용하여 입사각도를 결정한다. 입사각도는 유도초음파가 배관에 전파되는 방향을 결정하며, 검사의 민감도와 정확도에 영향을 미친다. 이에 따라, 아크릴 웨지 각도는 20도로 설정하였다. 검사 결과가 이론과 일치하는지 검증하기 위해, 초음파 속도를 측정해야 하며 탐촉자를 1.5m와 2.5m 위치에 놓고 측정한다. (그림 3.4 참조[1])

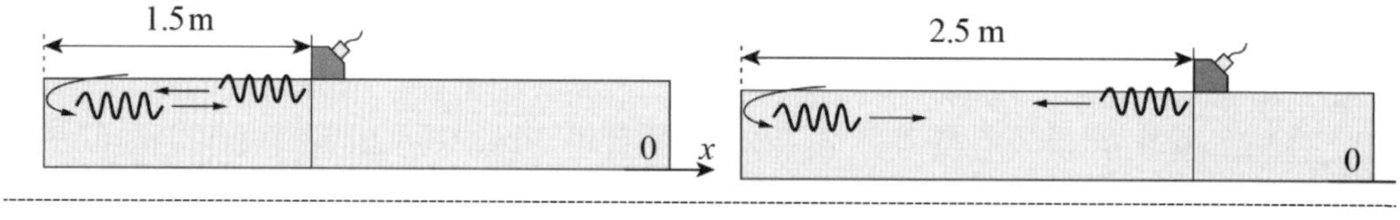

$$c_{g,ex} = \frac{\Delta L}{\Delta t} = \frac{2000mm}{1673 - 1069\mu s} = 3.3mm/\mu s$$

그림 3.4 군속도 측정 방법 개략도

1 조윤호, "DX를 활용한 FBHE Tube Health Monitoring", GS포천그린에너지, 2023

그림 3.5에서 볼 수 있듯이 실험 신호 결과는 거리가 늘어나더라도 매우 높은 신호 대 잡음비와 비교적 낮은 감쇠를 나타낸다.[1] 검사에 사용된 모드는 웨지 각도, 주파수, 입사 파의 주기와 같은 매개 변수를 조정한 후에 얻어지며, 주어진 파동 모드는 다른 테스트 모드에 비해 단일 우세한 모드와 적은 감쇠 특성을 나타낸다. 군속도의 경우 그림 3.5에서 확인된 시간 차를 이용하여 그림 3.4에 계산되었다.

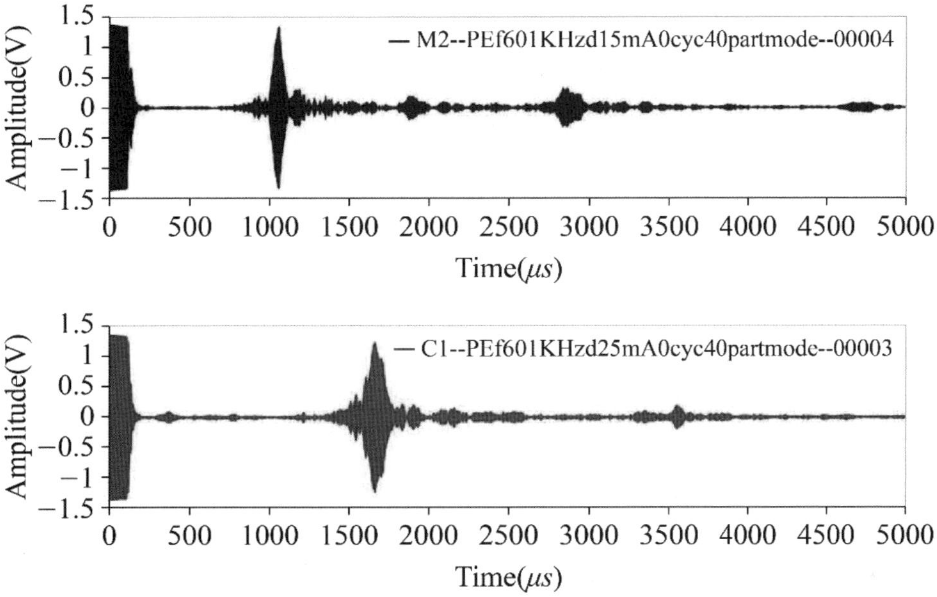

그림 3.5 수집된 유도초음파 신호: 거리 1.5m (상) 거리 2.5m (하)

실제로 유도초음파에서 검사에 적절한 모드를 선정하는 것은 복잡한 절차로 단순히 이론에 기반한 접근만으로 선정하는 것에는 어려움이 따른다. 따라서 실제로 실험을 통하여 세부적인 모드 튜닝을 진행해야 하며, 이론과 유사한지 확인하는 것이 좋다.

1 조윤호, "DX를 활용한 FBHE Tube Health Monitoring", GS포천그린에너지, 2023

3.2 장거리 매설 배관 진단 기법

본 절에서는 매설되어 사람들이 접근하기 힘든 장거리 배관 검사에 대한 사례를 다루었다. 그림 3.6과 같이 지하 매설 배관 시편을 설치하였다.[1] 지하 매설 배관은 지상으로부터 깊이 0.8미터에 설치하였으며, 배관매설 기준에 따라 배관 주변에는 고운 모래로 덮고, 표면은 주변 흙으로 메워 시공을 실시하였다.

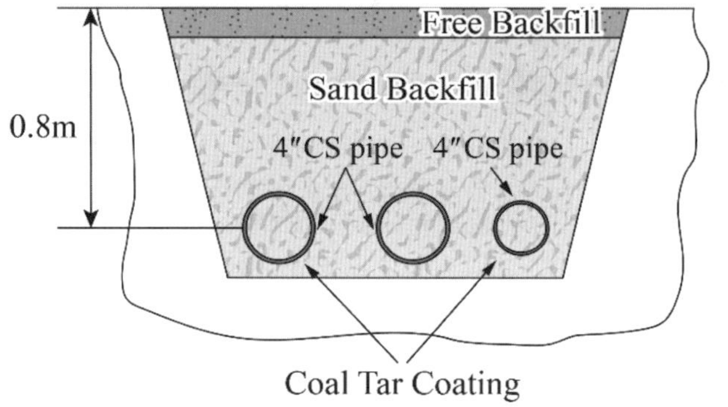

그림 3.6 매설 배관 개략도

그림 3.7, 그림 3.8과 같이 배관을 매설하기 전에 배관의 주요 위치에 관통형 결함 및 노치형 결함을 제작하였다.[2] 그리고 배관은 총 12미터로 6미터 위치에 용접으로 연결이 되게 제작하였다. 해당 결함 조건하에 매설 환경 및 피복 환경에서 유도초음파를 활용한 장거리 검사 민감도 검사를 위한 연구를 수행하였다.

그림 3.9와 같이, 매설 배관의 경우 기존의 지상 노출 배관과 다르게 크게 유도초음파 전파 거리에 따라 신호가 급격하게 감쇠되는 것을 볼 수 있으며, 결함에 대한 민감도 또한 떨어지는 것을 볼 수 있게 된다.[3] 배관에 탐촉자가 설치되는 끝부분에서 매설 환경이 시작되는 지점에 벽을 통과하는 부분에서 감쇠가 크게 발생하며, 배관 주변 토질에 의해 유도 초음파 전파 특성이 달라지는 것을 볼 수 있다.

1 조윤호, "대형 난접근시설 장거리 초음파 진단 기술표준개발", 한국산업기술평가관리원, 2021
2 조윤호, "대형 난접근시설 장거리 초음파 진단 기술표준개발", 한국산업기술평가관리원, 2021
3 조윤호, "대형 난접근시설 장거리 초음파 진단 기술표준개발", 한국산업기술평가관리원, 2021

그림 3.7 매설된 장거리 배관 실물 사진

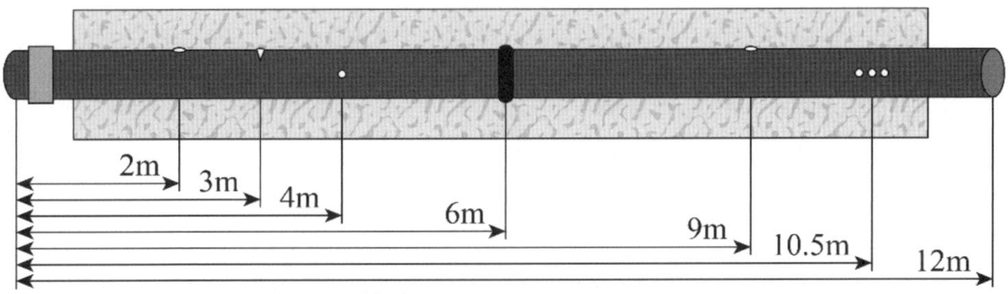

그림 3.8 매설된 6인치 탄소강 배관 결함 정보

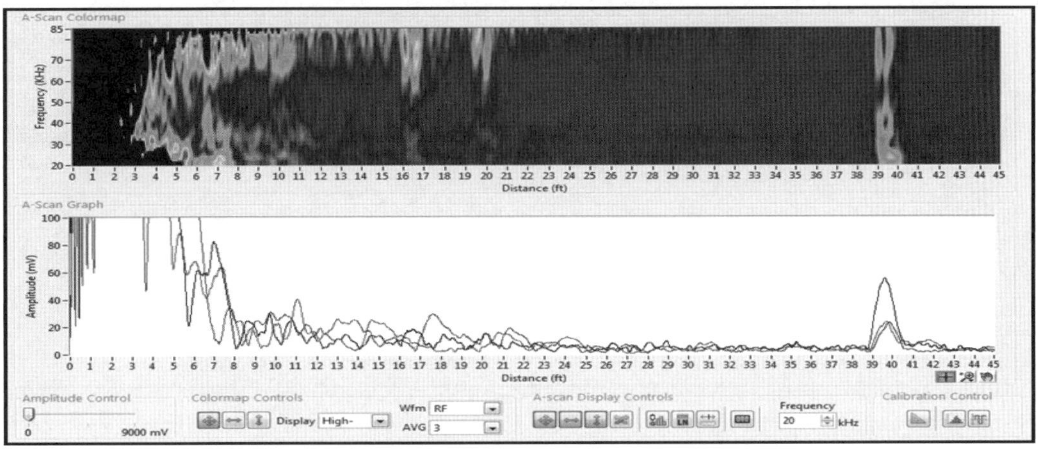

그림 3.9 매설 배관에 대한 영상화 및 초음파 신호

낮은 주파수 영역에서는 용접부와 일부 결함에서 반사 신호가 발생하는 것을 볼 수 있지만, 감쇠가 심하여 수신 신호를 증폭하였을 경우 결함 및 용접부 반사 신호 뿐만 아니라 주면 노이즈 성분이 함께 증폭되어 고주파수 영역에서 신호를 해석하기 어려운 부분이 발생하게 됨을 짐작할 수 있다.

그림 3.10은 결함에 대한 영상화를 수행한 결과물이다.[1] 채널별로 수신된 신호를 바탕으로 2차원 FFT를 사용해 결함의 위치 및 각도를 계산하였으며, 이를 영상으로 보여주고 있다. 결함과의 거리가 멀어짐에 따라 검사 민감도가 급격하게 감소하며, 일부 결함은 결함 정보를 정확하게 표시하지 못하는 경우도 있다. 그러나 탐촉자 위치 주변에서는 상대적으로 결함의 위치와 정보를 정확하게 찾을 수 있다. 매설환경에 있는 배관은 결함 진단이 어렵다는 점을 염두에 두어야 하며, 실제 결함에서 반사되어 수신되는 신호의 진폭이 작기 때문에 정보를 복원하는 과정에서도 어려움이 따른다. 이러한 이유로 결함 진단 민감도를 높이기 위해, 유도초음파 에너지 집속을 위한 집속 이론을 적용하여 배관의 원주방향에서 각 채널별로 진폭과 시간차를 고려한 실험을 수행하였다.

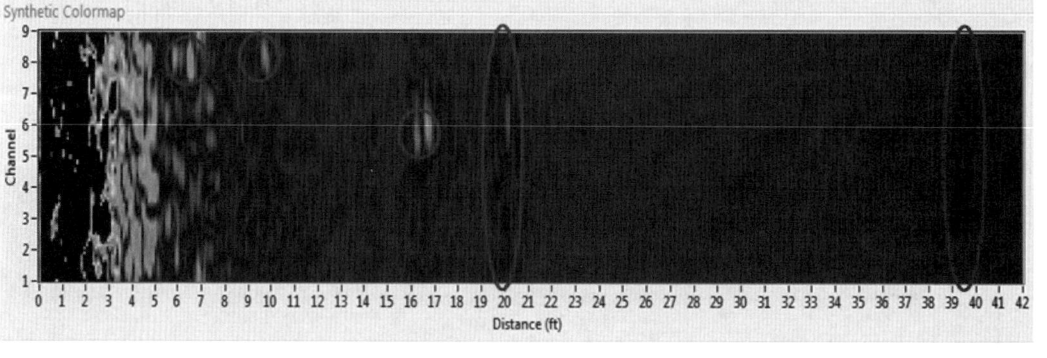

그림 3.10 획득된 신호를 바탕으로 결함에 대한 영상화

1 조윤호, "대형 난접근시설 장거리 초음파 진단 기술표준개발", 한국산업기술평가관리원, 2021

표 3.1 거리 별 결함 종류

거리	결함 종류
7.3 ft (2.22 m)	Top side through hole
10.2 ft (3.11 m)	Saw cut 20%
13.4 ft (4.08 m)	Left side through hole
19.9 ft (6.06 m)	Weld
29.1 ft (8.87 m)	Top side through hole
33.8 ft (10.3 m)	Left side three through hole
39.4 ft (12 m)	Pipe end

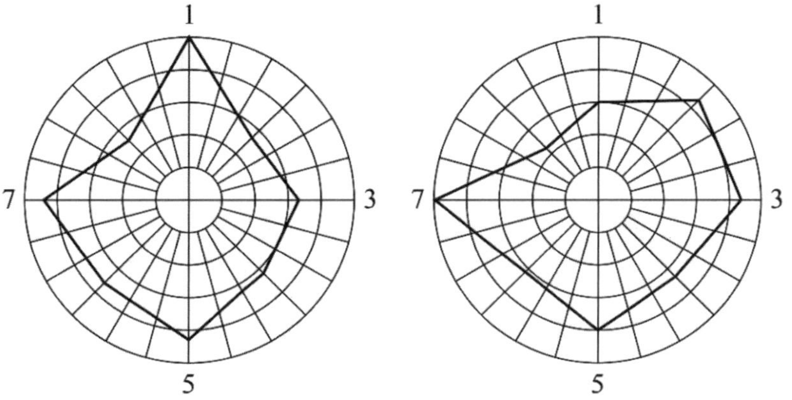

그림 3.11 유도초음파 집속 신호 데이터

위의 그림은 배관의 상부에 위치한 3.1미터 지점에서 20% 두께의 Saw cut형태의 결함에 대한 유도초음파 집속 신호를 보여준다.[1] 결함이 위치한 상부 1번 채널에서 크게 반사되는 신호를 확인할 수 있으며, 다른 채널에서는 낮은 반사 신호를 보여준다. 이를 바탕으로 배관 상부에 결함이 존재하는 것을 파악할 수 있다. 그림 우측은 4미터 지점에 위치한 왼쪽에 관통형 결함에 대한 유도초음파 집속 신호 결과를 보여준다. 결함이 위치한 7번 채널에서 크게 반사되는 신호를 확인할 수 있으며, 다른 채널에서는 낮은 반사 신호를 보여준다. 하지만 지하에 매설된 배관의

1 조윤호, "대형 난접근시설 장거리 초음파 진단 기술표준개발", 한국산업기술평가관리원, 2021

경우 토양으로 인해 유도초음파 신호가 감쇠하거나 유실되는 등의 요인으로 인해 결함에서 반사되는 신호의 진폭이 급격하게 줄어들고, 결함 이외의 다른 위치에서도 반사 신호가 발생할 가능성이 있음을 예측할 수 있다.

3.3 수중 관구조물 초음파 진단 기법

열교환기는 두 매체 사이에서 열을 교환하는 역할을 수행하며, 다양한 에너지 시설 등에서 활용된다. 열교환기가 효율적으로, 그리고 안정적으로 운용되기 위해서는 발생 가능한 결함에 대해 조기에 진단하고 보수를 수행할 필요성이 있다. 하지만 대부분 열교환기 구조물은 열 교환 효율성을 높이기 위해 가느다란 튜브 형태의 배관을 가능한 조밀하게 배치하고 있어 일반적인 방법으로는 검사에 한계가 많다. 또한 일부 열교환기의 경우에는 수중에 잠긴 채로 운용되는 경우가 있어 이러한 제한된 공간과 수중조건에서 활용이 가능한 검사방법의 개발이 요구된다. 이를 위한 NDT 기술 중에서, 초음파 검사는 열교환기 배관에 적용하기 적합한 검사 방법이다. 본 절에서는 배관의 원주방향을 따라 전파되는 유도초음파를 이용하여 조밀한 배관 사이에서도 검사를 수행할 수 있는 검사기법을 예시로 다루었다.

유도초음파가 배관의 원주방향을 따라 전파될 때, 두 가지의 모드가 존재하며, 하나는 원주방향(Circumferential) 모드이며, 다른 하나는 반경방향(Radial) 모드이다. 각 모드는 결함에 대해 서로 다른 민감도를 가진다. 반경방향 모드는 배관 내외부의 물의 존재에 대해 민감하며, Leaky-wave 모드라고 불린다. 따라서 이 모드는 파동 에너지가 배관 내외부의 물로 누출되어 감쇠가 상대적으로 심하므로 장거리 전파에 불리하다. 반면 원주방향 모드는 배관의 단면 검사에 적합하다. 따라서 이러한 각 모드 별 특징을 고려하여 검사에 사용할 모드를 선정하였다.

또한 일반적인 초음파 트랜스듀서는 크기가 커서 배관 사이로 투입하여 검사를 수행하기 어렵다. 따라서 이번 사례에서는 압전 패치 트랜스듀서를 개발하여 배관 사이로 투입이 가능하도록 하였다. 수중 환경에서는 물이 초음파를 전달하는 커플

런트(매질) 역할을 하며, 물에서는 횡파가 전파될 수 없으므로 종파를 통하여 배관 내 유도초음파를 가진하였다.

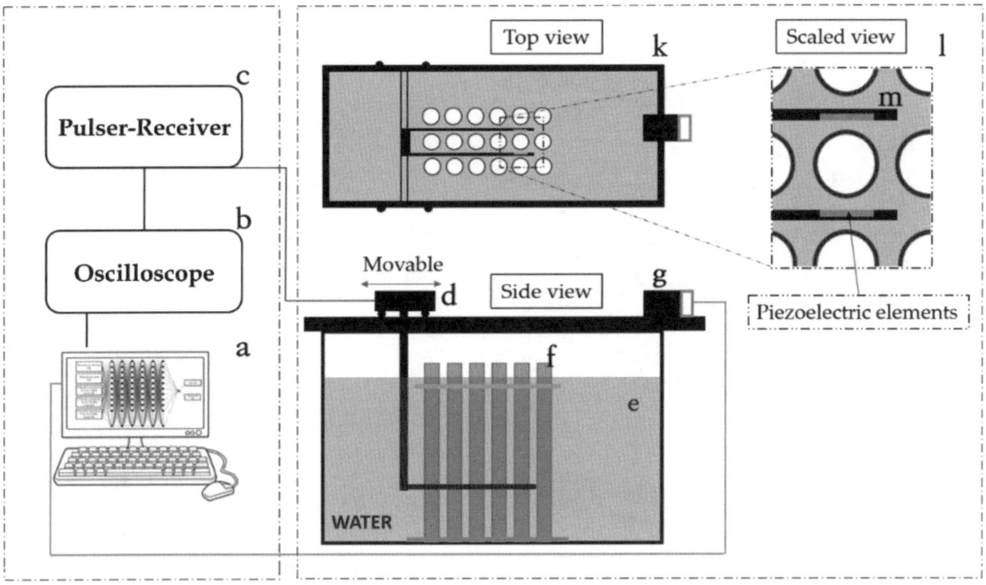

그림 3.12 개발된 검사시스템의 도식: (a) 컴퓨터 (b) 오실로스코프 (c) 펄서-리시버 (d) 슬라이딩 암 (e) 수조 (f) 열교환기 배관 시편 (g) 위치 제어 모터 (k) 실험시스템의 상부 모습 (l) 배관 사이로 투입된 탐촉자의 모습 (m) 패치형 탐촉자

그림 3.12는 개발된 배관 검사시스템의 전체적인 개략도를 나타내고 있다.[1] 초음파 신호를 가진 및 수신하고 확인하는 컴퓨터(a)와 오실로스코프(b), 펄서-리시버(c)가 있고, 트랜스듀서를 이동시키기 위한 이송장치(g, d)와 패치형 트랜스듀서(m), 배관 시편(f)가 있다. 배관 시편은 물에 부분적으로 잠겨 있으며, 결함으로 인해 파손된 배관은 내부에도 물이 채워진 것으로 모사하였다. 건전한 배관은 내부에 물이 없으므로 유도초음파가 배관의 원주방향을 따라 전파할 때 각각의 신호에 차이가 존재한다. 그림 3.13에는 실제 개발된 검사시스템의 모습을 나타내었다.[2] 실험

1 Malikov A et al., “A novel ultrasonic inspection method of the heat exchangers based on circumferential waves and deep neural networks”, Science progress, vol. 106, pp. 1-26, 2023

2 Malikov A et al., “A novel ultrasonic inspection method of the heat exchangers based on circumferential waves and deep neural networks”, Science progress, vol. 106, pp. 1~26, 2023

은 여러 개의 배관 묶음에서 임의로 몇 개의 배관에 물을 채워 결함을 모사하고, 이 송장치를 통해 트랜스듀서를 배관 사이로 이동시켜 각각의 배관에 대해 신호를 가진하고, 배관을 따라 전파된 유도초음파를 수신하는 방식으로 진행되었다.

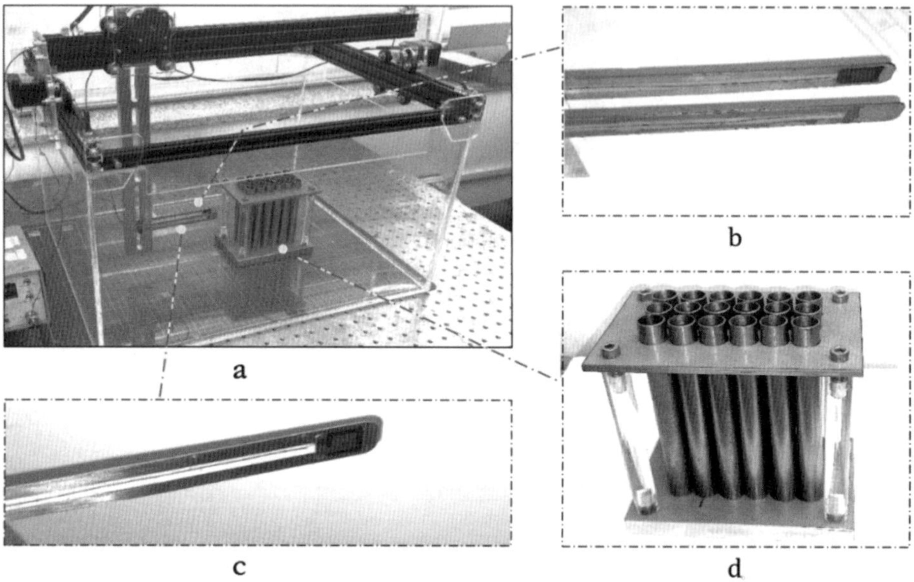

그림 3.13 개발된 검사시스템의 실제 모습: (a) 수조에 장착된 모습 (b) 배관 검사용 탐촉자 (c) 막대 옆면에 부착된 패치형 탐촉자 (d) 열교환기 배관 시편

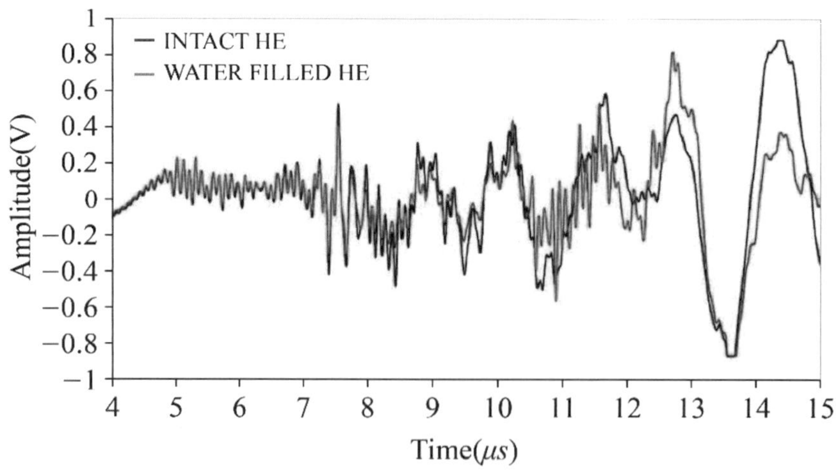

그림 3.14 배관 시편에서 획득한 시간영역 신호: 결함이 없는 시편(청색) 결함이 있는 시편(적색)

검사를 수행한 결과, 그림 3.14와 같이 단순한 시간영역 신호에서는 결함유무에 따른 신호 간 차이를 구별하기 어려웠다.[1] 이를 위하여 연속 웨이블렛 변환(CWT)를 사용하여 주파수영역별로 신호를 변환하였고, 변환을 거친 두 신호는 그림

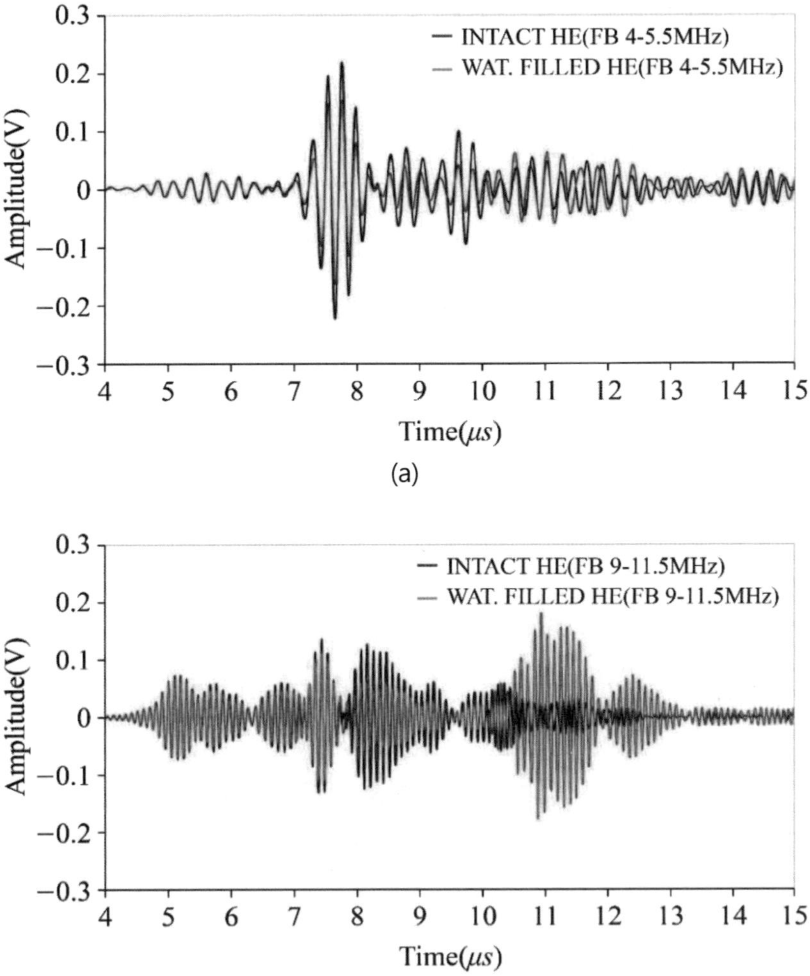

그림 3.15 연속 웨이블릿 변환을 통해 변환한 신호: (a) 4~5.5MHz 영역 (b) 9~11.5MHz 영역

1 Malikov A et al., "A novel ultrasonic inspection method of the heat exchangers based on circumferential waves and deep neural networks", Science progress, vol. 106, pp. 1-26, 2023

3.15와 같이 서로 구별이 가능함을 확인할 수 있다.[1] 이러한 신호차이를 활용하여 배관의 결함유무를 판독할 수 있다.

3.4 해양 코팅 구조물 진단 기법

해양 구조물이란 구조물이 육지와 연결되어 있지 않고, 날씨 조건에 구애받지 않고 바다의 한 지점에 머물러 있을 수 있는 구조물을 말한다. 콘크리트 혹은 강재로 이루어진 해양구조물은 시간이 흐름에 따라 환경적 요소로 인해 화학적 반응이나 전기화학적 반응으로 부식이 일어나게 된다. 이는 구조물을 구성하는 재료의 파괴 및 유효수명의 단축을 초래하며, 부식의 정도가 심해지면 구조물 전체의 안전 문제가 생길 수 있고 더 나아가 사고로 이어질 수 있다.

이러한 부식을 방지하기 위해 일반적으로 구조물에 에폭시나 징크 분진을 이용한 코팅 기술을 적용하고 있다. 특히 코팅층의 수명은 코팅층의 부식 방지 능력과 직결되기 때문에 정기적으로 코팅층을 모니터링하는 것이 중요하다. 따라서 해양 구조물도 유지보수를 위해 수중 코팅의 두께 및 접합 강도 등을 주기적으로 검사할 필요성이 존재한다.

이번 장에서는 해양 구조물에 자주 사용되는 코팅된 구조물의 진단 기법에 대해 소개하고자 한다. 먼저, 초음파를 이용한 코팅재료의 두께 및 접합강도 측정을 위한 기초실험이 진행되었다. 초음파는 탐촉자에서 시험체 내부로 전달되며, 수직으로 입사하는 초음파는 동일 매질에서 입사된 방향으로 나아가지만, 매질 간 경계면에서는 각 매질의 물리적 상태 및 성질의 차이에 의하여 반사 또는 투과된다. 코팅재의 두께가 얇고 내부에서 초음파의 감쇠가 크기 때문에 지연 라인(delay line)을 사용하였다. 지연 라인은 의도적으로 반사신호의 도달시간(Time of Flight)를 지연시켜 탐촉자에서의 가진 신호(Main Bang)와 겹치지 않게 해준다. 측정된 초음파 신

---

1 Malikov A et al., "A novel ultrasonic inspection method of the heat exchangers based on circumferential waves and deep neural networks", Science progress, vol. 106, pp. 1-26, 2023

호로부터 코팅 재료의 두께 및 접합강도의 성질을 예측할 수 있다. 시험의 정밀도는 초음파 주파수, 지연 라인, 반사 신호의 전기적 처리와 같은 여러 가지 시험변수에 영향을 받는다.

그림 3.16에 나타낸 것과 같이 초음파는 탐촉자를 통하여 시험체 내부로 전달되며, 수직으로 입사한 초음파는 다른 매질과 접하는 계면에서 각 매질의 물리적 성질의 차이에 의하여 일부분은 반사하고 일부분은 투과한다.[1] 반사된 초음파는 탐촉자에서 전기신호로 바뀌어 오실로스코프에 신호로 나타낸다.

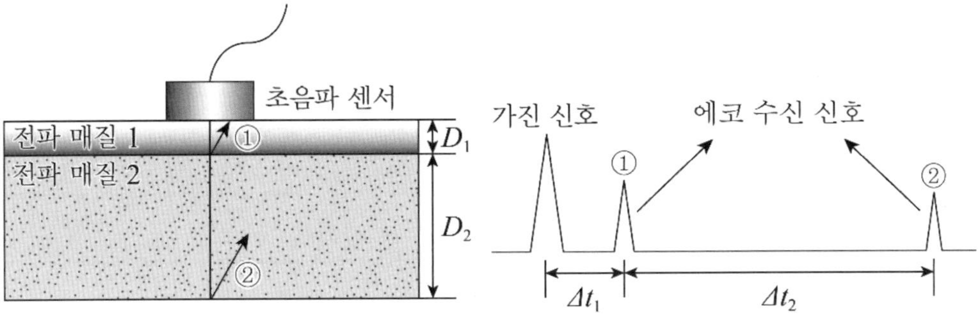

그림 3.16 탐촉자를 통한 두께 검사 개략도 및 수신 신호와 두께 계산 방법

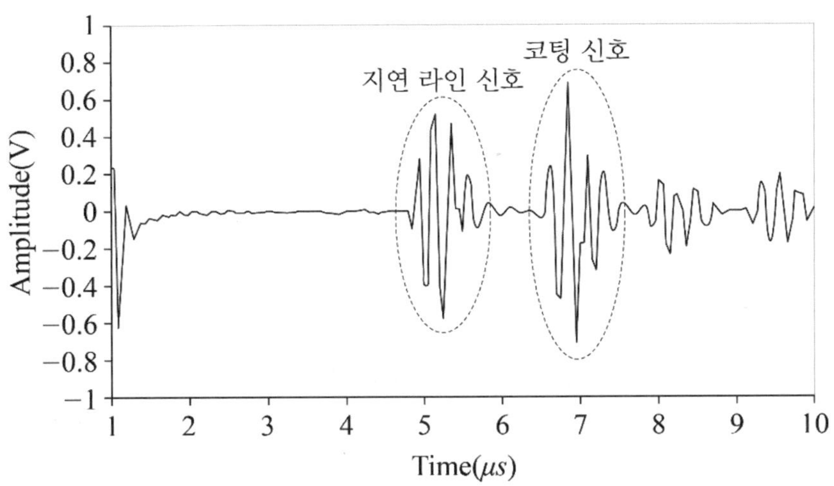

그림 3.17 코팅 두께를 측정한 실험 결과

1 이진학, 조윤호, "수중코팅 해양구조물 비파괴검사 매뉴얼 개발", 한국해양과학기술원, 2022

코팅 두께 측정 방법은 측정한 신호의 TOF(비행 시간, Time of Flight)를 이용한다. 그림 3.16에서 시간 차이(TOF)가 초음파가 코팅층에서 왕복한 시간이 된다. 이를 이용하여 코팅의 정확한 두께를 계산하기 위한 공식은 (코팅의 초음파 전파속도 ×TOF)/2이다. 실제로 아크릴 지연 라인을 사용하여 코팅 두께를 측정한 실험 결과는 그림 3.17과 같다.[1]

각 층 사이(그림 3.16의 경우 매질 1과 2의 경계면)의 접합도가 좋지 않으면 경계면에서의 신호의 진폭이 작아진다. 그림 3.18은 접합도가 양호한 상태에서의 신호, 그림 3.19는 접합도가 불량한 경우의 신호를 나타낸다.[2] 극단적으로 두 층이 떨어져 있으면 3.19에서 신호는 나타나지 않는다. 이러한 현상을 이용하면 두 층의 접합 정도를 평가할 수 있다.

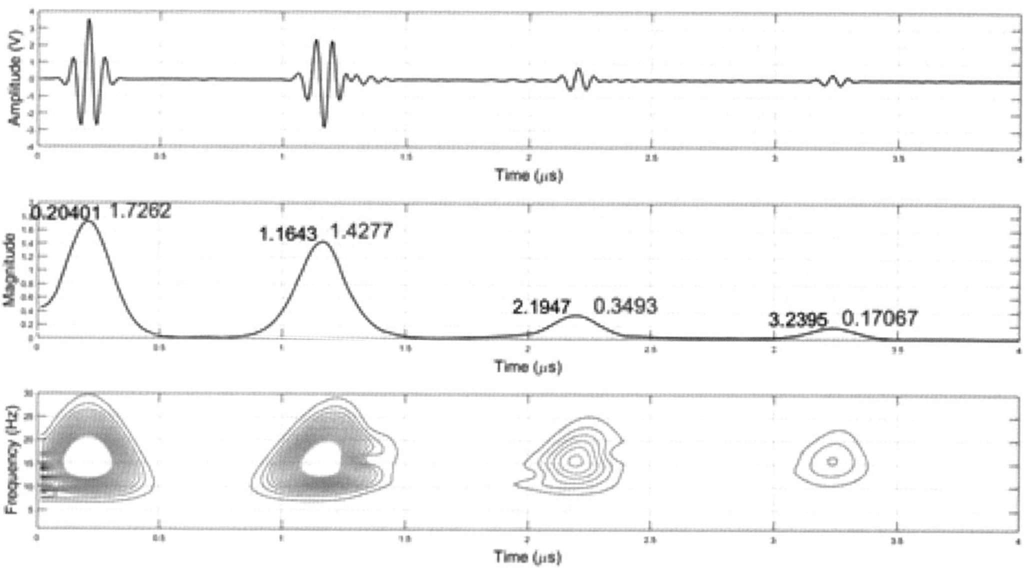

그림 3.18 완전 접합 상태의 실험 결과

---

1 이진학, 조윤호, "수중코팅 해양구조물 비파괴검사 매뉴얼 개발", 한국해양과학기술원, 2022

2 이진학, 조윤호, "수중코팅 물성치 추정을 위한 수중 비파괴검사 원천 연구", 한국해양과학기술원, 2020

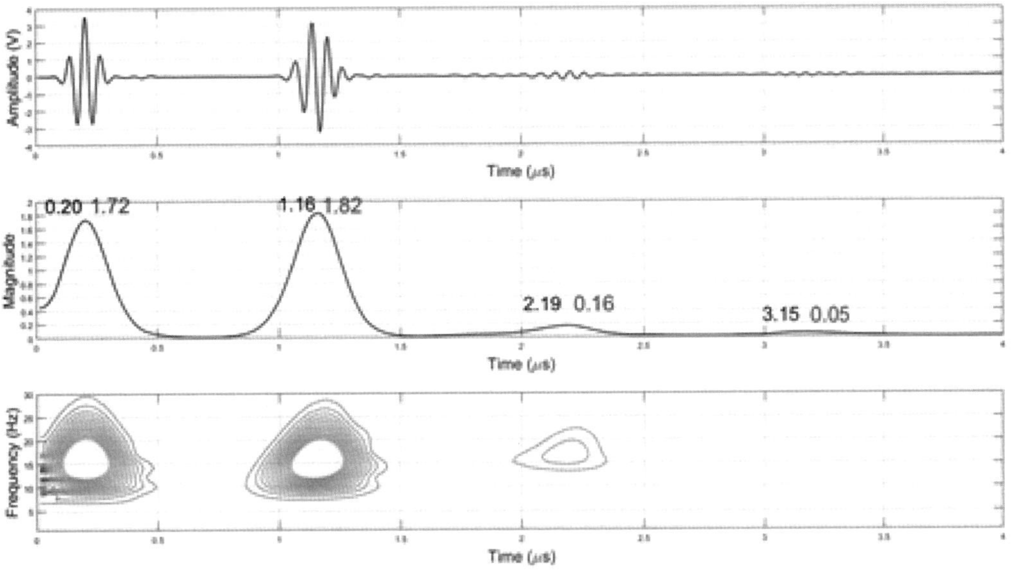

그림 3.19 접합도가 좋지 않은 경우 실험 결과

해양 구조물에 대해서는 물에 잠긴 부분이 더 많은 검사가 필요하다. 해양 환경의 불확실성으로 인해 이 부분을 보호하기 위한 코팅이 더 쉽게 손상되고, 수중환경이라는 특성상 발견하기도 쉽지 않다. 무시 못 할 손상조차도 검출되지 않으며, 시간과 해양 환경의 작용으로 인해 더 큰 피해가 발생할 수 있다. 수중환경에서 코팅 두께 측정은 앞서 본 바와 같이 유사하게 지연 라인을 사용하며, 수중 환경에서는 별도의 지연 라인 준비 없이 물 그 자체를 지연 라인으로 사용할 수 있다. TOF 측정을 통해 코팅의 두께 $\text{Thickness} = c_{Coatings} \times \frac{2(t_{dl-1} - t_{c-1})}{2}$ 구하고 이 방법의 실험 결과는 그림 3.20에 나와 있다.[1]

1 이진학, 조윤호, “수중코팅 해양구조물 비파괴검사 매뉴얼 개발”, 한국해양과학기술원, 2022

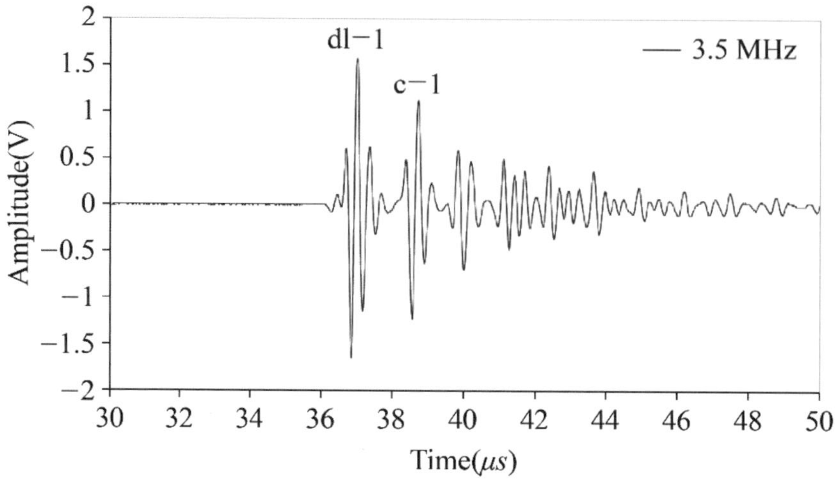

그림 3.20 코팅 두께를 측정한 실험 결과

수중환경에서 코팅의 접합강도를 판단하기 위해서는 장거리 검사 능력이 있는 방법을 선택해야 한다. 유도초음파는 판재, 배관과 같은 구조물의 기하학적 구조를 따라 길이 방향으로 전파하는 초음파를 말한다. 이를 이용하는 시험은 판재 시편에 일정한 각도로 초음파를 입사시킨 뒤 초음파의 반사, 굴절 및 중첩 등을 통하여 일정한 거리를 지나면서 만들어지는 에너지 집합체를 이용한다. 유도초음파가 진행하는 동안 코팅 내부에서 반사되어 돌아오는 파의 크기, 형태, 특성을 분석하여 코팅의 접합강도를 평가하는데 이용할 수 있다.

하나의 시편에서 두개의 구역을 나누어 각각 접합 부위와 비접합 부위를 제작하고, 각 구역에 대해 수집된 신호를 그림 3.21과 3.22에 나타냈다.[1] 접합부위에서는 코팅 내 전파되는 유도 초음파 에너지의 일부가 철판으로 전달, 누설되어 신호 파형의 진폭이 작다. 비접합 부위에서는 철판으로의 에너지 전달이 없으므로 대부분 에너지가 코팅층을 통해 전파되어 신호 파형 진폭이 상대적으로 크다.

---

1 이진학, 조윤호, "수중코팅 해양구조물 비파괴검사 매뉴얼 개발", 한국해양과학기술원, 2022

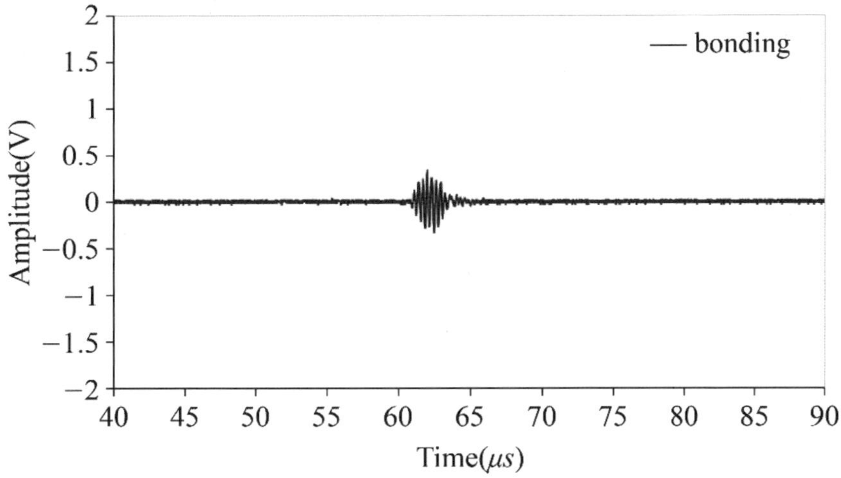

그림 3.21 코팅 접합 부위 측정한 실험 결과

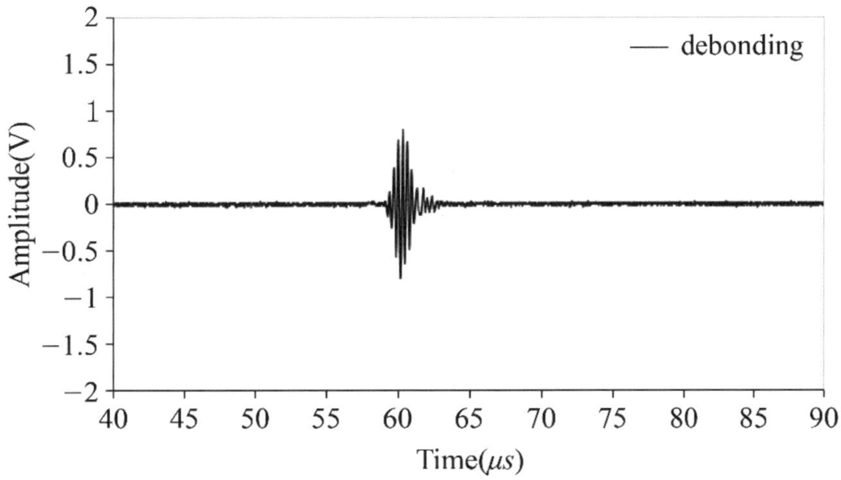

그림 3.22 코팅 비접합 부위 측정한 실험 결과

3.5 이방성 복합재료에 대한 초음파 진단 기법

이방성 재료에서 초음파 시험 시 주의할 점은 초음파의 진행속도가 진행방향에 따라서 달라진다는 것이다. 또한 판형 매질에서는 주파수에 따라 전파속도가 달라지기 때문에 이에 대한 시험은 더욱 어렵다. 여기서는 실리콘 단결정에서 결정 방

향과 표면파 속도의 방향성의 상관관계에 대한 시험과 CFRP 판재에서 판의 구조와 방향에 따른 유도초음파 속도 사이의 관계에 대한 실험을 소개한다.

▷ 실리콘 단결정 구조물 초음파 비파괴 검사 사례

그림 3.23과 같이 [100], [110], [111] 방향의 단결정 실리콘 시편을 대구경 PVDF 트랜스듀서를 이용해 초음파 펄스-반사법으로 조사하였다.[1] 초음파 주파수 범위는 5~10MHz이다. 수신되는 초음파의 반사파의 경로는 그림 3.23에 나타낸 바와 같이 직접 반사파(I)와 누설 표면파(II)의 두 가지 경로가 있다. 따라서 두 경로로 도착하는 에코 사이의 시간차는 표면파의 속도에 의존하고 시험편을 회전시키면 방향에 따른 표면파 속도의 변화를 얻을 수 있다. 그림 3.24에 3가지 단결정 시험편에 대해 방향에 따른 두 에코 사이의 시간차를 나타내었다.[2] 이는 파의 속도나 slowness를 표현하는 것이 아니고 단순히 정성적인 결정성을 분석하는데 유용하다.

디포커싱 거리를 변화시키면서 시간차를 구하면 이 데이터로부터 표면파의 속도를 정량적으로 구할 수 있다. 3가지 실리콘 단결정에 대해 방향에 따른 표면파의 속도를 그림 3.25에 나타내었다. 이로부터 표면파의 속도로 단결정의 결정 방향을 알아낼 수 있다.[3]

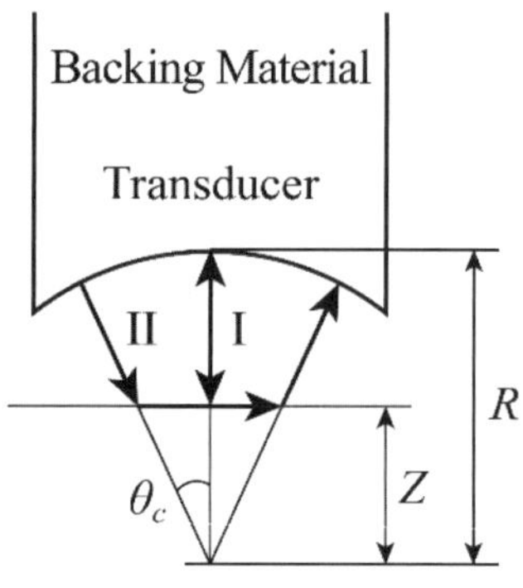

그림 3.23 실험 개략도

1 Song, J., Kim, S., Kim, S., Cho, Y., Kim, Y. H. (2021). Lamb wave propagation on a unidirectional CFRP plate: comparison of FEM simulations, experiments, and analytical calculations. *Journal of Mechanical Science and Technology 35* (9) (2021) 3863~3869.

2 Song, J., Kim, S., Kim, S., Cho, Y., Kim, Y. H. (2021). Lamb wave propagation on a unidirectional CFRP plate: comparison of FEM simulations, experiments, and analytical calculations. *Journal of Mechanical Science and Technology 35* (9) (2021) 3863~3869.

3 Song, J., Kim, S., Kim, S., Cho, Y., Kim, Y. H. (2021). Lamb wave propagation on a unidirectional CFRP plate: comparison of FEM simulations, experiments, and analytical calculations. *Journal of Mechanical Science and Technology 35* (9) (2021) 3863~3869.

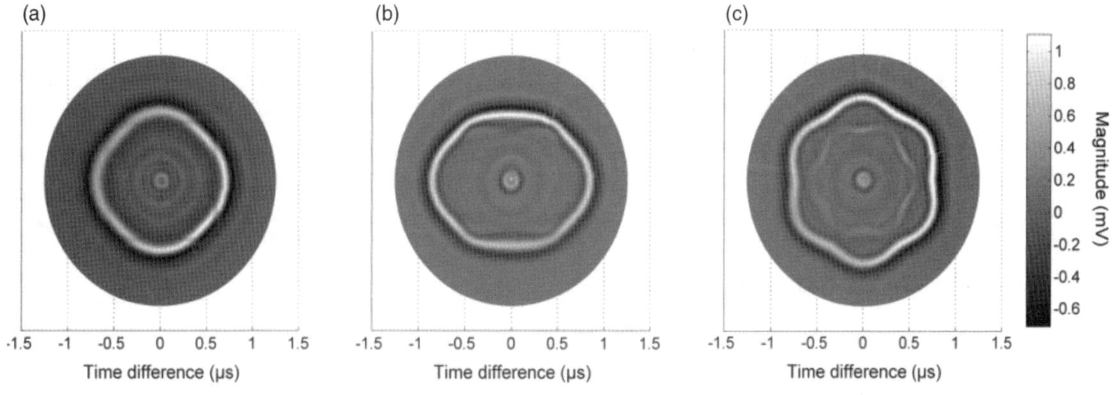

그림 3.24 단결정 시험편에 대해 방향에 따른 두 에코 사이의 시간차

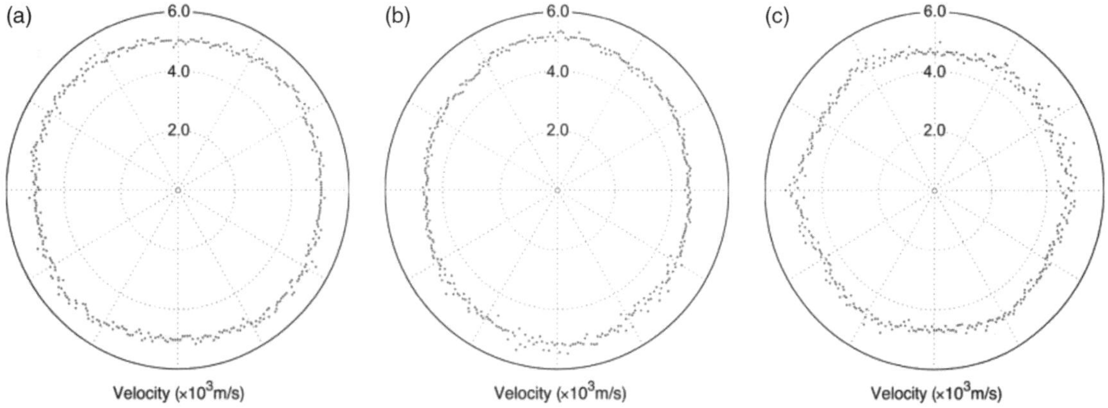

그림 3.25 3가지 실리콘 단결정에 대해 방향에 따른 표면파의 속도

▷ CFRP 판재 초음파 비파괴 검사 사례

두께가 1.4mm이고 8층의 단방향 CFRP 복합 판재에서의 초음파 시험을 진행하였다. CFRP 판재에서의 램파 군속도를 조사하기 위해 3차원 유한요소법 시뮬레이션이 수행되었다. 실험 데이터 분석에서는 오실로스코프에 가장 먼저 도착한 파형만 식별할 수 있으므로 가장 빠른 모드인 S0 모드의 속도만 구했다. 0.36MHz의 주파수를 갖는 5 cycle Tone-burst 사인파 신호를 사용하여 fd 값이 0.5MHz · mm가 되도록 하였다. 가진 탐촉자의 위치는 고정하고 수신 탐촉자의 위치를 가진 탐촉

자에서 거리와 방향이 다르게 놓았다. 동일한 방향에 대해서 거리를 변화시키면서 도달 시간의 변화로부터 군속도를 구하였다.

0.5 MHz · mm의 fd 값으로 실험과 동일한 조건에서 3D FEM 시뮬레이션을 수행하였다. 시뮬레이션은 Onscale 프로그램을 사용하였으며, 메쉬 당 15개의 요소를 갖는 파장 기반 메쉬를 채택했다. t = 24.7 μs에서 CFRP의 x, y 및 z 방향 변위를 그림 3.26에 나타내었다.[1]

Christoffel 방정식에 경계조건을 적용하여 유도 초음파의 속도를 계산하였고, 이론적으로 구한 속도, FEM으로 구한 속도 및 실험으로 측정한 값을 비교하여 그림 3.27에 나타냈다.[2] 그 결과 시뮬레이션과 실험 결과가 일치하여 신뢰성을 확인했다. S0 모드는 전파 방향에 상당한 의존성을 보인 반면 A0 모드는 낮은 의존성을 보였다.

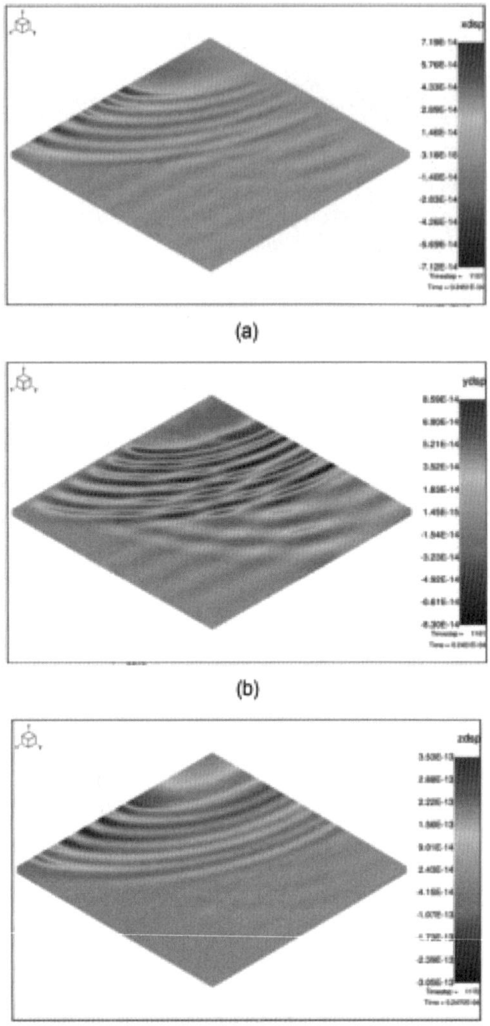

그림 3.26 CFRP 판재에서의 판파 거동

이번 사례에서는 실험, 시뮬레이션 및 분석을 통해 CFRP 판재에서 판파의 전파에 대해 조사했다. S0 및 A0 모드 성분은 판재의 상단 및 하단 표면에서의 변위를

1 Hye Soo Park, Hyun-Seok Lee, Hyeon-Soo Lee, Hak-Beom Kim, and Young H. Kim, 2017, Measurement of ultrasonic surface wave velocities in silicon crystals and its comparison with finite element analysis, Japanese Journal of Applied Physics 56, 07JB04

2 Hye Soo Park, Hyun-Seok Lee, Hyeon-Soo Lee, Hak-Beom Kim, and Young H. Kim, 2017, Measurement of ultrasonic surface wave velocities in silicon crystals and its comparison with finite element analysis, Japanese Journal of Applied Physics 56, 07JB04

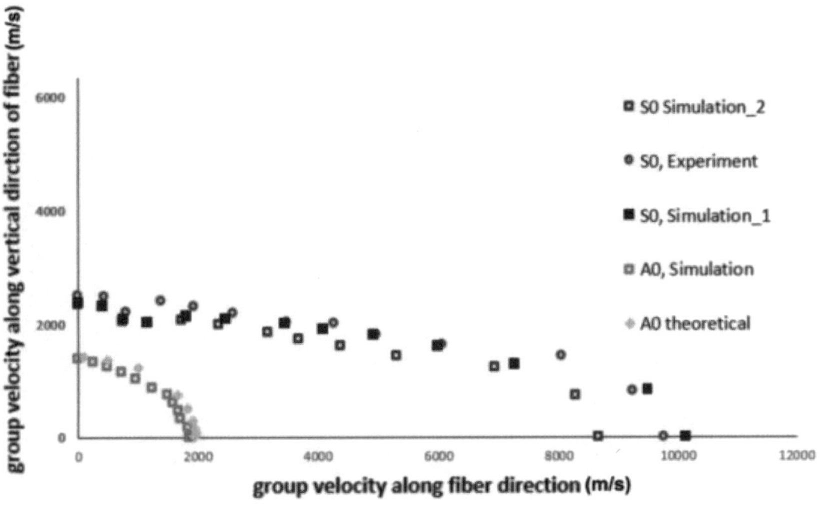

그림 3.27 FEM 시뮬레이션, 실험 및 이론적 분석(fd = 0.5MHz·mm)으로 측정한 CFRP의 S0 및 A0 모드 램파의 그룹 속도 비교

더하고 빼서 시뮬레이션에서 분리되었다. 시뮬레이션과 실험 결과가 일치하여 신뢰성을 확인했다.

3.6 토모그래피를 활용한 초음파 영상 진단 기법

대부분의 원자력 발전소에서 원자로가 위치하는 격납건물에는 유사시 사고가 발생할 경우에도 방사능 물질의 외부 누출을 막기 위한 안전장치로서 6mm 두께의 강판이 콘크리트 벽에 부착되어 있다. 이를 격납건물 라이너 플레이트(Containment Liner Plate, CLP)라고 하며, 안전장치의 역할을 수행함과 동시에 콘크리트 타설 시 거푸집의 역할을 하기도 한다. 원전 운용과정에서 CLP는 해안가에 위치한 원전의 특성상 염분 및 수분에 노출되게 되어 그림 3.28과 같이 부식이 발생하게 된다.[1] 또한 건설과정에서 콘크리트가 제대로 타설되지 못하여 빈부분이 생기거나, 이물

1 Darrell S Dunn et al, “Containment Liner Corrosion Operating Experience Summary, Technical Letter Report”, US Nuclear Regulatory Commission, 2011

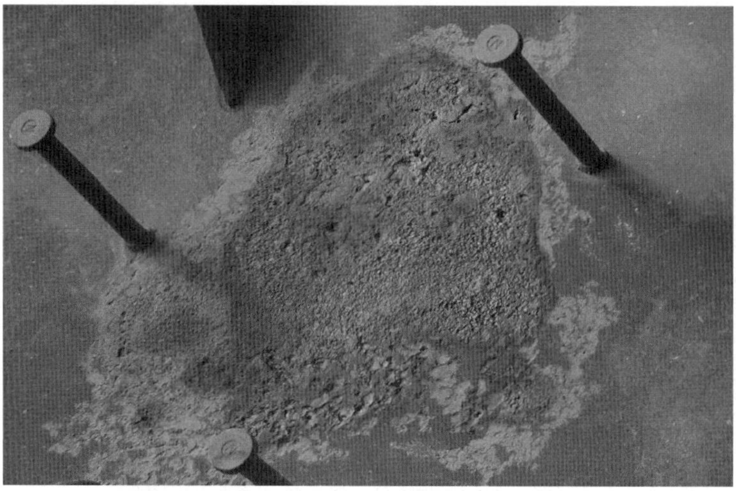

그림 3.28 원자력 발전소 내 발생한 CLP 결함사례

질이 혼합되는 경우에도 공극부 발생으로 인해 부식이 발생하게 된다. 이러한 부식이 발생하면 CLP 판의 두께가 감소하여 판재의 건전성이 저하되게 되며(=감육결함), 이는 원전의 안전한 운용에 위협이 된다.

그러한 사태를 방지하기 위해서는 주기적인 검사를 통하여 결함의 발생 위치를 파악하고 적절한 유지보수를 취해야 하나, 감육결함이 대부분 CLP판과 콘크리트 벽 사이에서 발생하여 건물 내부에서는 이를 육안으로 확인할 수 없다는 점이 큰 취약점으로 여겨지고 있다. 또한 기존 검사방법은 체적파를 활용하여 판재의 두께를 측정하는데, 이는 판재 내 일부 지점을 국부적으로 탐상하는데 그치기 때문에 CLP 판재의 거대한 규모를 생각하였을 때 효율이 떨어지는 방법으로 많은 시간과 비용이 소모되는 한계가 존재한다. 이를 극복하기 위하여 판재 검사에 유도초음파를 활용하려는 시도가 이어졌으나, 유도초음파는 신호를 해석하는 것이 어려워 미숙련자는 이를 활용하고 해석하는데 한계가 있다.

이러한 한계를 극복하기 위하여 영상화 기법(Tomography)이 활용될 수 있다. 초음파 신호를 시각화 하여 누구나 직관적으로 판재의 상태를 확인할 수 있다는 장점이 있으며, 시각화를 위한 다양한 알고리즘이 개발되었다. 여기서는 RAPID (Reconstruction Algorithm for Probabilistic Inspection of Damage) 알고리즘을 활용하여 결함을 영상화한 사례를 소개하고자 한다. 영문명에서 알 수 있듯이 이 알고리즘은 확률에 기반하여 결함의 예상 위치와 형상을 시각화 하며, 판재에 활용하기 적합한 알고리즘으로 평가되고 있다. 알고리즘의 핵심 포인트는 건전한 상태의 부분을 통과한 초음파 신호와 결함부를 통과한 초음파 신호의 도달시간 및 진폭 차이를 추출하여 이를 SDC(Signal Difference Coefficient)로 정량화 하는 것이다. 유도초음파는 분산성을 가지므로, 분산선도에서 분산성이 강한 구간의 주파수로 유도초음파를 판재 내에 가진시키면, 판재 두께 변화에 따라 전파속도가 변화하여 신호가 변화하게 되는 점을 이용하는 것이다.

CLP의 건전성 영상화 평가를 위한 RAPID(Reconstruction Algorithm for the Probabilistic Inspection of Damage)의 개념은 다음과 같다. 음향 신호 전파의 음장 개념을 타원의 형태로 형상화하여 결함 통과 후 신호의 변화 및 신호 특성의 변화를 정량화 하여 이미지를 구현하는 기법으로서 다양한 연구분야의 영상화가 수행되고 있다. 대상 구조체는 판재, 원통, 쉘 구조물 등 다양한 시설물에 폭 넓게 적용할 수 있는 강점을 가진다. 그림 3.29는 RAPID 알고리즘의 기본 개념을 나타낸다. RAPID 알고리즘은 신호 차이에 의해 발생되는 진폭 차 또는 결함부 통과 유무에

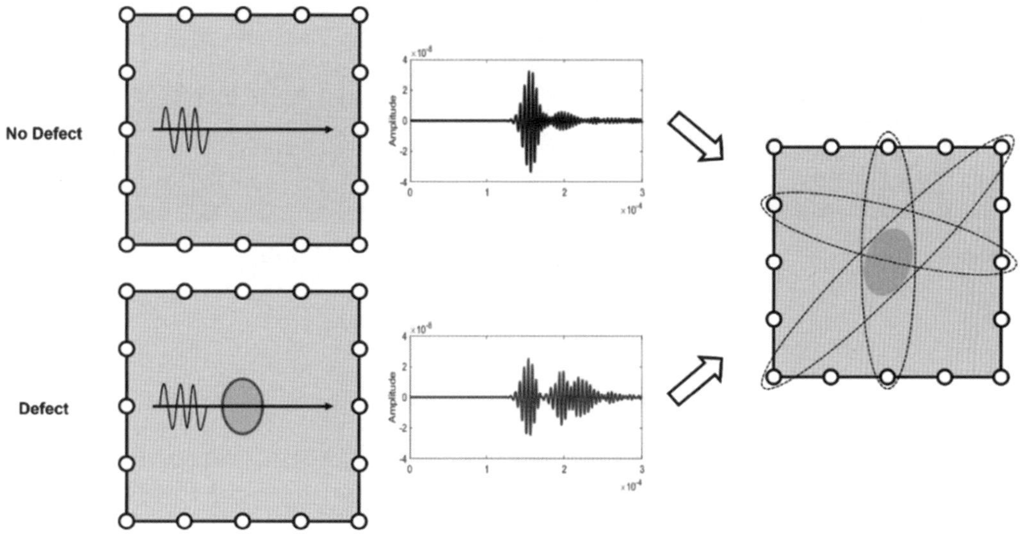

그림 3.29 RAPID 알고리즘의 원리

따른 결함 수치의 정량화를 통해 신호를 분석하게 되는데, 이 때 공분산함수(covariance function)를 이용하여 정량화 하는 SDC(signal difference coefficient) 함수가 적용된다. 구조물의 초기 상태, 결함 발생 이전 상태의 reference 신호를 우선 획득한 이후에, 이 신호가 결함 발생 이후의 신호를 비교하는 함수이다. SDC 값은 감쇠가 이루어지지 않는 이상적인 조건에선 1의 값이 되고, 완전 감쇠가 이루어지면 0이 될 것이다. 결함에 의해서 감쇠는 발생할 것이며, 결함이 존재하지 않는다면 본래 신호가 온전히 재현될 것이다.

현장에서 사용되는 CLP 판재에 대해 그림 3.30과 그림 3.31과 같이 10개의 원형, 또는 타원형의 감육 결함을 생성하였다.[1]

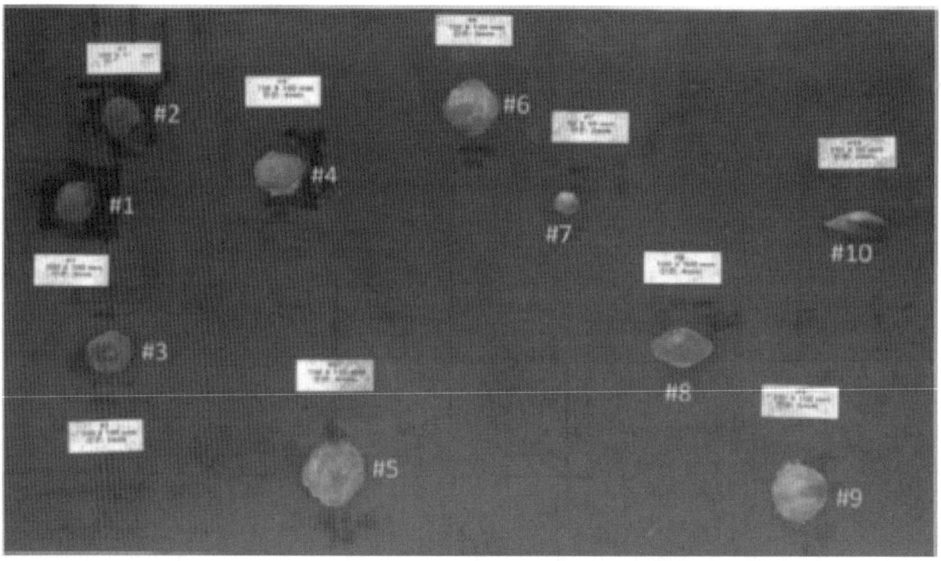

그림 3.30 CLP 판재 시편: 시편 내 결함형상

1 조윤호, "원전 격납건물 플레이트의 AI기반 상시 수명관리를 위한 광범위 안전진단 기법 개발", 한국연구재단, 2023

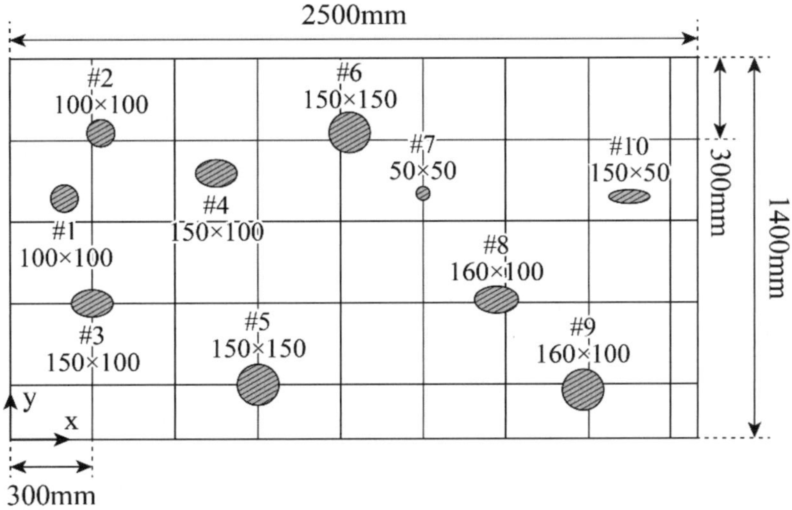

그림 3.31 CLP 판재 시편: 결함의 치수와 위치정보

그림 3.32를 확인해보면 각각의 구역에 대해 구역 내 감육 결함이 높은 위치 정확도 및 크기 표현과 함께 잘 영상화 되었음을 확인할 수 있다.[1] 일반적으로 우리가 고려하는 감육깊이 규정은 원래 두께 대비 10% 정도(감육깊이 0.6mm)로, 유도초음파 및 RAPID 알고리즘을 통한 본 시각화 기법은 규정 범위 이내의 결함 시각화 또한 우수하게 해낼 수 있음을 볼 수 있다. 또한 다양한 결함 크기에 대해서도 대부분 비슷한 크기와 형상으로 시각화가 가능하였다

다만 검사영역의 테두리에 가까운 일부 결과의 경우에는 결함의 형상이 상대적으로 부정확한 모습을 보인다. 이는 RAPID 알고리즘에서 타원형 영역을 사용하여 확률에 기반한 중첩을 통해 시각화를 하기 때문인 것으로 사료되며, 이에 대해서는 향후 알고리즘을 보다 개선하기 위한 연구가 필요할 것이다.

본 시각화 결과를 통하여 실제 현장에서의 CLP에 대한 상시 검사 등에도 활용이 가능함을 확인하였다. 기존에는 정기적으로, 검사자 기반으로만 검사를 수행하는 한계가 있었지만, 이와 같은 영상화 기법을 활용하면 그러한 한계를 극복함과

1 조윤호, "원전 격납건물 플레이트의 AI기반 상시 수명관리를 위한 광범위 안전진단 기법 개발", 한국연구재단, 2023

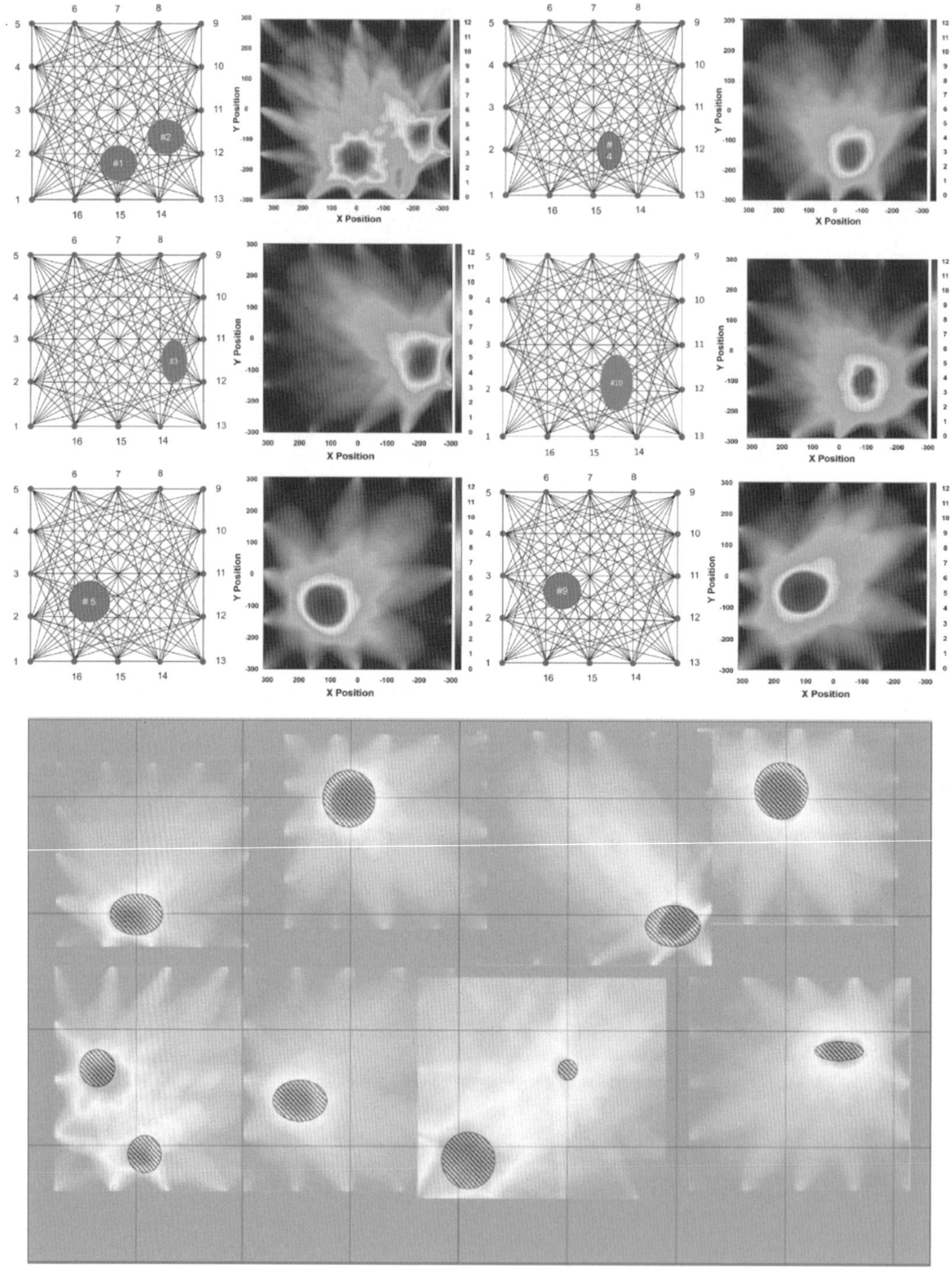

그림 3.32 CLP 판재 시편 내 결함 영상화 결과: 개별 결함부위(상), 전체 시편부위(하)

동시에, 더욱 직관적인 건전성 판단에도 도움이 될 것으로 판단된다. 그림 3.32는 모든 구역을 조합하여 실제 CLP 판재와 비교한 것으로, RAPID 알고리즘이 높은 정확도로 결함을 잘 영상화하고 있음을 확인할 수 있었다.

3.7 재료 내 미시 손상 검출을 위한 초음파 비파괴 진단 기법

재료 내에 발생하는 균열은 처음에는 미시적인 단계에서 시작하여 운용 과정 하에서 서서히 성장하며, 실제로 검출이 가능한 수준으로 성장하게 되면, 그 이후로는 빠르게 성장하는 양상을 보인다. 이러한 점을 고려하여, 보다 미시적인 단계에 있는 균열 및 결함을 검출하기 위한 검사법의 필요성이 대두되고 있다. 초음파 검사법에서는 미세 균열을 검출하기 위한 방법으로 비선형성을 활용하고 있다. 이는 초음파가 재료 내부를 통과할 때, 재료 내의 결함과 같은 미세구조 변화에 의해, 가진해 준 본래 주파수 성분 외에, 2배 및 3배의 고조파 성분이 발생하는 것을 이용한다. 고조파 성분은 일반적으로 진폭이 매우 작아 비선형성 측정에 있어 각별한 주의가 요구된다.

본 절에서는 스프링 등을 제작하는데 사용하는 선재형 재료에 대해 비선형성을 통해 내부 미세결함을 측정한 사례를 소개한다. 실험에 사용된 시편은 SWO-V 재질이며, 직경 3.1mm이며 946mm의 길이로 절단되었다.

피로 정도와 비선형성에 대한 상관관계를 알아보기 위한 시편을 제작하였다. 그림 3.33 Nakamura Fatigue Test 기기를 이용하여 시편을 피로 단계별로 제작하였다. 분당 회전수는 모든 시편 동일하게 5000rpm 하에 진행하였으며, 시편 별로 피로 횟수를 0회, 300만 회, 600만 회, 1000만 회, 1300만 회, 1600만 회씩 진행하였다.

본 실험에서는 1000만 회를 피로 정도 100%로 기준으로 하여, 0회, 100만 회, 300만 회, 600만 회, 1000만 회, 1300만 회, 1600만 회를 각각 0%, 30%, 60%, 100%, 130%, 160%로 정의하였다.

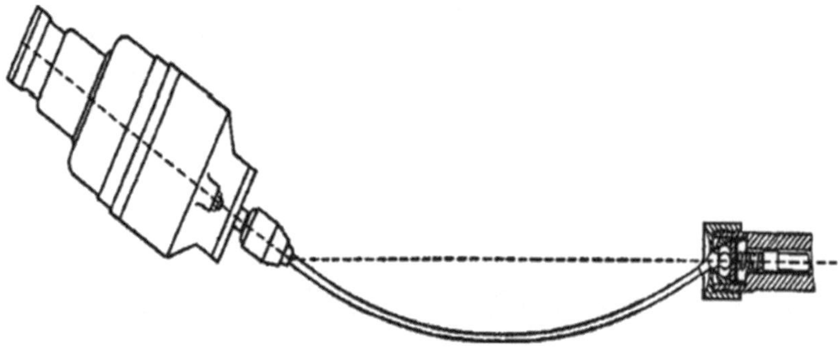

그림 3.33 Nakamura Fatigue Test 기기의 개략도[1]

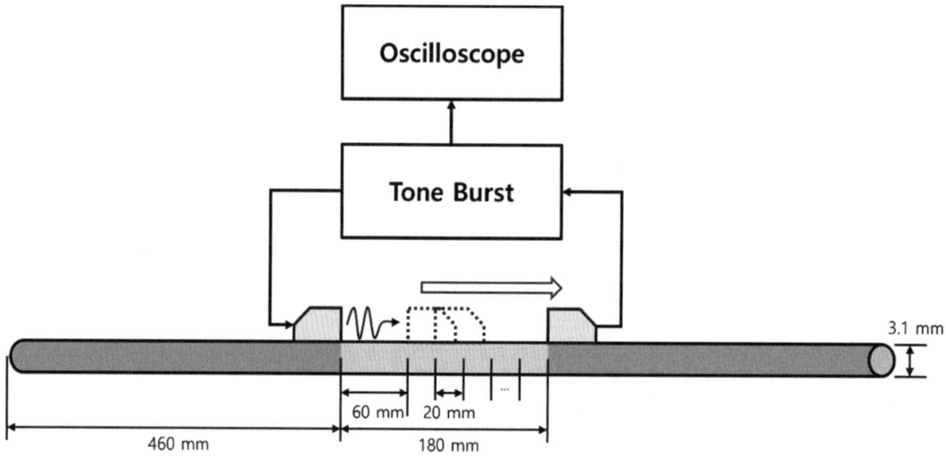

그림 3.34 선재 재료에 대한 비선형 실험 개략도

비선형 유도초음파의 거동을 조사하기 위한 실험이 수행되었다. 그림 3.34는 실험 개략도이다. 톤 버스트 초음파 장치가 초음파 생성 및 수신에 사용되었다. PZT 센서와 아크릴 웨지로 종파 모드의 유도초음파를 발생하였고, 입사각은 Snell의 법칙에 따라 유도하였다. 표 3.2와 같이 탐촉자와 주파수 정보를 나타내었다. 선택한 유도초음파 모드는 가진 시 1.4 MHz의 주파수를 가지며 1 MHz의 중심주파수를 가지는 탐촉자가 활용되었다. 2배에 해당하는 2.8 MHz 고조파 성분을 측정하기 위하여 2.25 MHz의 중심주파수를 가지는 탐촉자가 신호 수신에 활용되었다.

1 Robson Bussoloti, 2015, Delta Ferrite: Cracking of steel fasteners

표 3.2 센서와 주파수 정보

	Calculated central frequency	Sensor selection for experiments
Incident frequency	1.4 MHz	1 MHz
Angle of wedge	25°	25°
Receiver frequency	2.8MHz	2.25 MHz

피로 시험 시편에 대해 시편의 끝단에서 420mm 떨어진 곳에서 신호를 가진하였으며, 다시 가진 탐촉자로부터 60mm 거리에서 시작하여 20mm 간격으로 시편의 중심을 포함한 총 7구간에 대해 탐상하였다. 탐상 길이는 총 180mm이며, 피로 정도에 따른 비선형성과의 상관관계를 조사하기 위해 최대 피로 응력이 발생한 지역 부근을 검사하고 신호를 측정하였다.

첫 번째로는 시편 중앙 지점에 정하중을 주어 소성변형을 주어 소성변형과 비선형성의 상관관계에 대해 실험을 진행하였다. 실험 결과, 하중을 주지 않은 일반 시편에 대해 비선형 경향성은 거리에 따라 증가하는 경향성을 보임으로 중첩 효과가 지배적인 것을 확인하였다.[1] 반면 소성변형이 일어난 시편에 대해 비선형성은 하중이 제일 큰 지점에서 하락하는 경향성을 확인하였다.

두 번째 실험은 피로 정도와 비선형성의 상관관계에 대해 알아보기 위해 나카무라 피로 시험을 통해 피로 정도가 각기 다른 시편에 대해 비선형성 실험을 진행하였다. 실험 결과 그림 3.35에서 보이는 것과 같이 피로 횟수가 0%, 30%, 60%, 100% 시편의 비선형 경향성은 거리에 따라 비선형성이 증가하는 것으로 나타나 중첩 효과가 지배적인 것을 확인하였다. 반면, 피로 정도가 130%, 160%인 시편의 비선형 경향성은 피로 하중이 제일 큰 지점인 120mm 부근에서 하락하는 경향성을 모두 확인할 수 있었다. 이 결과는 소성변형이 일어난 시편의 비선형 결과와 같은 현상을 확인하였다.

소성변형과 일정 피로 정도를 넘어선 시편에 대해 비선형성이 감소하는 경향성

---

1 J. Kim et al, "Nonlinear Ultrasonic Guided Wave Method Using Semi-Analytical Finite Element (SAFE) Technique on a Damaged SWO-V Spring Coil", *Metals*, vol. 11, 752, 2021

을 나타내는 것은 시편의 형상 변형으로 인한 진폭 감쇠 혹은 산란 형상에 의한 것으로 추정된다. 두 종류의 시편 모두 외관상 육안으로 손상을 관측하기 힘들지만, 초음파 비선형 신호를 이용하여 손상 관측이 가능하였다.

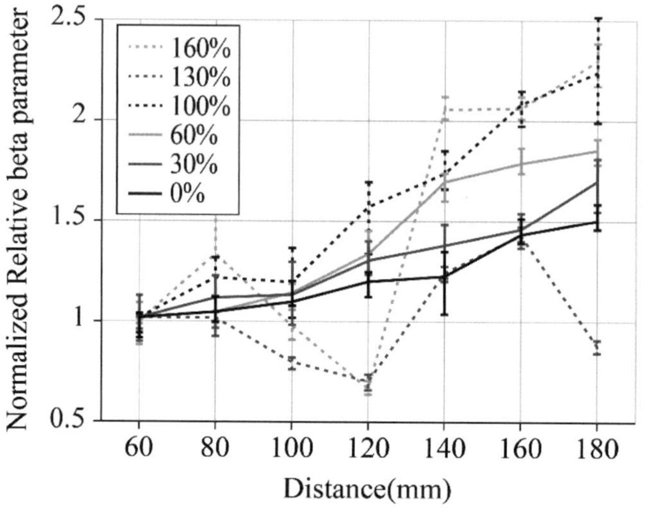

그림 3.35 피로 정도와 거리에 따른 비선형 실험결과 값

제 5 강

재료거동

이 강 용

1. 인장거동

1.1 취성재료와 연성재료

취성 재료(brittle material)란 고강도(high strength)이면서 저인성(low toughness)인 재료로서 Young률이 큰 재료이다. 대표적인 취성 재료는 유리로서 소성 변형 없이 탄성 변형에서 파괴된다. 그러나 철 금속인 경우에는 대부분 파괴 이전에 소성 변형을 일으키며 그 후에 파괴에 이르게 된다. 파괴에 이르기 전까지 소성 변형률이 작은 재료를 취성 재료(brittle material)라 하고 소성 변형률이 큰 재료를 연성 재료(ductile material)라 부른다. 취성과 연성은 어디까지나 상대적인 것이므로 취성 재료와 연성 재료를 분명히 구분하기는 어렵지만 위의 설명에서 알 수 있듯이 고강도 저인성 재료는 취성 재료이며, 저강도 고인성 재료는 연성 재료라고 요약할 수 있다. 따라서 강도와 인성은 반비례 관계에 있음도 알 수 있다. 여기서 인성이라 하면 학자에 따라서 그 정의하는 바가 여러 가지이지만 보통 파괴 전까지의 하중-변위 선도 아래 면적으로 정의한다.

1.2 인장 실험

인장 시험을 하였을 때 연성 재료가 보이는 대표적인 하중-변위 선도를 그림 1.1에서 보여주고 있다.

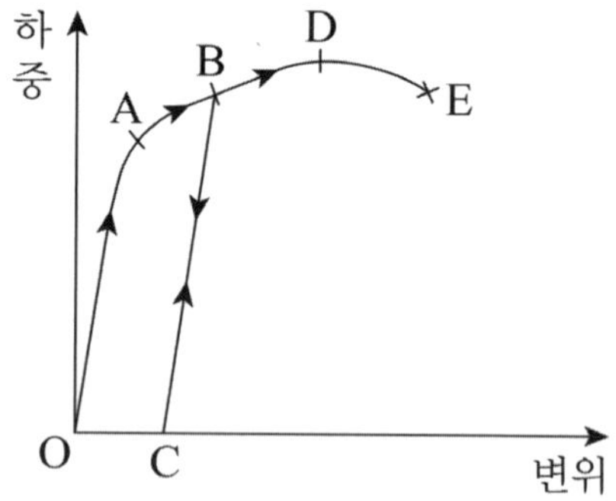

그림 1.1 하중-변위 선도

O 점에서 항복점 A까지는 탄성 변형이며, 탄성 변형중에 하중을 제거하면 복원되어 아무런 영구 변형량이 생기지 않는다. 그러나 점 B까지 하중을 가했다가 하중을 제거하면 탄성 기울기 $\overline{OA}$와 나란히

내려오며, 하중을 완전히 제거하면 C점에 이르게 되어 영구 변형량이 $\overline{OC}$만큼 발생하게 된다. 그런데 C점에서 다시 하중을 가하면 $\overline{CB}$선을 따라 올라가며 B점에 이르러서는 D, E까지 B점에서 하중을 제거하지 않고 계속 당긴 시편이 그린 하중-변위 선도와 같은 선도를 따라간다. 여기서 특기할 사항은 A점을 항복점이라고 하지만 재료는 실질적으로 완전 항복을 한 상태가 아니며 하중을 더 가해야 변위가 발생하는 아직도 완전 항복이 아닌 상태를 계속 유지하여 D에 이른다. 이 과정을 우리는 변형률 경화(strain hardening) 또는 가공경화(work hardening)라고 한다. 이 구간에서는 다음과 같은 식이 성립한다.

$$\sigma = K\varepsilon_p^n \tag{1.1}$$

여기서 $\sigma_{ys} < \sigma < \sigma_u$, σ_{ys}는 항복응력이며 σ_u는 최고 하중 P_u에 상응하는 응력으로써 ultimate stress라고 칭한다. K를 가공경화계수 또는 변형률 경화계수라 하고 n을 가공경화지수 또는 변형률경화지수라고 칭한다. ε_p는 응력 σ일 때의 소성 변형률이다. 이 식이 성립되는 경화현상을 power law hardening이라고 칭한다. 다시 그림 1.1로 돌아가서 D에서 E까지의 경로를 보면 하중이 저하되는데도 불구하고 변위가 발생하는 기현상이 일어난다.

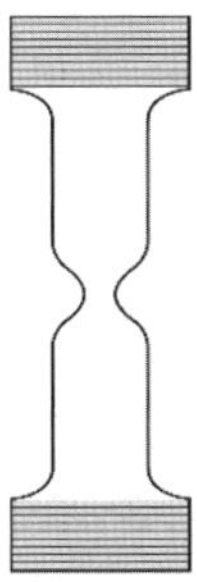

그림 1.2 necking 현상

이 과정에서 시편에 상당한 변화를 보이게 되는데, 그림 1.2와 같이 시험편 중간 부위가 엿가락같이 늘어나면서 잘룩 들어가는 necking 현상을 이 과정에서 보이게 된다. 이러한 현상을 보이면서 파괴되었을 때의 파괴를 rupture라고 부른다. Rupture

시 인장 시편 파단 양상은 그림 1.3과 같다.

그러면 인장 시험에서 얻어진 그림 1.1과 같은 하중-변위 선도로부터 공학응력(engineering stress) S와 공학변형률(engineering strain) e는 어떠한 방법으로 얻을 것인가? 이들은 다음과 같이 정의된다

$$S = \frac{P}{A_0} \tag{1.2}$$

$$e = \frac{\delta}{l_0} \tag{1.3}$$

그림 1.3 rupture 현상

여기서 A_0는 인장 시험편의 변형전 단면적이며 P는 가한 하중이고 l_0는 변형전 gauge length이며 δ는 gauge length의 변위이다. 즉 δ는 하중 P 상태의 gauge length l과 변형전의 gauge length l_0의 차이를 뜻한다. 식 (1.2)와 식 (1.3)를 이용하면 그림 1.1은 쉽게 공학응력-공학변형률 선도로 변환시킬 수 있다. 그림 1.1의 항복 하중 A점에 대응하는 항복응력을 공학응력으로 표현한 것을 항복 강도(yield strength) S_{ys}라고 하며 다음과 같이 표현된다.

$$S_{ys} = \frac{P_{ys}}{A_0} \tag{1.4}$$

여기에서 P_{ys}는 항복 하중이다. 그림 1.1의 D에 해당하는 공학응력을 인장 강도

(tensile strength, ultimate strength) S_u라고 하며 다음과 같이 표현한다.

$$S_u = \frac{P_u}{A_0} \tag{1.5}$$

항복 강도는 일반적으로 0.2% offset 항복 강도를 뜻하며 그것은 그림 1.4와 같이 0.2% 영구 변형을 한 상태의 공학응력을 말한다. 그림 1.4에서 파괴 때의 공학변형률 e_f를 가지고 연성(ductility)을 정의하기도 하지만 주로 다음 식으로 정의되는 단면 수축률(reduction of area) r_f로 연성을 정의한다

$$r_f = \frac{A_0 - A_f}{A_0} \times 100(\%) \tag{1.6}$$

여기서 A_f는 파괴시 단면적이다.

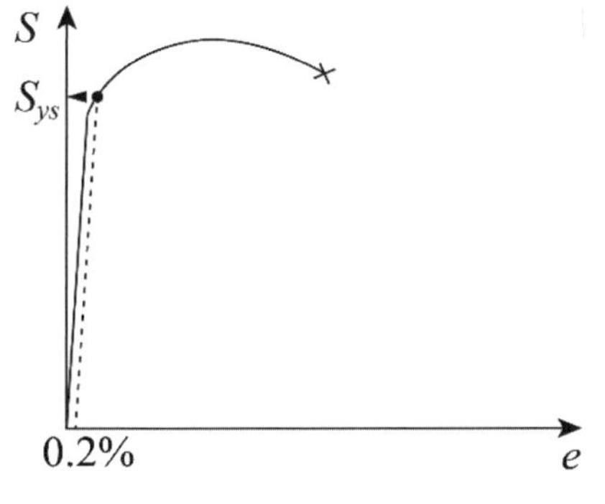

그림 1.4 0.2% offset 항복 강도 S_{ys}

다음에는 공학응력-공학변형률 선도로부터 진응력(true stress)과 진변형률(true strain)을 얻는 방법을 알아보자(이후부터는 응력, 변형률이라 칭하면 그것은 진응력, 진변형률을 의미하게 되고 공학응력 및 공학변형률을 뜻할 때는 반드시 공학이라는 용어를 접두어로 사용할 것이다). 변형률 ε는 다음과 같이 정의된다.

$$\varepsilon = \ln\frac{l}{l_0} \tag{1.7}$$

여기서 $l = l_0 + \delta$이므로 윗 식에 대입하면

$$\varepsilon = ln\frac{l_0 + \delta}{l_0} = \ln\left(1 + \frac{\delta}{l_0}\right) \tag{1.8}$$

식 (1.3)을 윗 식에 대입하면

$$\varepsilon = \ln(1 + e) \tag{1.9}$$

윗 식은 공학변형률과 변형률과의 관계를 보이는 식이다. 다음에 공학응력과 응력 σ와의 관계를 구해 보자. 소성 변형하에서는 체적 변화가 없다면

$$A_0 l_0 = Al \tag{1.10}$$

여기서 A는 작용한 하중 상태에서 시편 단면적을 뜻한다. 식 (1.10)을 변형하여 다음 식으로 표현한다.

$$\frac{1}{A} = \frac{1}{A_0}\frac{l}{l_0} \tag{1.11}$$

윗 식의 양변에 하중 P를 곱하면

$$\frac{P}{A} = \frac{P}{A_0}\frac{l}{l_0} = \frac{P}{A_0}\frac{(l_0 + \delta)}{l_0} = \frac{P}{A_0}\left(1 + \frac{\delta}{l_0}\right) = \frac{P}{A_0}(1 + e) \tag{1.12}$$

윗 식에 응력과 공학응력의 정의를 이용하면

$$\sigma = S(1 + e) \tag{1.13}$$

윗 식은 체적 변화가 없다는 가정하에 유도되었기에 정확한 식이라기보다 근사식이다.

결과적으로 식 (1.9)와 (1.13)으로부터 공학응력-공학변형률 선도는 응력-변형률 선도로 바꿀 수 있게 된다.

이렇게 함으로써 하중-변위 선도에서부터 공학응력-공학변형률 선도를 거쳐 응력-변형률 선도까지 그리는 방법을 알게 되었다. 이렇게 그린 선도의 형태를 관찰하면 하중-변위 선도와 공학응력-공학변형률 선도는 서로 그 형태가 비슷하여야 함을 식 (1.2)와 식 (1.3)을 관찰함으로써 알 수 있다.

즉 식 (1.2)에서 공학응력 S와 P 사이에 상수인 $1/A_0$이 관련되고 식 (1.3)에서 공학변형률 e와 변위 δ 사이에는 상수인 $1/l_0$이 관련되어 있기 때문이다. 공학응력-공학변형률 선도와 응력-변형률 선도의 형태는 그림 1.5에서 보는 바와 같이 큰 차이를 보인다

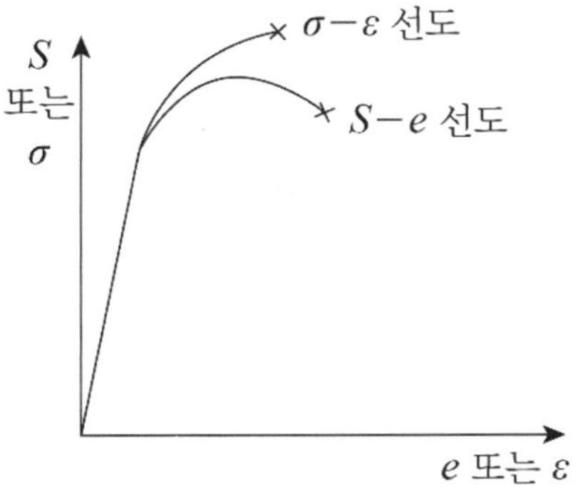

그림 1.5 공학응력-공학변형률 선도와 응력-변형률 선도의 비교

그림 1.5에서 보듯이 파괴시에 e_f 값과 ε_f 값은 $e_f > \varepsilon_f$일 수밖에 없다. 그 이유는 e와 ε 사이의 관계가 식 (1.9)로 주어지기 때문이다. 또 파괴시에 S_f와 σ_f 값은 $\sigma_f > S_f$일 수밖에 없다. 그 이유는 S와 σ 사이의 관계가 식 (1.13)으로 주어지기 때문이다. 이러한 이유로 두 선도 사이에 형태상에서 차이를 보이게 된 것이다.

다음에는 식 (1.1)에 나타나는 실험 상수 K와 n을 결정하는 방법을 생각해 보자. 여기에는 두 가지 방법이 있다. 한 가지는 실험적 방법이고 다른 한 가지는 해석적 방법이다.

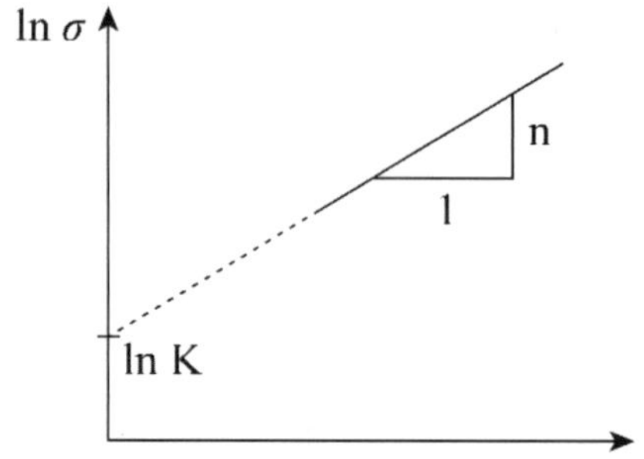

그림 1.6 알루미늄의 응력과 소성변형률

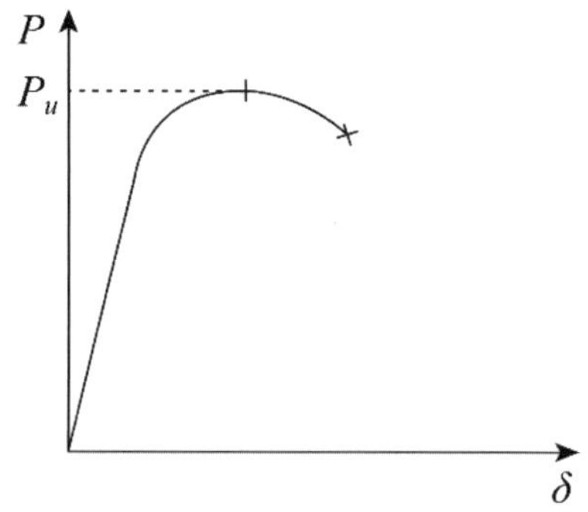

그림 1.7 하중-변위 선도에서 최고 하중점

먼저 실험적 방법부터 설명하도록 한다. 그림 1.6에서와 같이 양대수 그래프에 응력과 소성 변형률을 찍되 necking 현상이 생기기 전 즉 σ가 σ_u가 되기 이전까지만 찍는다. 그 다음 curve fitting하여 연장선과 $ln\,\sigma$ 축과의 교점으로부터 K를 구하고 직선의 기울기로부터 n을 구한다. 다음에는 해석적 방법을 설명하고자 한다. 여기서는 하중-변위 선도가 그림 1.7과 같이 최고 하중 P_u를 보이는 경우로 가정한다.

최고 하중점에서는 $dP = 0$, 즉

$$dP = d(\sigma A) = 0 \tag{1.14}$$

윗 식으로부터

$$\sigma dA + Ad\sigma = 0 \tag{1.15}$$

따라서

$$\frac{d\sigma}{\sigma} = -\frac{dA}{A} \tag{1.16}$$

최고 하중점은 소성 변형 상태이므로 체적 변화가 없다. 즉

$$V = Al = \text{일정} \tag{1.17}$$

따라서

$$Adl + ldA = 0 \tag{1.18}$$

윗 식을 정리하면

$$-\frac{dA}{A} = \frac{dl}{l} \tag{1.19}$$

식 (1.16)과 (1.19)로부터

$$\frac{d\sigma}{\sigma} = -\frac{dA}{A} = \frac{dl}{l} \tag{1.20}$$

식 (1.7) 로부터

$$d\varepsilon = \frac{dl}{l} \tag{1.21}$$

식 (1.20)과 (1.21)로부터

$$\frac{d\sigma}{d\varepsilon} = \sigma \tag{1.22}$$

윗 식은 최고 하중점에서 정립하는 식이다. 즉 식 (1.22)가 성립하면 necking이 시작된다는 뜻이다. 그래서 이 식을 instability condition이라 부른다. 이 instability condition은 뒤에서 좀더 상세히 다루기로 한다.

식 (1.1)의 양변에 대수를 취하면

$$ln\,\sigma = ln\,K + n\,ln\,\varepsilon_p \tag{1.23}$$

윗 식을 미분하면

$$\frac{d\sigma}{\sigma} = n\frac{d\varepsilon_p}{\varepsilon_p} \tag{1.24}$$

식 (1.22)와 (1.24)로부터

$$d\varepsilon = n\frac{d\varepsilon_p}{\varepsilon_p} \tag{1.25}$$

그림 1.7과 같이 최고 하중점을 보이는 재료는 연성 재료로서 최고 하중까지 상당한 변형률을 발생시키게 된다. 이런 경우 탄성 변형률 ε_e는 무시될 수 있으므로 식 (1.25)를 다음과 같이 쓸 수 있다.

$$d\varepsilon = n\frac{d\varepsilon}{\varepsilon} \tag{1.26}$$

따라서

$$n=\varepsilon \tag{1.27}$$

윗 식은 최고 하중점에서 성립하므로 다음과 같이 표현할 수 있다.

$$n = \varepsilon_u \tag{1.28}$$

식 (1.28)을 식 (1.1)에 대입하면

$$\sigma_u = Kn^n \tag{1.29}$$

윗 식에서 역시 최고 하중점에서 탄성 변형량 ε_e는 무시되었다. 그런데 최고 하중점에서 다음 식이 성립된다.

$$P_u = S_u A_0 = \sigma_u A_u \tag{1.30}$$

식 (1.29)를 식 (1.30)에 대입하면

$$S_u = Kn^n A_u / A_0 \tag{1.31}$$

탄성 변형으로 인한 체적 변화를 무시하였을 때 최고 하중점에서 다음 식이 성립한다.

$$\varepsilon_u = \ln\frac{l_u}{l_0} = \ln\frac{A_0}{A_u} \tag{1.32}$$

따라서

$$A_0/A_u = e^{\varepsilon_u} = e^n \tag{1.33}$$

식 (1.33)을 식 (1.31)에 대입하면

$$S_u = K\left(\frac{n}{e}\right)^n \tag{1.34}$$

여기서 e는 자연 대수의 밑이다. 따라서 최고 하중점을 보이는 그러한 재료에 한해서는 식 (1.28)에 의해 n이 또 식 (1.34)에 의해 K가 해석적으로 구하여지나 만약 최고 하중점을 보이지 않는 경우에는 앞에서 설명한 실험적 방법에 의해 n과 K를 구할 수밖에 없다.

다음에는 소성 변형으로 인한 강도의 변화를 생각하여 보자.

만약 소성 변형을 가한 상태, 즉 그림 1.1의 B점에서 하중을 제거하였다가 다시 하중을 가하게 되면 C→B→D→E로 진행되기 때문에 C점에서 시편 단면적 A_c

가 O점에서 시편 단면적 A_0와 다를 뿐 아니라 A점과 B점의 하중도 다르므로 C점에서 다시 인장하중을 가했을 때의 항복 강도 S_{YS}는 O 점에서 인장을 가한 경우의 항복 강도 S_{ys}와 차이가 있다. 즉 $S_{YS} > S_{ys}$의 현상이 일어난다. 이것이 의미하는 바는 소성 변형이 강도를 증가시킴을 뜻한다. 뿐만 아니라 그림 1.1의 D점은 A_0인 시험편이든 A_c 시험편이든 동일한 최고 하중점이지만 A_0인 시험편의 인장 강도 S_u와 A_c 시험편의 인장 강도 S_U는 시편 단면적의 차이 때문에 $S_U > S_u$임을 알 수 있다. S_U와 S_u 사이에 어떠한 관계가 있는가 유도하여 보자

$$P_u = S_U A_c = S_u A_0 \tag{1.35}$$

따라서

$$S_U = S_u \frac{A_0}{A_c} \tag{1.36}$$

식 (1.6)에서 정의된 단면 수축 r을 C점에서 적용하면

$$r_c = \frac{A_0 - A_c}{A_0} = 1 - \frac{A_c}{A_0} \tag{1.37}$$

식 (1.37)을 식 (1.36)에 대입하면 다음의 관계식을 최종적으로 얻게 된다.

$$\frac{S_U}{S_u} = \frac{1}{1 - r_c} \tag{1.38}$$

윗 식은 단면 수축이 클수록, 즉 소성 변형이 클수록 인장 강도는 증가하게 된다는 것을 알 수 있다.

1.3 Considère 작도법

Necking을 일으키는 재료를 인장 시험하여 얻은 응력-변형률 선도상에 인장 응력 σ_u가 어느 위치에 존재하며 또 그 값의 크기는 얼마인지를 결정하는 방법을

Considère의 작도법이라 한다. Considère의 작도법은 식 (1.22)에 근거를 두며 그림 1.8과 같이 $\sigma-\varepsilon$ 선도 상의 임의의 위치, 즉 σ_1, σ_2 등에서 선도에 접선을 그어 $(d\sigma/d\varepsilon)_1$과 $(d\sigma/d\varepsilon)_2$ 등을 얻은 후 σ_1이 $(d\sigma/d\varepsilon)_1$과 같은 값을 가지는지 또는 σ_2가 $(d\sigma/d\varepsilon)_2$와 같은 값을 가지는지 비교 검토함으로써 trial and error 방법으로 σ_u의 위치와 크기를 구하여 간다. 즉 다음 식이 성립할 때까지 여러 위치에서 작도하여야만 한다.

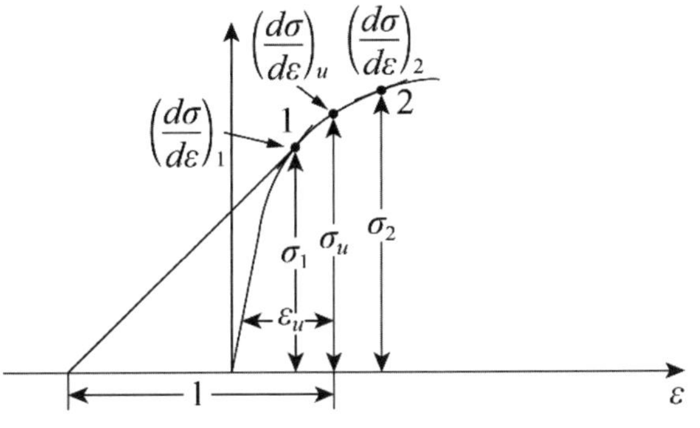

그림 1.8 Considère의 작도법

$$\left.\frac{d\sigma}{d\varepsilon}\right|_u = \frac{\sigma_u}{1} \tag{1.39}$$

여기서 첨자 u는 최고 하중점을 뜻한다.

식 (1.22)를 식 (1.9)를 이용하여 변환시켜 보자. 식 (1.9)의 양 변을 미분하면

$$d\varepsilon = \frac{de}{1+e} \tag{1.40}$$

식 (1.40)를 식 (1.22)에 대입하면

$$\frac{d\sigma}{de} = \frac{\sigma}{1+e} \tag{1.41}$$

윗 식 역시 최고 하중점에서 성립된다. 따라서 그림 1.9가 성립된다.

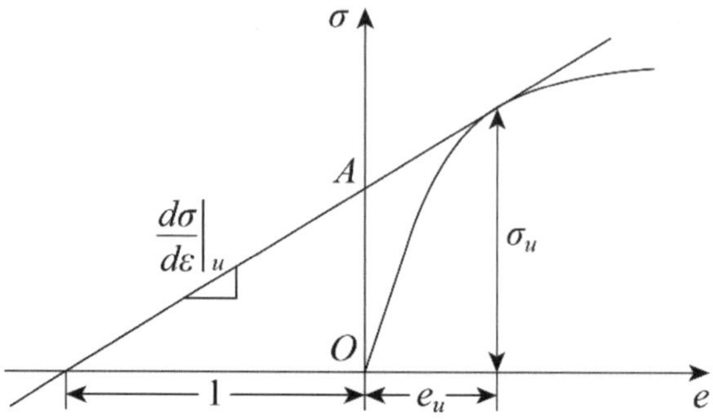

그림 1.9 $\sigma - e$ 선도에서 Considère의 작도법

예제 1.1

그림 1.9에서 $\overline{OA}$는 어떤 물성치를 나타내겠는가?

풀이 식 (1.41)과 식 (1.13)으로부터

$$\left.\frac{d\sigma}{de}\right|_u = \frac{\sigma_u}{1+e_u} = \frac{S_u(1+e_u)}{1+e_u} = \frac{S_u}{1} \tag{1.42}$$

즉 $\overline{OA}$는 S_u를 나타낸다

예제 1.2

Necking이 일어나기 전과 후에는 식 (1.22)가 어떻게 표현되겠는가?

풀이 그림 1.10에서 보는 바와 같이 B점에서 식 (1.22)가 성립되었다면 necking이 일어나기 전일 때에는 A점과 같은 점이 되겠다. 이 점에서는

$$\frac{d\sigma}{d\varepsilon} > \sigma \tag{1.43}$$

또 necking이 일어난 후라면 C점과 같은 점이 되겠는데 이 점에서는

$$\frac{d\sigma}{d\varepsilon} < \sigma \tag{1.44}$$

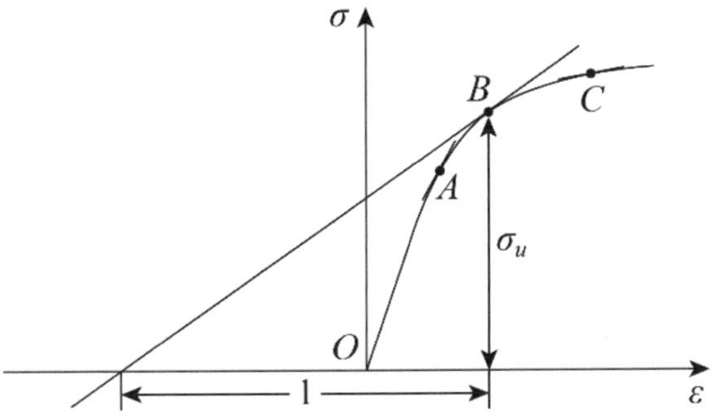

그림 1.10 Necking 전후에서 instability condition의 변화

2. 음향 방출법에 의한 비파괴 평가

2.1 음향 방출법

기존의 비파괴 시험법(nondestructive testing method)은 다음과 같은 단점을 내포하고 있다. 즉

(1) 구조물의 넓은 면적을 시험할 수 없다.

(2) 구조물상에 시험할 수 없는 영역이 있을 수 있다.

(3) 시험 담당자의 경험과 판단에 상당히 좌우된다.

(4) 균열 발생 원인을 규명하지 못한다.

(5) 정지 상태에서만 검사가 가능하다.

이러한 단점 중 (3)은 음향 방출법(acoustic emission method)에서도 역시 약간의 문제로 남지만 그 외는 문제시되지 않는다. 이러한 이유로 음향 방출 법이 비파괴 시험 검사법의 하나로 각광받고 있다.

(a) 돌발형 방출　　　　　　　　(b) 연속형 방출

그림 2.1 AE신호 형태

음향방출(acoustic emission)이란 물체가 변형을 일으킬 때 원자의 재배열 과정에서 물체 내에서 방출하는 탄성파를 말하며 보통 약어 AE로 표시한다. AE 신호는 보통 두가지 형태로 구분하며 그림 2.1(a), (b)와 같은 연속형 방출과 돌발형 방출이 그것이다. 연속형은 소성 변형, 누설, 마모시에 주로 발생하며 돌발형은 파괴, 상변태, 응력부식 파괴시에 주로 발생한다. 이 AE 파는 물체 표면에 접촉시킨 트랜스듀서에 의해 감지된다. 트랜스듀서를 하나만 부착하여도 되는 경우는 물체 내의 심각한 변형을 일으키는 결함의 위치를 알고 있고 바로 그 결함의 거동을 알고 싶을 때이며, 트랜스듀서를 3개 이상 부착하여야 하는 경우는 물체 내에 심각한 변형을 일으키는 위치를 포착하고자 할 때이다.

AE 트랜스듀서(AE transducer)는 압전형 공진형 센서로서 시험하고자 하는 대상 구조물의 재료에 따라 적절히 선택되어야 하는데, 현재 상업용으로 시판되는 피크(peak) 주파수 응답은 30, 75, 175, 375, 500, 750, 1000, 1500kHz으로서 섬유 강화 복합재에서는 주로 30kHz와 75kHz 피크 주파수 응답 AE 센서를, 금속 재료인 경우에는 175, 375kHz AE 센서를 그리고 콘크리트인 경우에는 30kHz AE센서를 주로 사용한다. 위에서 언급한 AE센서 외에도 AE 주파수 특성을 조사하기 위한 광대역 AE 센서도 있다. 한편 기능은 같지만 AE 센서의 크기를 축소하여 작게 만든 소형 AE 센서(miniature AE sensor)도 있다. 또한 회전체에 AE 센서를 부착하여야 하는 경우에는 AE 센서와 연결된 AE 시스템과의 줄 꼬임을 방지할 수 있도록 무선 AE 센서가 개발되어 있으며, 또 부식, 수중, 고온 상황과 같이 특수한 부위에도 사용할 수 있도록 제작된 특수 목적용 AE 센서도 개발되어 있다.

AE의 주파수는 그림 2.2에서 보는 바와 같이 가청 주파수를 벗어나 있으며 다른 파와 비교하여 상당히 높은 주파수 영역을 차지하고 있다. 그림 2.3은 AE파형의 매개 변수를 정의하고 있다.

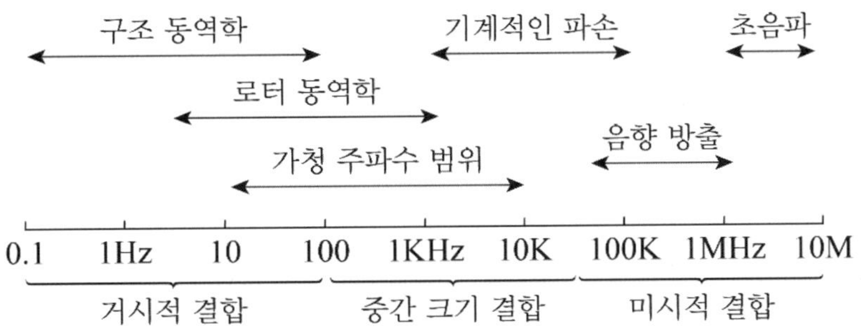

그림 2.2 주파수 범위

AE 파형의 매개 변수로는 event, count, 에너지, 진폭, 지속 시간, 상승 시간, 쇠퇴 시간 등이 있다. 여기서 event라 하면 돌발형 방출 신호 하나 하나를 뜻하며, AE 수를 측정하는 방법으로는 크게 두 가지 방법이 있다.

(1) Ring down count법: 이 방법은 어떤 주어진 문턱값(threshold level) 이상의 진폭을 가지는 파의 개수를 헤아리는 방법

(2) 펄스 면적 측정법: 이 방법은 어떤 주어진 문턱값 이상의 파에 내접하는 4각형의 면적의 합을 AE 수로 계산하는 방법

에너지는 음향 방출 파형 아래의 면적을 뜻하며 식 (2.1)과 같이 정의된다.

$$U = \int_{t_1}^{t_2} V^2(t)dt \tag{2.1}$$

여기에서 U는 시간 t_1에서 t_2까지의 에너지를 뜻하며 V는 시간 t에 대한 파의 진폭을 뜻한다.

에너지의 평균값 개념을 가진 RMS 전압 V_{RMS}은 식 (2.2)와 같이 정의된다.

$$V_{RMS} = \sqrt{\frac{1}{\Delta t}\int_{t_1}^{t_2} V^2(t)dt} \tag{2.2}$$

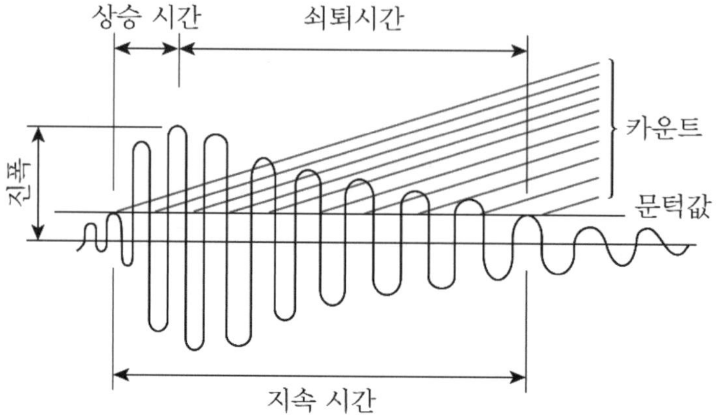

그림 2.3 AE매개 변수의 정의

그림 2.4(a)는 AE 해석을 위한 기본 블록 다이어그램을 표시하고 있으며 그림 2.4(b)는 신호 처리 단위들을 보여주고 있는데 필요한 정보를 얻기 위한 것 외에는 제외하여도 무방하다. 그림 2.5는 190기압에 해당하는 내압을 이미 받은 압력 용기를 0기압에서 다시 증가시켰을 때 과거에 받은 내압, 즉 190기압까지는 AE가 거의 나타나지 않았지만, 190기압을 넘어서면서 AE가 상당히 많이 발생되었으며 192기압에서 유지하는 동안 AE발생이 미약하였다가 192기압 이상으로 기압을 증가시키니까 새로이 AE가 많이 발생하였다는 것을 보여주고 있다. 여기에서 0~190기압까지와 192기압을 유지하는 동안은 과거에 받은 하중 역사가 있기 때문에 이 범위에서는 AE가 거의 발생하지 않았다는 것을 알 수 있다. 이 현상을 Kaiser효과(Kaiser effect)라고 한다. Kaiser는 AE에 대한 최초의 논문을 1950년도에 발표하였으며, 그 뒤 1964년도에 AE측정 장비가 개발되어 오늘에 이르고 있다.

Kaiser 효과는 부식 과정과 수소 취화와 같이 주로 시간 의존성인 상황일 때는 만족되지 않는다.

AE 신호는 또한 AE 센서의 설치 조건에 따라서도 상당한 차이를 보일 수 있으므로 설치할 때 세심한 주의를 요한다.

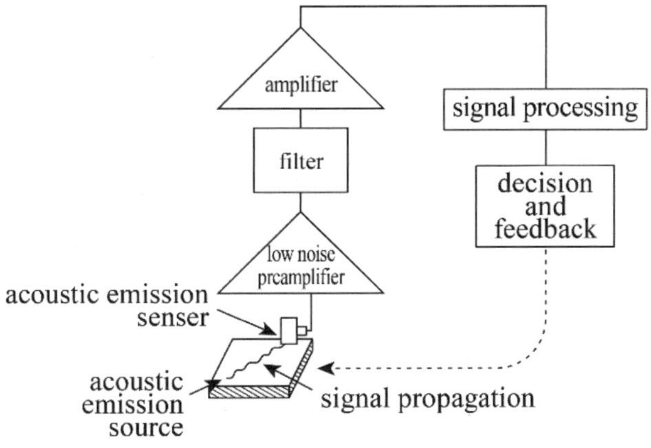

(a) AE 기본 블록 다이어그램

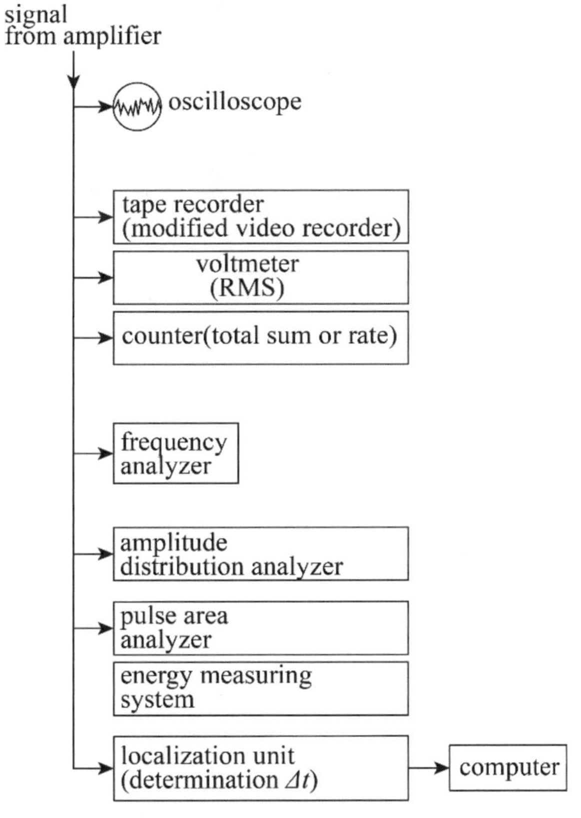

(b) 신호처리 단위

그림 2.4 AE 시스템

즉 AE 센서와 시험편 표면 사이에 AE 파의 전달을 용이하게 하기 위해, 즉 공기층을 제거하기 위해 couplant를 바르는데 어떤 couplant를 쓰느냐, 또 AE 센서를 얼마만큼 시험편 표면에 압착한 상태에서 시험하느냐, 그리고 시험편 표면 상태가 어떤가 등에 따라 AE 신호는 큰 차이를 보인다. Couplant로는 오일, 글리세린, 물 등이 있으며 AE 센서를 시험편 표면에 압착하는 방법으로는 천 테이퍼를 잡아당겨 AE 센서를 시험편 표면에 부착하는 방법, AE 센서 부착용 magnetic holder나 spring을 사용하는 방법 등 여러 방법이 있다.

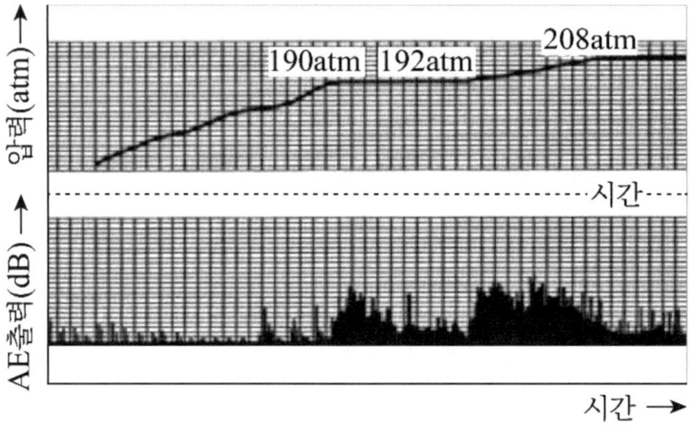

그림 2.5 Kaiser효과

설치 조건을 변화시켜 보면서 AE검출이 가장 쉬운 방법을 채택하는 것이 바람직하다.

2.2 음향 방출법의 공학적 적용 예

2.2.1 Rocket Motor Case의 AE시험

실린더형 motor case상에 여러 개의 AE 트랜스듀서를 부착하여 단계별로 압력 p를 주었을 때, AE 발생원 위치(그림 2.6)를 AE 신호의 시간차에 의한 계산 결과로부터 얻을 수 있다. 이러한 결과로 그림 2.7와 같이 C group에서 균열이 발생할 것을 예상할 수 있으며 또 실제 그곳에서 균열이 발생하였음을 알 수 있다.

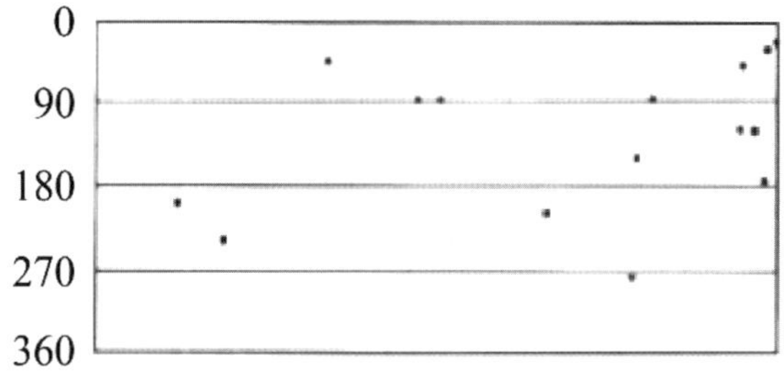

(a) $p = 0 - 40\ \mathrm{kg/cm^2}$

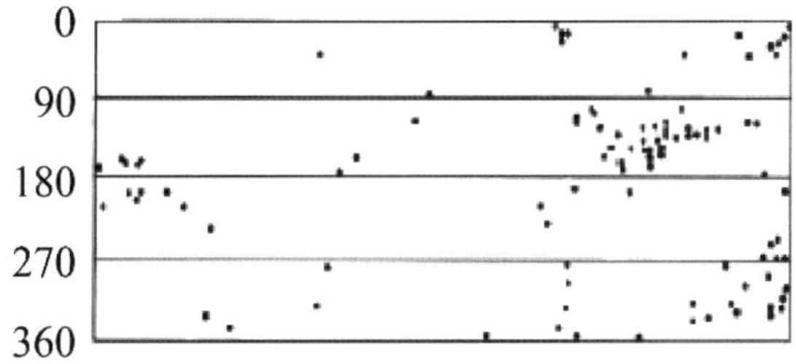

(b) $p = 0 - 80\ \mathrm{kg/cm^2}$

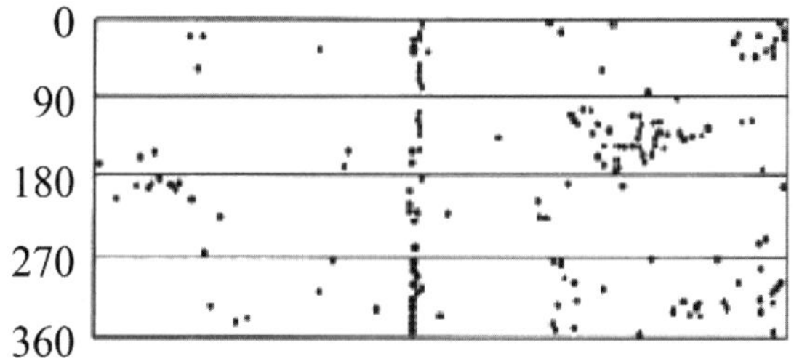

(c) $p = 0 - 100\ \mathrm{kg/cm^2}$

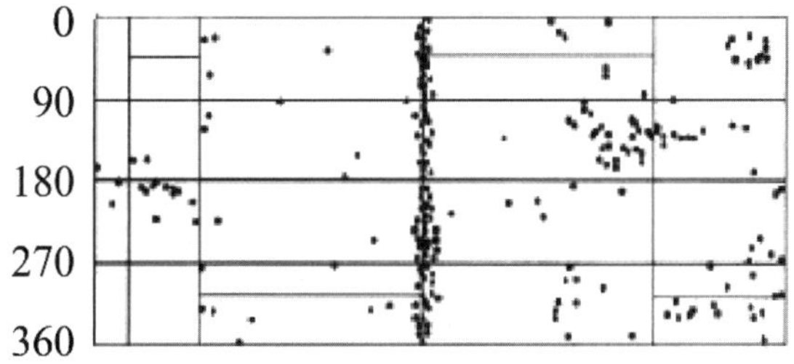

(d) $p = 0 - 125\ \mathrm{kg/cm^2}$

그림 2.6 AE source 위치

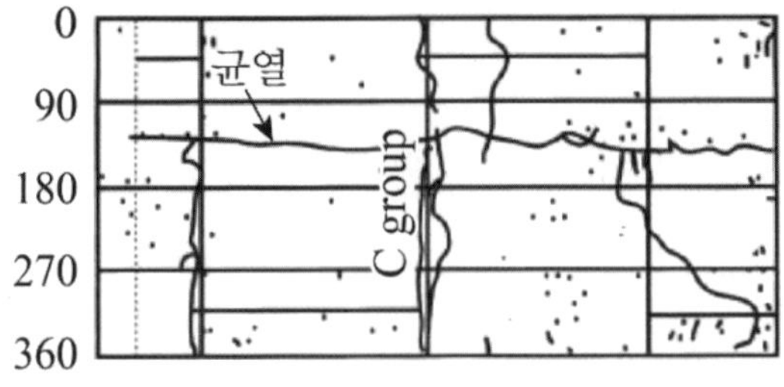

그림 2.7 AE source 위치와 균열

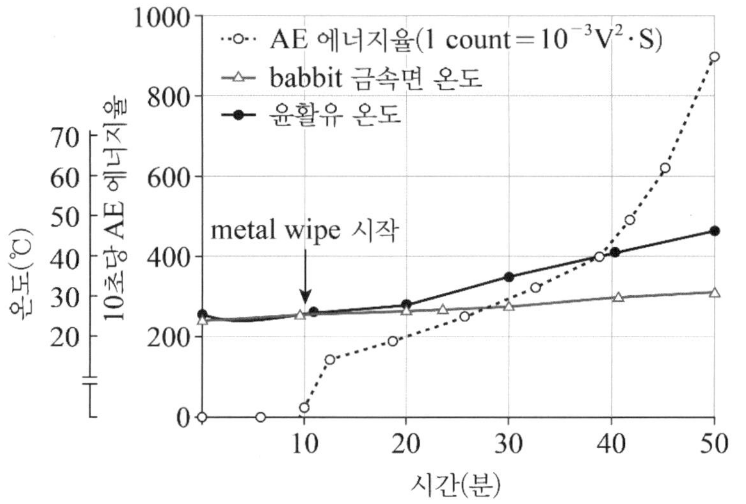

그림 2.8 Metal wipe 시점

2.2.2 저널 베아링 진단

저널 베아링이 힘을 받아 축이 babbit금속면과 접촉하면 babbit면에 마모가 일어나는데 접촉 여부를 초기에 알 수 있는 방법으로 AE법을 생각할 수 있다. 그림 2.8은 metal wipe 시점을 babbit 금속 온도 측정이나 윤활유 온도 측정보다 AE법이 훨씬 신속하고 정확하다는 것을 보인다. 그림 2.9는 metal wipe가 일어날 때와 일어나지 않을 때의 파형의 차이가 있음을 보이며 wipe가 계속되면 AE 진폭의 크기가 커져 babbit 금속면에 상당한 마멸이 발생하고 있음을 알 수 있다.

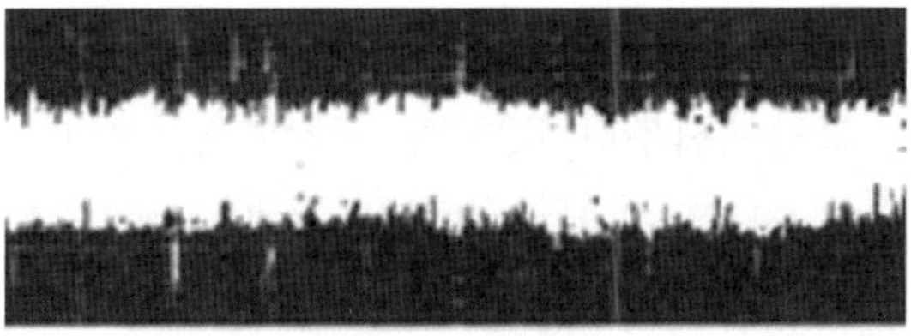

(a) 정상 상태

(b) metal wipe 10분 직후

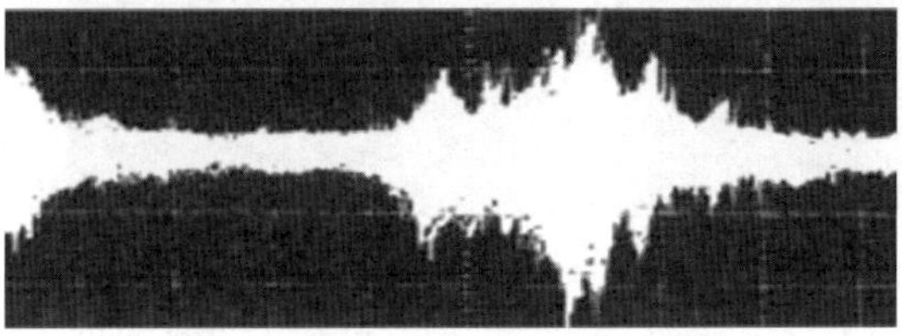

(c) metal wipe 30분 직후

그림 2.9 Metal wipe에 의한 AE파형

2.2.3 Pipe Line Leak 검출

여러 개의 transducer를 예상되는 지점 양쪽에 부착하여 AE수를 각 transducer 위치에서 찾아서 AE수 대 transducer 위치로 데이터를 찍어 extrapolation시켜 만나는 교점으로 leak위치를 찾을 수 있다.

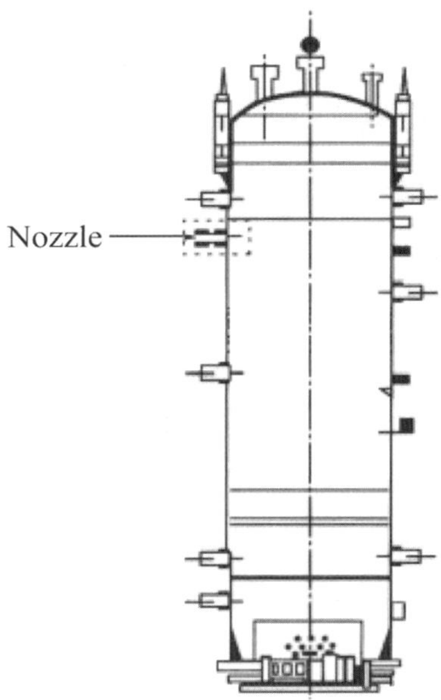

그림 2.10 원자력 압력용기

2.2.4 원자력 압력 용기 노즐의 열 충격 균열 감지

그림 2.10과 같은 원자력 압력 용기가 열 충격을 반복해서 받았을 때 노즐 원주 표면에서 발생하는 균열을 액상 침투 방법에 의

해 탐지한 것이 그림 2.11(a)이고 그림 2.11(b)는 같은 노즐 원주 상에서 AE수를 표시하고 있다. 이 그림에서부터 225°와 315° 근방에서 많은 표면 균열로 인한 *AE* 수의 다량 발생을 볼 수 있으며 이러한 결과는 액상 침투법에 의한 결과와 동일하다는 것도 알 수 있다.

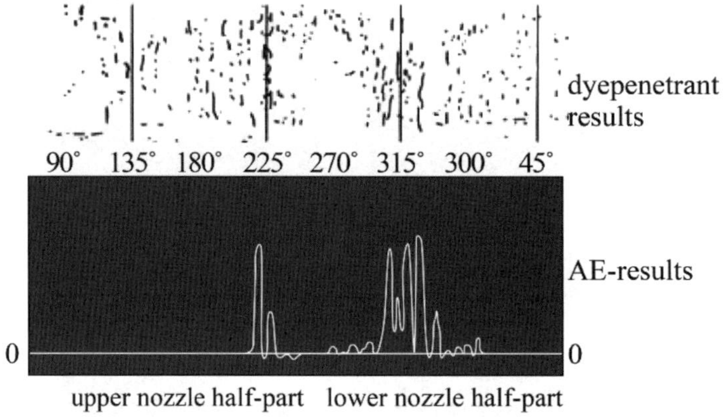

그림 2.11 400번째 열 충격 반복 하중이 가해질 때 발생한 AE결과

2.2.5 용접시 균열 감지

용접 중 on-line에서 균열을 감지하는 AE방법은 이미 ASTM에서 표준서를 제시하고 있을 정도로 선진국에서는 잘 알려져 있다.

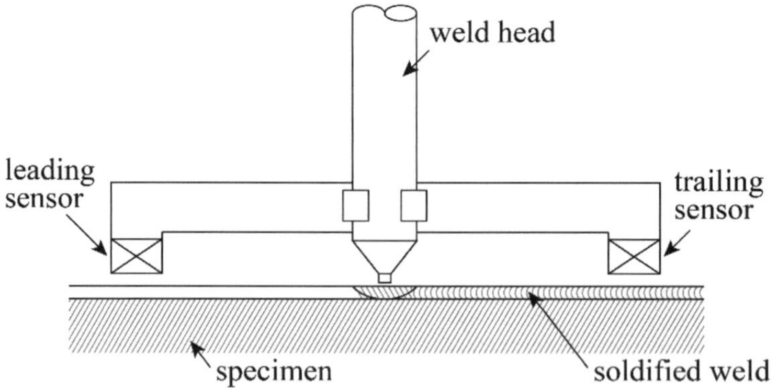

그림 2.12 이동식 트랜스듀서

연속 용접 중에 on-line으로 AE법에 의해 균열을 감지하는 방법으로는 그림 2.12과 같은 이동식 트랜스듀서 탐지 방법이 있다. 저항 점 용접(resistance spot welding)인 경우에는 그림 2.13과 같이 lower grounded electrode holder에 트랜스듀서를 고정하여 AE를 감지하기도 한다. 그림 2.14는 용접 상태가 양호한 경우와 미소 균열이 발생한 경우에 AE수 증가율을 비교한 것이다.

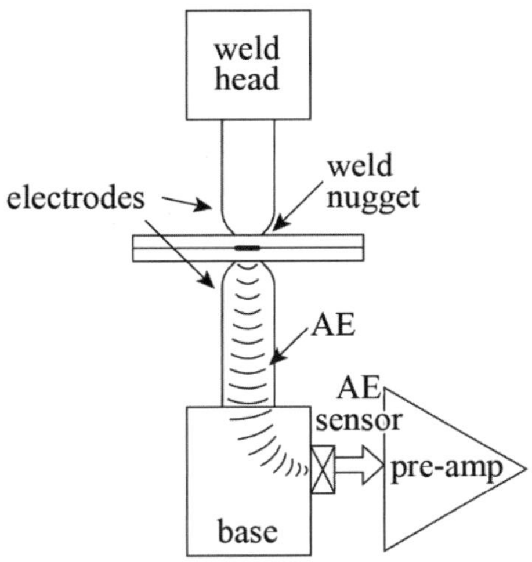

그림 2.13 저항 점 용접의 트랜스듀서 위치

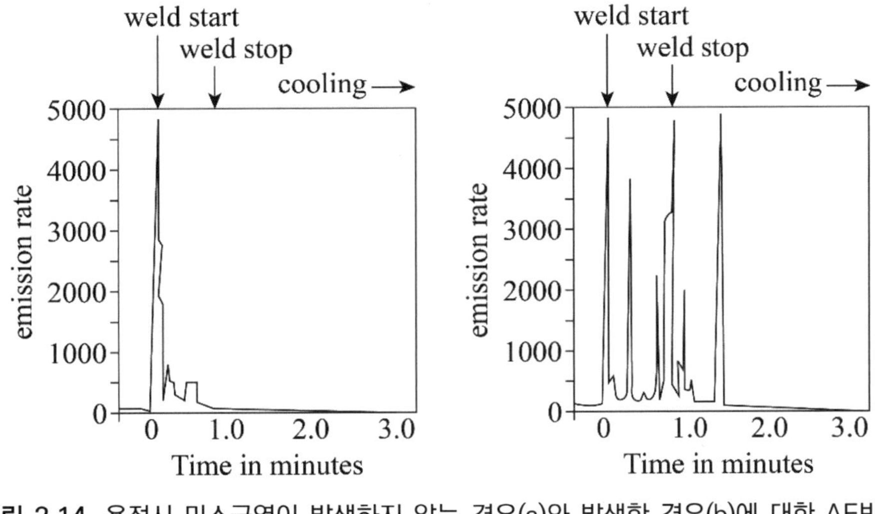

그림 2.14 용접시 미소균열이 발생하지 않는 경우(a)와 발생한 경우(b)에 대한 AE반응

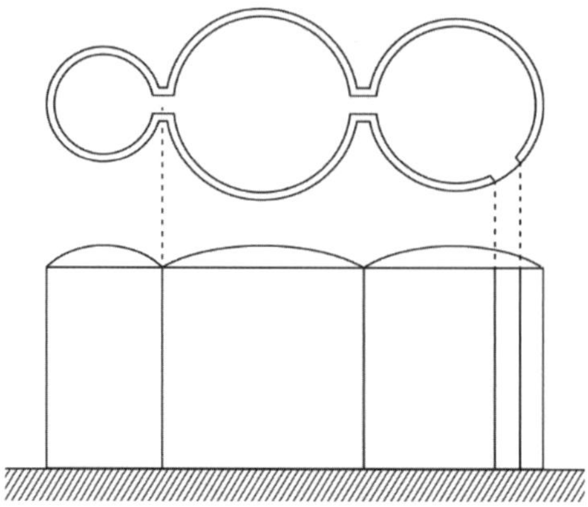

그림 2.15 사이로

2.2.6 콘크리트 구조물의 건전성평가

그림 2.15와 같은 콘크리트 사이로의 건전성을 평가하기 위해 그림 2.16과 같이 4곳에서 시험편을 채취하여 채취한 시험편과 같은 혼합비로 virgin specimen을 만들어 그림 2.17과 같은 채취한 시험편 결과와 그림 2.18과 같은 virgin specimen에 대한 AE 결과를 얻었다.

여기에서 채취한 시험편 쪽이 virgin specimen보다 높은 진폭파를 많이 방출한 것을 알 수 있다.

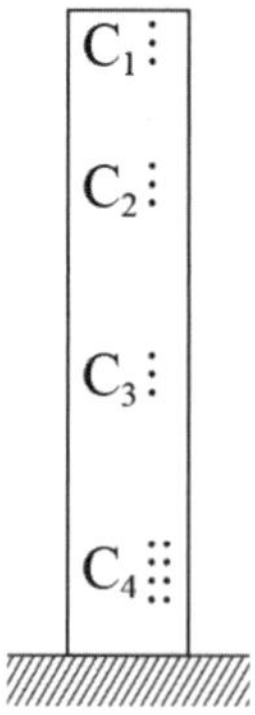

그림 2.16 시험편 채취 위치

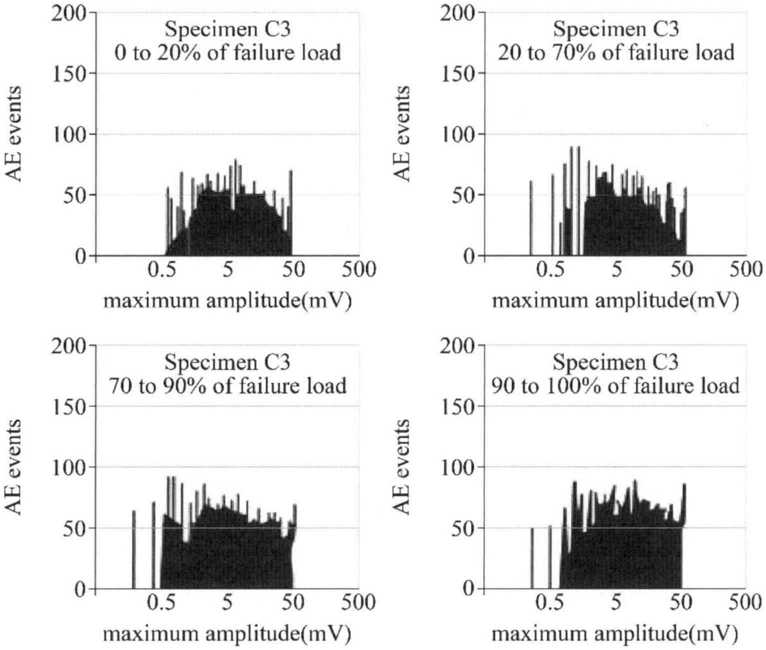

그림 2.17 채취한 시험편의 AE거동

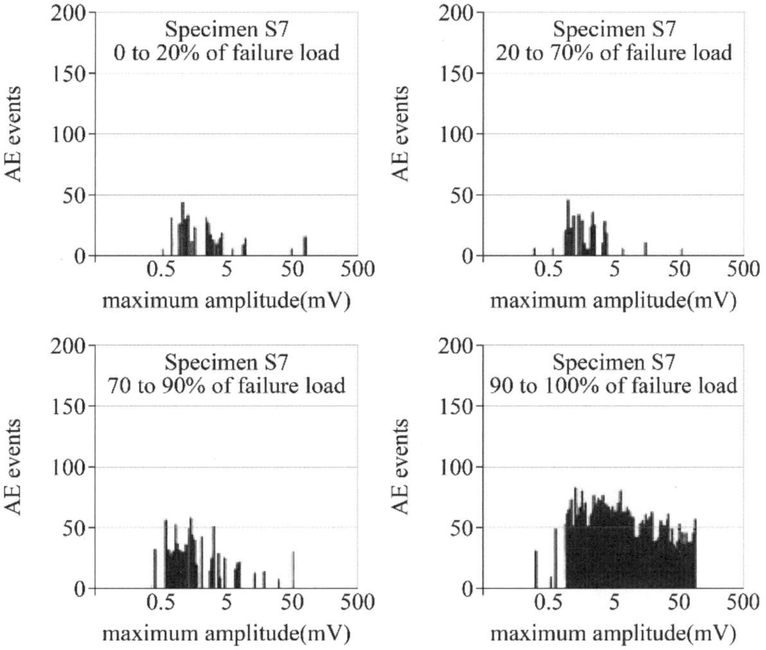

그림 2.18 Virgin 시험편의 AE거동

이는 채취한 시험편에 기존에 존재하는 균열이 있었으며 적은 압축 하중하에서도 성장하고 또 새로운 균열이 발생하였음을 뜻한다.

3. 피로 거동

3.1 피로 하중

피로 하중이란 규칙적이든 불규칙적이든 상관없이 물체에 연속적으로 응력 또는 변형률의 변화를 주는 하중을 말한다. 실험실에서 일반적으로 사용하는 피로 하중은 규칙적인 하중으로서 그림 3.1과 같은 피로 하중 기구에 의해 얻어진다.

그림 3.1은 굽힘 회전 피로 시험기의 하중 상태를 보이는 것으로서, *A*점이 하중

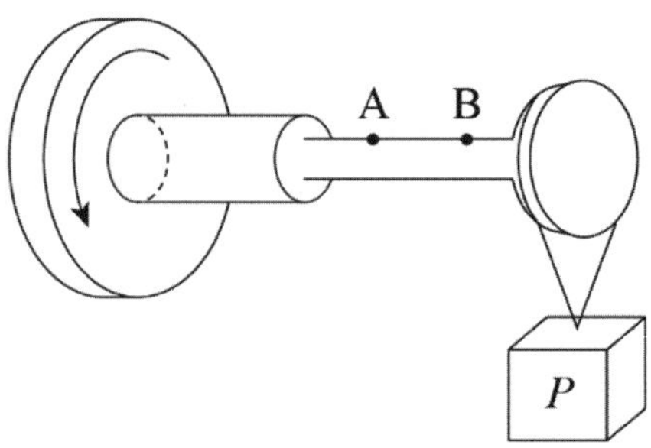

그림 3.1 피로하중 기구

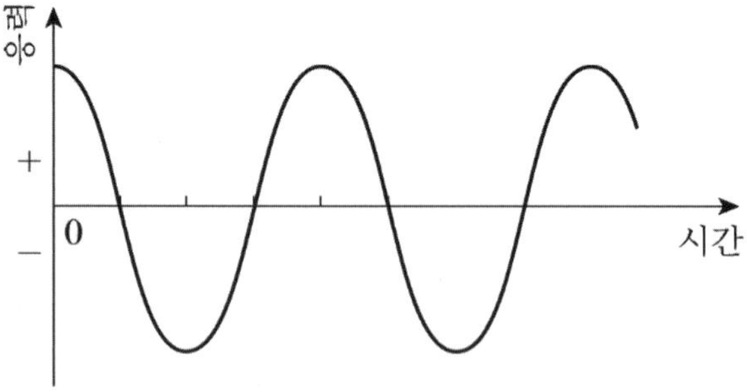

그림 3.2 응력과 시간 곡선

P에의해 인장 응력을 받게 되었다가 180° 회전하게 되면 하중 P에 의해 압축 응력을 받게 된다. 거기에서 또 180° 회전하게 되면 원 위치로 돌아와서 앞서 받았던 것과 같은 크기의 인장 응력을 되풀이해서 받게 된다.

이렇게 하여 한 주기가 끝나고 다음 주기에서도 같은 양상이 얻어진다. A점에서 응력과 시간 사이의 관계를 그림으로 표시하면 그림 3.2와 같다.

그런데 B점은 A점과 하중 P로 인한 응력 상태가 다르므로 그림 3.2와 다른 응력과 시간 곡선을 그리게 된다. 즉 하중 P로 인해 시험편 각 부위는 서로 다른 크기의 피로하중 상태에 놓이게 된다. 규칙적인 피로하중은 일반적으로 두 가지로 구분되는데 응력 제어식 피로 하중(stress controlled fatigue loading)과 변형률 제어식 피로 하중(strain controlled fatigue loading)이 있다 일반적인 응력 제어식 피로 하중 상태에서 얻어지는 응력과 시간 곡선을 그림 3.3에서 보여주고 있다. 이 그림에 표시된 각 기호를 정의하면 다음과 같다.

$$\begin{aligned} \Delta\sigma &\equiv \sigma_{max} - \sigma_{min} \\ \sigma_a &\equiv \frac{\sigma_{max} - \sigma_{min}}{2} \\ \sigma_m &\equiv \frac{\sigma_{max} + \sigma_{min}}{2} \\ R &= \frac{\sigma_{min}}{\sigma_{max}} \end{aligned} \tag{3.1}$$

여기에서 $\Delta\sigma$는 응력 범위(stress range), σ_a는 응력 진폭(stress amplitude),

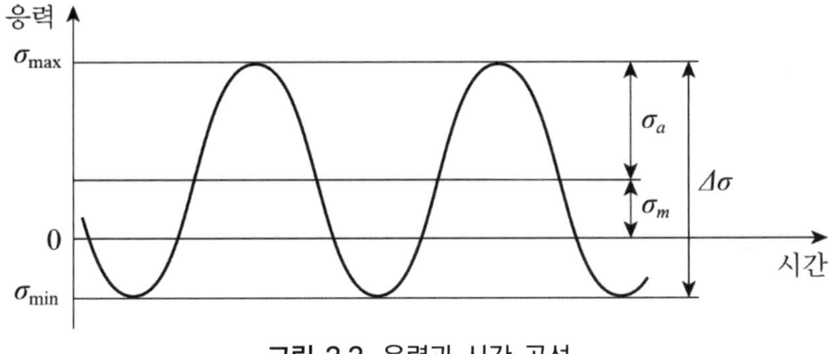

그림 3.3 응력과 시간 곡선

σ_m은 평균 응력(mean stress), R은 하중비(load ratio)이다. 응력 진폭과 피로 파괴 시까지 사이클 수를 선도로 표시한 것을 S-N 선도라고 부른다. 평균 응력의 영향을 고려한 대표적인 S-N 선도를 그림 3.4에서 보여주고 있다.

이 그림에서 알 수 있는 바와 같이 평균 응력이 크면 클수록 같은 σ_a하중 하에서 빨리 피로 파괴에 달한다. 그런데 철 금속과 비철 금속에서의 S-N 선도상에서 큰 차이는 작은 응력 진폭 상태에서 일어난다. 즉, 철 금속은 그림 3.5에서 보는 바와 같이 어떤 임계 응력 진폭보다 더 작으면 마치 무한 수명(보통 10^6 사이클 이상)을 가지는 것 같이 좀처럼 부서지지 않으나, 그 이상이면 어떤 한정된 수명을 가지는 성질을 보인다.

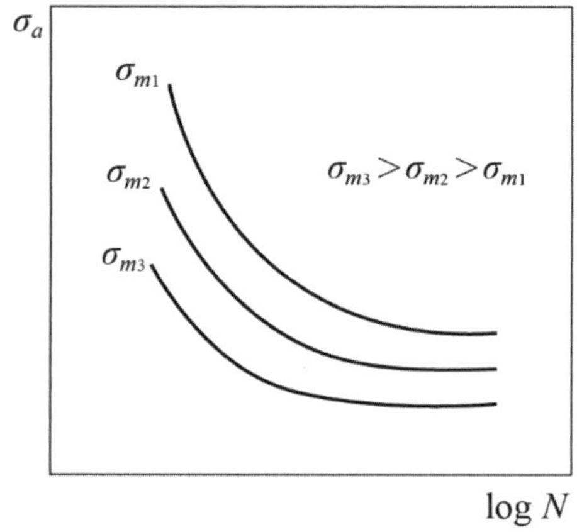

그림 3.4 평균응력이 $S-N$선도에 미치는 영향

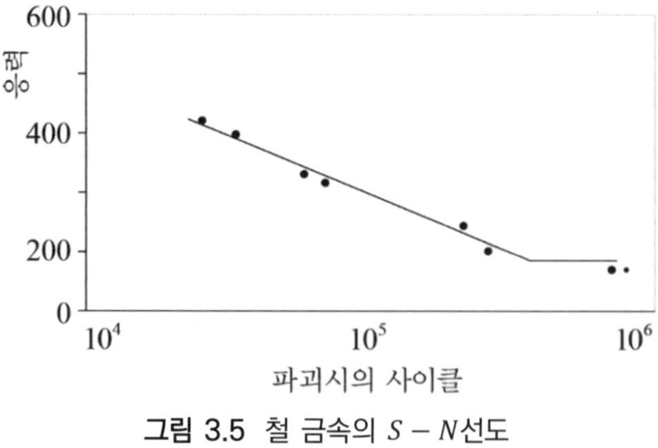

그림 3.5 철 금속의 $S-N$선도

이 임계 응력 진폭을 피로 한도(fatigue limit)라고 부른다. 그러나 그림 3.6과 같이 비철 금속은 피로 한도가 존재하지 않는 것이 일반적이며, 응력 진폭을 작게 하여도 유한한 수명을 보이게 된다.

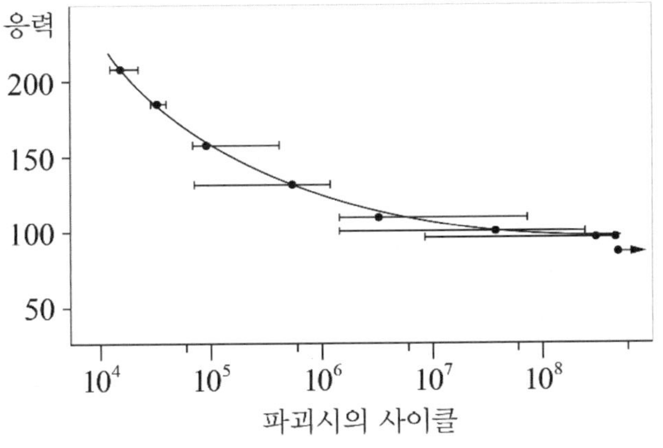

그림 3.6 비철 금속의 $S-N$선도

따라서 이러한 경우에 대해서는 편의상 보통 10^6 사이클의 응력 진폭을 그 재료의 피로 한도로 정의한다.

S-N 선도상의 실험치를 얻기 위해서 그림 3.6에서와 같이 10개의 시험편을 동일한 상태로 가공 및 시험하여도 실험치는 같은 값을 주지 않고 넓은 범위에 걸쳐서 분포하는 양상을 보인다. 그러므로 피로 시험은 많은 시험 편에 의한 실험치를 통계적인 방법에 의해 처리하여 그 재료에 대한 S-N 선도를 찾게 된다.

따라서 S-N 선도상의 한 점을 위해 10개 시험편을 시험하였다면 S-N 선도를 찾기 위해 수백 개의 시험편을 시험한 결과가 되어 상당한 재료비 및 시험편 가공비 그리고 기계 운전비와 시험 기간을 각오하여야 한다. 피로 시험에서 이러한 실험치의 산란(seattering) 현상은 근원적으로 각 시험편마 다 시험편 가공상의 차이, 표면 조도 차이와 미시적인 조직의 차이, 그리고 시험기 그립과 시험편의 걸림 상태의 차이 등에 그 원인이 있다.

변형률 제어식 피로 하중의 대표적인 예로서, 일정 변위 범위에서 반복 굽힘을 일으키는 외팔보를 그림 3.7에서 보여주고 있다.

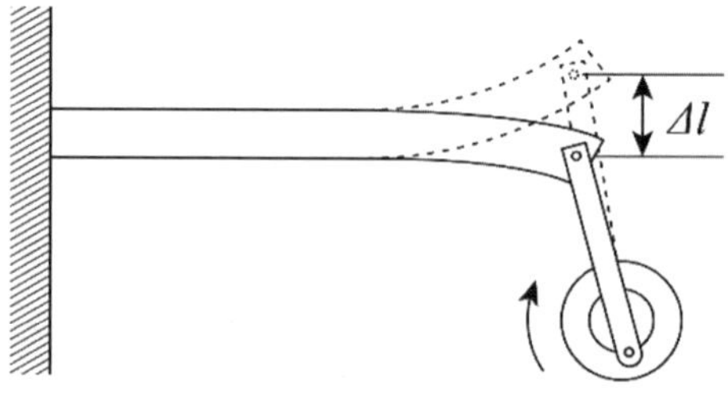

그림 3.7 변형률 제어식 피로 시험기의 한 예

3.2 반복 응력-변형률 선도

아주 작은 일정 피로 하중 하에서 시험하면 그림 3.8과 같은 히스테리시스 루프(hysteresis loop)를 형성하게 된다.

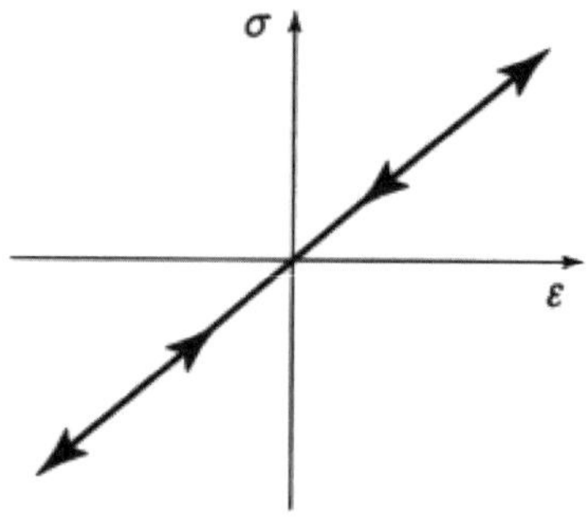

그림 3.8 완전 탄성체의 히스테리시스 루프

즉 하중을 가하거나 제거하거나 간에 항상 같은 직선만을 그려 준다. 따라서 이러한 피로 하중은 아무리 오래 피로하중을 주어도 응력이 0인 상태는 변형률 0인 상태가 되어 피로 하중을 받기 전이나 후나 같은 상태가 되어 이러한 피로 하중으로는 피로 파괴가 일어나지 않는다. 그러나 대부분의 재료는 탄성 범위내에서 피로 하중을 받더라도 초기에는 완전 탄성체와 같이 그림 3.8과 같은 히스테리시스 루프를 그리고 점차로 그림 3.9와 같이 배가 불룩한 모양의 히스테리시스 루프를 보이게 된다. 그러나 탄소성 재료인 경우 높은 피로 하중으로 피로 시험을 하게 되면 처음 1/4 사이클 동안은 그림 3.10(a)와 같이 단순 증가 하중, 즉 인장 시험 상태와 같이 OP 곡선을 그리게 되나 P점상태에서 하중을 제거하고 계속하여 압축 하중을 가하면 PR와 같은 곡선을 그리고, 압축 상태인 R점에서 다시 하중을 가하게 되면 RP 곡선을 그리게 되어 히스테리시스 루프가 형성되게 된다.

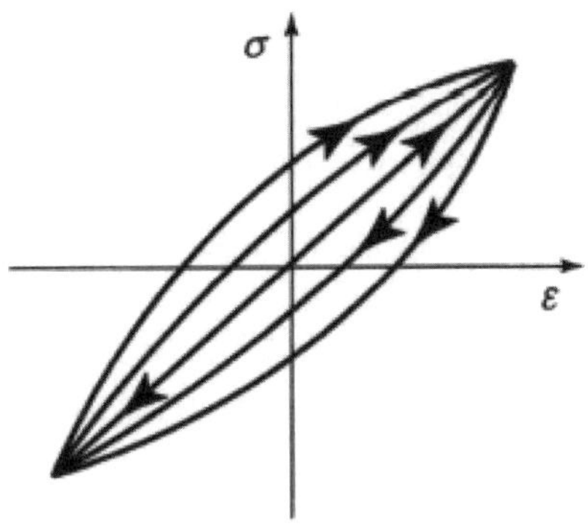

그림 3.9 근사적인 탄성체의 히스테리시스 루프

이와 같은 루프는 피로 하중이 일정 응력 제어식 피로 하중에 의해서도 얻어질 수 있고, 일정 변형률 제어식 피로 하중에서도 얻어질 수 있다는 것을 그림 3.10(b)와 (c)에서 설명하고 있다. 그림 3.10(a)에서 $\overline{OQ}$는 단순 인장 하중 상태에서 하중을 제거하였을 때 영구 변형률로서 소성 변형률에 해당된다. $\overline{OS}$ 역시 소성 변형률이다. 따라서 $\overline{SQ}$는 소성 변형률 범위에 해당된다. 한편 $\overline{QB}$는 하중 P 상태에서 하중을 제거하면서 탄성에 의해 복원된 변형률 양이며, $\overline{AS}$도 역시 마찬가지이다. 따라서 $\overline{AS}+\overline{QB}$가 탄성 변형률 범위이고, $\overline{AB}$는 탄성 및 소성 변형률 범위를 합한 전체 변형률 범위이다. 그리고 $SPQR$로 둘러 싸인 면적은 단위 부피당 소성 일량이다.

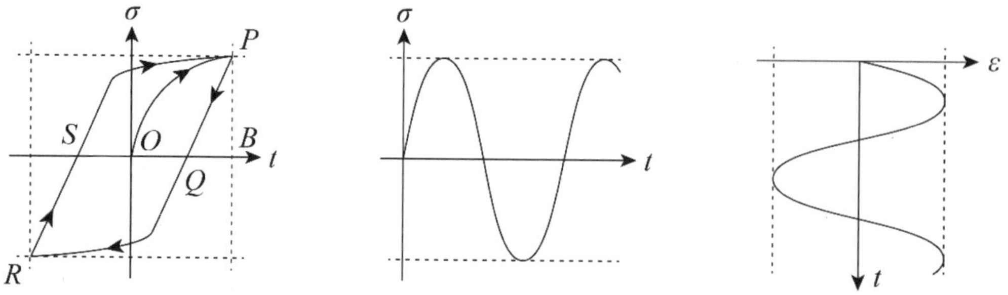

그림 3.10 탄성 및 소성 변형 하에서 히스테리시스 루프

이러한 소성 일량은 각 사이클마다 생겨나게 되어 물체는 누적된 피로 손상(fatigue damage)을 받게 되어 결국에 가서는 견디다 못해 파괴 현상에 이르게 된다. 즉 물체가 피로 파괴가 되기 위해서는 소성 변형률 범위가 0이 아니어야 하며, 만약 소성 변형률 범위가 0이 되면 그림 3.8과 같이 직선 모양의 히스테리시스 루프를 형성하게 되어 소성 일량의 누적이 없기 때문에 피로 파괴는 일어나지 않는다.

그림 3.11은 재료에 따라서 피로 하중에 대한 반응이 사이클을 거듭함에 따라 다르게 나타날 수 있음을 보인다.

그림 3.11(a)는 일정 응력 제어식 피로 하중하에서 변형률 반응을 보인 것으로서, 일정 응력을 반복해서 사이클을 거듭할 때 변형률이 사이클의 증가에 따라 감소하는 경우에는 같은 응력 하에서 점차 적은 변형률을 일으키므로 물체는 차차 경화되어 간 것이다

이를 반복 변형률 경화(cyclic strain hardening)라 부르고, 반대로 같은 응력 하에서 점차 큰 변형률을 일으키면 물체는 연화되어 간 것이므로 이를 반복 변형률 연화(cyclic strain softening)라고 부른다.

그림 3.11(b)는 일정 변형률 제어식 피로 하중 하에서 응력 반응을 보인 것으로 일정 변형률을 반복해서 사이클을 거듭할 때 응력이 사이클 증가에 따라 증가하는 경우에는 같은 변형률 하에서 점차 큰 응력을 요구하므로, 물체는 경화되어 가는 것이므로 반복 변형률 경화 현상이고, 그와 반대 현상을 보이는 것은 반복 변형률 연화 현상이다. 여기서 주의할 것은 일정 변형률인 경우에 대한 응력 반응에 대해

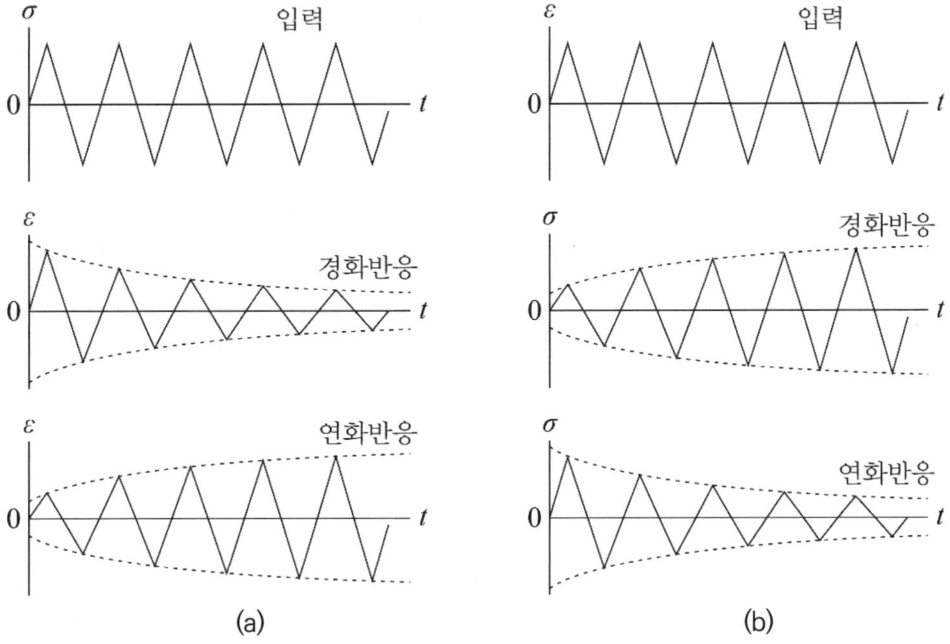

그림 3.11 (a) 일정 응력 제어식 피로하중, (b) 일정 변형률 제어식 피로 하중

서도 일정 응력인 경우에 대한 변형률 반응에 사용되었던 용어를 사용하고 있다는 것이다.

그림 3.11(b)로부터 일정 변형률 제어식 피로 하중 하에서 응력 반응의 사이클에 따른 변화로 말미암아 사이클마다 히스테리시스 루프의 모양과 크기가 변함을 인식하여야 하며, 그 실례를 그림 3.12에서 제시하고 있다.

그림 3.12(a)는 일정 변형률 제어식 피로 하중이므로 변형률은 사이클에 관계없이 일정 크기인데 사이클마다 응력 반응이 점차 증가하는 경향을 보이므로 반복 변형률 경화 현상을 보인 경우이고, 사이클이 어느 정도 증가하니까 히스테리시스 루프의 모양과 크기가 더 이상 변하지 않는 안정된 상태를 보이고 있다. 이 안정된 히스테리시스 루프를 반복 안정 히스테리시스루프(cyclically stabilized hysteresis loop)라고 부른다. 반면에 그림 3.12(c)는 정반대의 현상을 보이고 있으므로 반복 변형률 연화를 보이는 경우이며, 그림 3.12(b)는 초반 사이클에는 반복 변형률 경화를 보이다가 후반 사이클에서 반복 변형률 연화 현상을 보이는 경우이다.

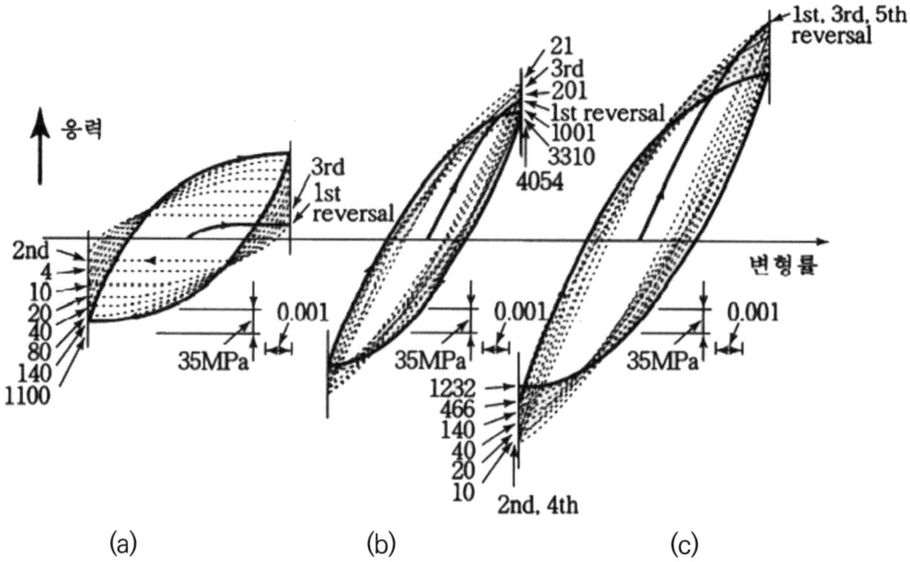

그림 3.12 일정 변형률 제어 피로 하중 하에서의 반응(J. Morrow, "Cyclic Plastic Strain Energy and Fatigue of Metals", copyright ASTM International, 100 Barr Harbor Drive, West Conshohocken, PA 19428으로부터 사용 허락받았음)

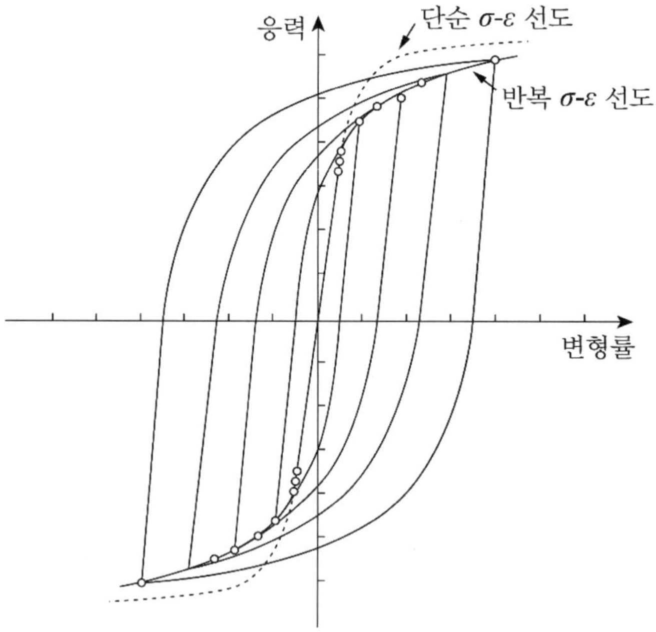

그림 3.13 반복 응력-변형률 선도와 단순 응력-변형률 선도

그림 3.13과 같이 반복 응력-변형률 선도(cyclic stress-strain curve)를 여러 개의 시험편을 시험하여 얻기 위해서는 여러 개 시험편을 제작하여 각 시험편마다 각기 다른 일정 변형률 제어식 피로 하중을 가하여 안정된 231스테리 시스 루프를 얻을 때까지 피로 하중을 가하면 된다.

이렇게 하여 얻는 반복 안정 히스테리시스 루프의 꼭지점을 연결하면 반복 응력-변형률 선도를 얻게 된다.

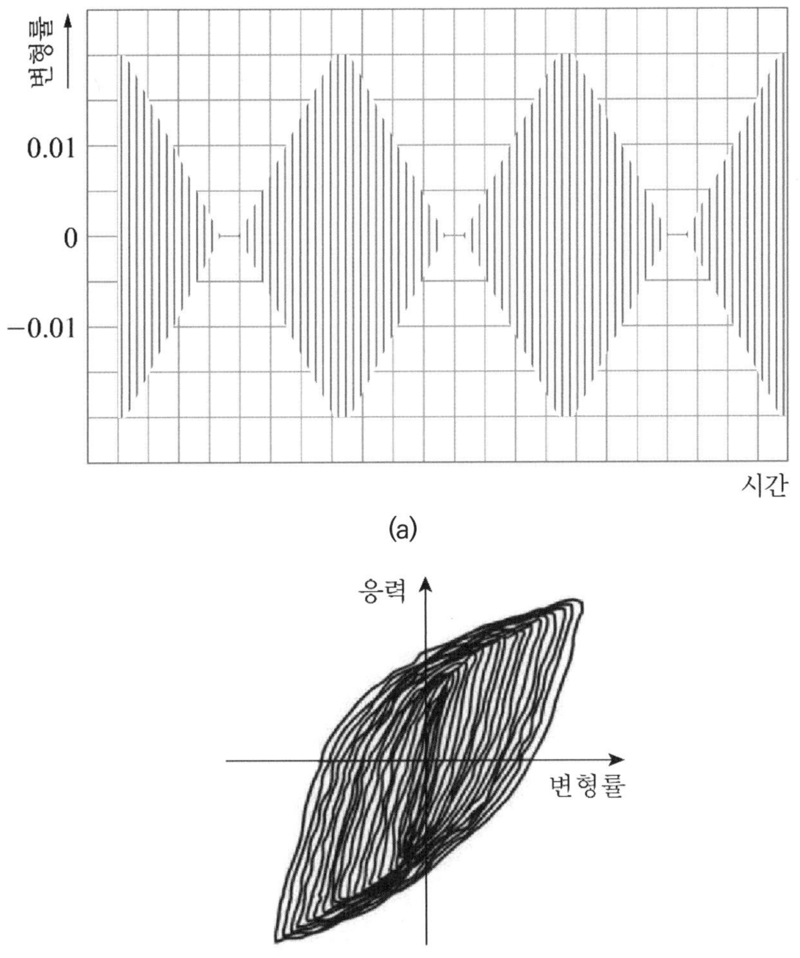

(b) 반복 응력-변형률 선도

그림 3.14 단일 시험편에 의한 반복 응력-변형률 선도를 구하는 방법

이러한 방법 외에 단일 시험편으로 그 재료의 반복 응력-변형률 선도를 얻기 위해서는 그림 3.14(a)와 같이 한 개의 구획을 같은 방법으로 진행하게 되면 그림 3.14(b)와 같이 그림 3.13과 동일한 반복 응력-변형률 선도를 얻게 된다. 뿐만 아니라 이 방법은 처음 시험 시작을 최대 변형률 진폭에서 행하므로 단순 인장 시험에서 얻은 단순 응력-변형률 선도(monotonic stress-strain curve)도 시험 시작전에 얻을 수 있는 장점이 있어서 이 방법을 주로 사용한다.

그림 3.15은 단순 응력-변형률 선도와 반복 응력-변형률 선도를 각 재료에 대해 보여주고 있는데, 두 선도 사이에는 상당한 차이가 있음을 알 수 있다. 또 이 그림으로 각 재료가 반복 변형률 경화를 일으키는지 또는 반복 변형률 연화를 일으키는지 알 수 있다. 예를 들어 그림 3.15(a)인 경우, 변형률 0.01에서 일정 변형률 제어식 피로 하중을 주었다면 그 변형률 하에서 단순 인장 시험일 때 응력 값보다 반복 안정 히스테리시스 루프의 응력 값이 더 큰 값을 보이고 있고, 변형률 0.015에서도 같은 경향을 보이므로 반복 변형률 경화 재료라고 말할 수 있다. 이와는 반대로 그림 3.15(c)인 경우에는 반복 변형률 연화 재료가 된다. 그림 3.15(b)는 변형률의 범위에 따라 연화하기도 하고 경화하기도 함을 알 수 있다.

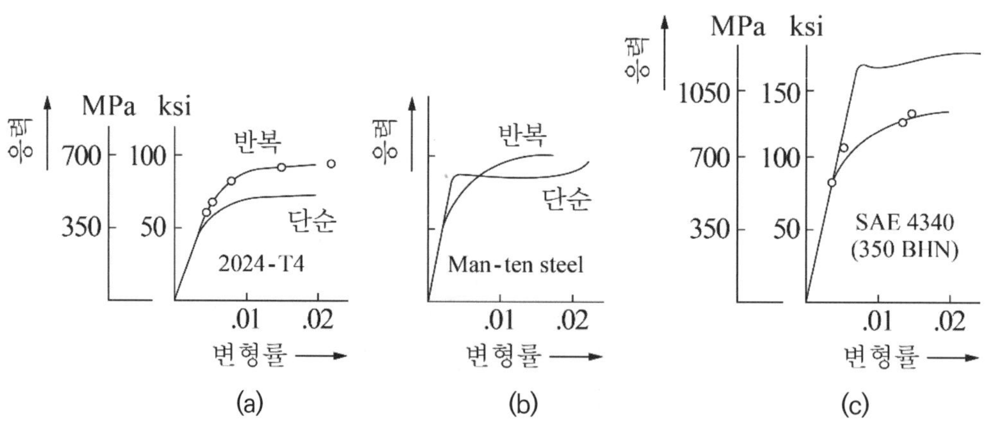

그림 3.15 각 재료에 대한 단순 응력-변형률 선도와 반복 응력-변형률 선도, (Wundt, B.M., Effects of Notches on Low Cycle Fatigue, STP-490, American Society for Testing and Materials, Philadelphia, 1972, copyright ASTM International, 100 Barr Harbor Drive, West Conshohocken, PA 19428으로부터 사용허가 받았음)

단순 응력-변형률 선도에서 power law hardening을 다음 식으로 표현한다.

$$\sigma = K\varepsilon_p^n \tag{3.2}$$

여기에서 σ의 범위는 항복 응력에서 인장 응력까지이고, ε_p는 소성 변형률이다. 그리고 K와 n은 각기 변형률 경화 계수(strain hardening coefficient)와 변형률 경화 지수(strain hardening exponent)이다. 반복 응력-변형률 선도에서 power law hardening은 다음 식으로 표현된다.

$$\frac{\Delta\sigma'}{2} = K'\left(\frac{\Delta\varepsilon_p}{2}\right)^{n'} \tag{3.3}$$

여기에서 $\Delta\varepsilon_p$는 소성 변형률 범위이고, K'와 n'는 각각 반복 변형률 경화 계수(cyclic strain hardening coefficient)와 반복 변형률 경화 지수(cyclic strain hardening exponent)이다. 대부분의 금속 재료에서 n'는 0.1에서 0.25 사이에 있으며 평균 0.15 값을 갖는다. 표 3.1은 여러 재료에 대한 단순 인장 특성과 반복 인장 특성을 보여주고 있다. 여기에서 σ_{ys}'는 반복 항복응력(cyclic yield stress)이고 $\varepsilon_f, \varepsilon_f'$는 파괴 변형률과 반복 파괴 변형률이다. 그리고 σ_f, σ_f'는 파괴 응력과 반복 파괴 응력이다. 반복 변형률 경화와 연화 재료를 쉽게 구별할 수 있는 조건식은 다음과 같다.

표 3.1 여러 재료에 대한 단순 인장 특성과 반복 인장 특성

재 료	조 건	σ_{ys}/σ_{ys}' (ksi)	n/n'	$\varepsilon_f/\varepsilon_f'$	σ_f/σ_f' (ksi)
강					
SAE 1045	Q+T(1200°F), 225 BHN	92/60	0.13/0.18	1.04/1.0	178/178
SAE 1045	Q+T(700°F), 410 BHN	198/120	0.076/0.146	0.72/0.60	270/270
SAE 1045	Q+T(360°F), 595 BHN	270/250	0.071/0.13	0.52/0.07	395/395
AM 350	Annealed	64/196	- /0.13	0.74/0.33	298/406
AM 350	Cold drawn 30%				
	BHN 496	270/235	- /0.21	0.23/0.098	316/390
2014-T4	BHN 155	67/60	- /0.16	0.29/0.42	87/123
2024-T6	-	44/64	0.20/0.08	0.43/0.21	92/147
7075-T6	-	68/76	0.113/0.146	0.41/0.19	108/191

$$n > 0.2 \text{ 또는 } \sigma_u/\sigma_{ys} > 1.4\text{이면 반복 변형률 경화가 될 재료}$$
$$n < 0.1 \text{ 또는 } \sigma_u \sigma ys < 1.2\text{이면 반복 변형률 연화가 될 재료} \tag{3.4}$$

식 (3.4)에서 알 수 있듯이, 강한 재료는 반복 피로 하중을 받으므로 연화되고 연한 재료는 반대로 경화되는 것을 알 수 있다.

3.3 $S-N$ 선도

응력과 수명과의 관계 선도를 $S-N$ 선도라고 칭한다는 것은 이미 3-1절에서 언급한 바 있다. 이 $S-N$ 선도는 주로 피로 하중의 크기가 작아서 긴 수명을 보이는 경우에 적용되며, 이와는 반대로 피로 하중이 커서 짧은 수명을 보이는 경우에는 $\varepsilon-N$ 선도를 이용한다. 그러나 이 책에서는 $\varepsilon-N$ 선도에 대해서는 언급하지 않는다. 즉 $S-N$ 선도를 이용하는 경우 피로 하중의 크기는 탄성 변형이 주가 되는 하중 크기이며, $\varepsilon-N$ 선도를 이용하는 경우의 피로 하중의 크기는 소성 변형이 무시될 수 없는 하중 크기에 해당한다. 본 절에서는 철 금속 표준 피로 시험편으로 시험한 경우에 얻어질 수 있는 $S-N$ 선도를 피로 시험에 의하지 않고 약산할 수 있는 방법을 설명하고자 한다. 이를 위해 다음의 관계식이 적용된다.

$$S_e = \begin{cases} 0.5S_u & (S_u \le 200ksi) \\ 100ksi & (S_u > 200ksi) \end{cases} \tag{3.5}$$

$$S_{1000} = 0.9\, S_u \tag{3.6}$$

$$S_u(ksi) = 0.5\, BHN \tag{3.7}$$

여기서 S_e는 피로 한도, S_u는 인장 강도, S_{1000}은 1000 사이클의 수명을 나타내는 응력 진폭, BHN는 Brinell 경도치를 뜻한다. 이 식들은 평균 응력이 0인 경우 성립한다. 이 식들에 의하면 그림 3.16(a)와 (b)의 선도를 얻을 수 있다. 그림 3.16에서 y축 S_a는 공학응력 진폭을 뜻한다.

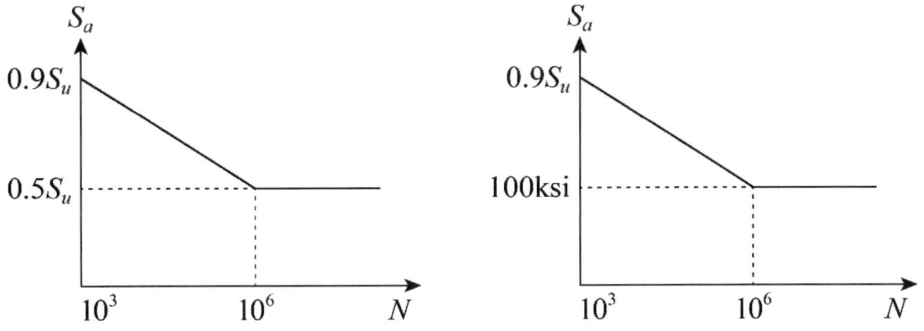

(a) $S_u \leq 200\text{ksi}$ (b) $S_u > 200\text{ksi}$

그림 3.16 $S-N$선도의 약산

3.4 평균 응력의 영향

그림 3.17에서 보는 바와 같이 응력 진폭과 평균 응력에 따라 수명이 달라짐을 알 수 있다. 이러한 형식의 그림을 Haigh 선도(Haigh diagram)라 부른다. 또한 그림 3.18과 같은 그림을 마스터 도표(master diagram)라고 부르며, 이 그림은 최대, 최소 응력만 알면 도표에 의해 응력 진폭과 평균 응력 그리고 하중비 및 수명까지 얻을 수 있는 편리한 것이다. 결국 마스터 도표가 Haigh 선도를 포함하고 있는 셈이다.

철 및 비철 금속에서 10^6 사이클 수명을 보이는 Haigh 선도를 실험식으로 표현한 여러 개의 수식이 있다. 그 대표적인 것을 소개하면 다음과 같다.

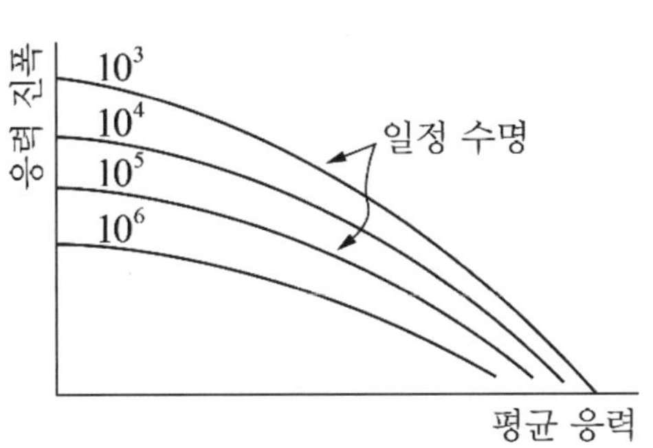

그림 3.17 Haigh 선도

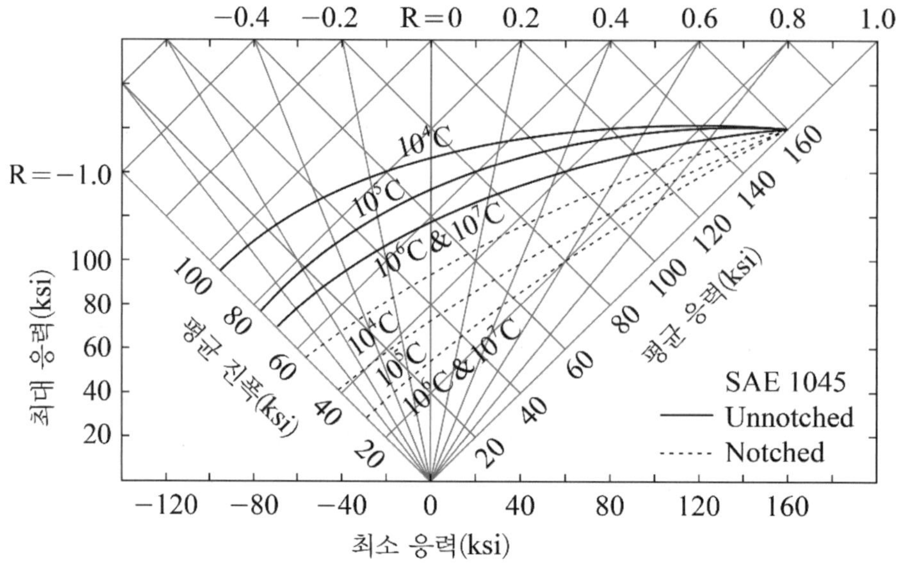

그림 3.18 마스터 도표

Soderberg	$S_u(ksi) = 0.5\ BHN$	(3.8)
Goodman	$\dfrac{\sigma_a}{S_e} + \dfrac{\sigma_m}{S_u} = 1$	(3.9)
Gerber	$\dfrac{\sigma_a}{S_e} + \left(\dfrac{\sigma_m}{S_u}\right)^2 = 1$	(3.10)
Morrow	$\dfrac{\sigma_a}{S_e} + \dfrac{\sigma_m}{\sigma_f} = 1$	(3.11)

여기서 σ_m은 인장, 압축 어느 경우에든 상관없다. 윗 식에 $\sigma_a, \sigma_m, S_e, S_u, S_{ys}, \sigma_f$값들을 대입한 결과 등호가 성립되지 않고 > 방향과 같은 부등호가 성립되는 경우 10^6 사이클보다 적은 유한 피로 수명을 예측하게 되고, 반대로 < 방향과 같은 부등호가 성립된다면 10^6 사이클까지 피로 파괴는 일어나지 않을 것을 예측하게 된다. 또한 윗 식에 $\sigma_m = 0, \sigma_a = S_e$를 대입하면 성립함을 알 수 있다. 즉 이 조건에 10^6 사이클의 수명을 준다는 것이고 또한 윗 식이 성립하도록 (σ_a, σ_m)을 주어도 10^6 사이클의 수명을 준다는 것을 이해하길 바란다. 윗 식은 물론 표준 시험편에서 성립된다. 윗 식을 도표로 표시한 것을 그림 3.19에서 보여주고 있다.

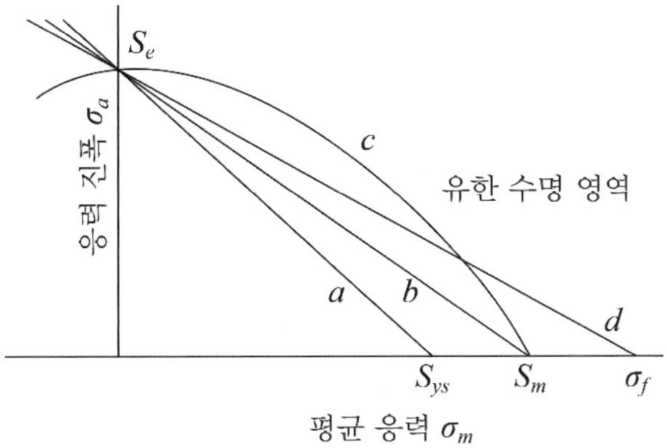

그림 3.19 평균 응력 영향을 보이는 식들의 비교

많은 실험 데이타가 Goodman과 Gerber 선도 사이에 위치한다는 것은 잘 알려져 있는 사실이다. 그래서 이 두 식이 주로 이용되나 수식의 간편성 때문에 Goodman 식을 더 많이 사용하고 있다.

윗 식을 10^6 사이클보다 적은 수명에서 성립되는 수식으로 만들기 위해서는 그 수명에 해당하는 응력 진폭을 S_e 대신에 대입하면 된다.

예제 3.1

$S_u = 150ksi,\ S_e = 60ksi,\ S_{1000} = 110ksi$인 시험편에 $\sigma_a = 50ksi, \sigma_m = 60ksi$ 의 피로 하중을 주었다면 수명은 얼마가 되겠는지 Goodman 식을 사용하여 구하라.

풀이 $\sigma_a = 50ksi, \sigma_m = 60ksi$이므로 이 수치를 식 (3.9)에 대입하면

$$\frac{50}{60} + \frac{60}{150} = 1.23 > 1$$

따라서 10^6 사이클보다 적은 수명을 나타낼 것으로 기대된다. 따라서 식 (3.9)의 S_e 대신에 해당 수명을 주는 S_n으로 대치하여 표현한 다음과 같은 형태의 Goodman식을 사용한다.

$$\frac{\sigma_a}{S_n} + \frac{\sigma_m}{S_u} = 1 \tag{3.12}$$

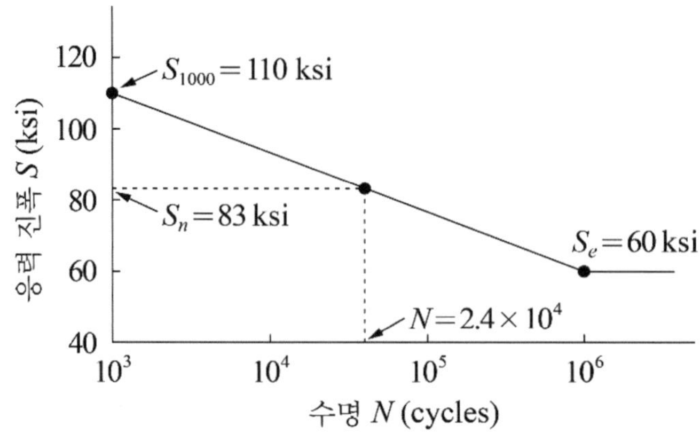

그림 3.20 $S-N$선도

윗 식에 주어진 값들을 대입하면 $S_n = 83\text{ksi}$ 임을 알 수 있다. 즉 $\sigma_a = 50\text{ksi}, \sigma_m = 60\text{ksi}$에서 얻어지는 수명과 $\sigma_a = S_n, \sigma_m = 0$에서 얻어지는 수명은 동일하다는 것을 이해하길 바란다. 따라서 그림 3.20과 같은 선도를 그릴 수 있다.

따라서 $N = 4.6 \times 10^4$ 사이클이 얻어진다. 그림 3.21는 동일 수명을 주는 다른 피로 하중도 무수히 많다는 것을 보여주고 있다.

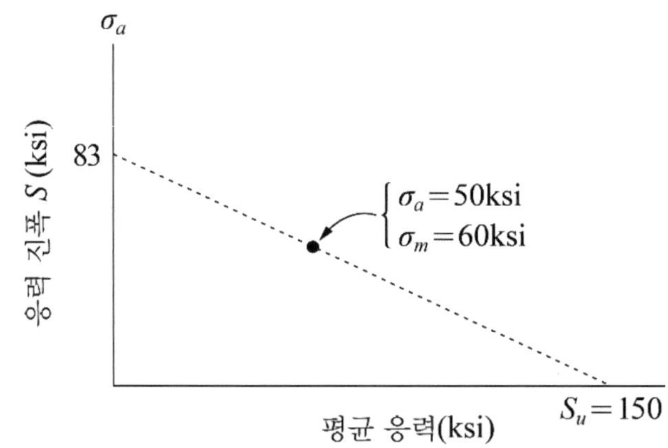

그림 3.21 Haigh 선도

위의 보기를 Gerber, Soderberg, Morrow 식을 이용하여 수명을 구하고 상호 비교하는 것도 좋은 시도이다.

3.5 변동 하중

어떤 구조물이 일정 응력 S_1을 n_1 사이클, S_2 응력을 n_2 사이클, S_3 응력을 n_3 사이클 등등과 같이 받았을 때, 그 구조물이 건전하겠는가 여부는 다음과 같은 Miner 법칙(Miner's rule)에 의해 판별된다.

$$\sum \frac{n_i}{N_i} = 1 \tag{3.13}$$

여기서 N_i는 n_i 사이클 동안 가해진 피로 하중 S_i를 파괴 시점까지 가했을 때 구조물의 수명이며 식 (3.13)의 등호가 >로 표시되면 이미 파손된 것을 그리고 <로 표시되면 아직 파손되지 않은 것을 뜻한다. 윗 식은 하중을 주는 순서에 무관한 것으로 표현되어 있으나 실제 실험 결과는 상이한 것으로 나타났다. 즉 처음에 큰 하중 그리고 나중에 작은 피로 하중을 주는 경우(high-low test)와 그 반대의 경우의 전체 수명은 서로 다르다. 많은 실험 결과는 다음과 같은 식을 만족한다.

$$0.5 < \sum \frac{n_i}{N_i} < 2 \tag{3.14}$$

일반적으로 high-low 시험에서는 다음 식이 성립한다.

$$0.5 < \sum \frac{n_i}{N_i} < 1 \tag{3.15}$$

그리고 low-high 시험에서는 다음 식이 성립한다.

$$1 < \sum \frac{n_i}{N_i} < 2 \tag{3.16}$$

이와 같이 식 (3.13)은 하중 순서에 따라 변화를 보이나 하중 순서를 고려하여 개발된 다른 식들보다 정확성과 간편성에서 우수하므로 지금까지 이 식을 사용하고 있다.

3.6 사이클 횟수 계산법

변동 피로 하중을 몇 개의 일정 피로 하중으로 나누는 방법에는 여러 가지 방법이 있다. 이 방법 중 가장 널리 알려진 것은 빗방울 사이클 횟수 계산법(rainflow cycle counting method)이다.

이 빗방울 사이클 횟수 계산법은 ASTM에서 채택하고 있는 방법이며, 계산법의 컴퓨터 알고리즘은 다음 자료에서 얻을 수 있다.

(a) Annual Book of ASTM Stantands, Section 3, 1986, pp. 836-848

(b) S. D. Dowing and D. F. Socie, "Simplified Rainflow Counting Algorithms," International Journal of Fatigue, Vol. 4, No. 1, 1982, pp. 31-40

4. 파괴 거동

4.1 균열과 파괴 역학의 관계

파괴 역학은 균열을 다루는 학문이기 때문에 관심의 대상이 항상 균열이다. 따라서 재료 내에 균열이 내재하고 있거나 또는 발생할 가능성이 있어야만 이 학문을 이용할 수 있다. 그런데 지구상의 모든 재료는 불행하게도 항상 균열을 내포하고 있다. 그 균열은 초기에는 미소 균열이나 사용 중에 언젠가는 거시균열로 성장한다. 거시 균열로 성장한 균열을 파괴 역학에서 취급한다. 최종적인 파괴는 항상 거시적인 균열로부터 일어난다. 따라서 최종적인 파괴를 방지하기 위한 가장 좋은 방법은 처음부터 일정 크기의 거시 균열을 가정하고 설계하는 것이다. 이러한 설계 결과는 거시 균열을 고려하지 않고 설계한 재래식 설계보다 훨씬 안전한다.

4.2 최대 이론 파괴 강도

물체 내에 아무런 결함도 없는 그야말로 완벽한 상태에 있는 재료의 파괴 강도는 그림 4.1의 모델에 의해 근사적인 이론값이 구해진다.

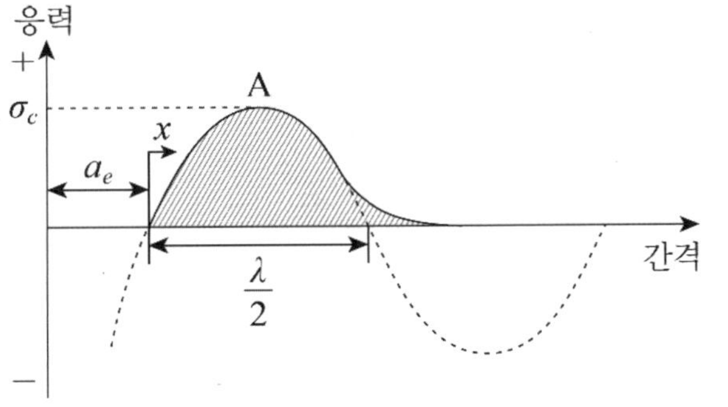

그림 4.1 최대 이론 파괴 강도

그림에서 a_0는 변형 전의 원자 중심간의 간격이며, 인장 응력에 의해 x만큼의 변위를 일으키면서 A점에 이르게 된다. A점 이후에는 변위는 증가 하나 응력은 감소하게 되는데, 이 A점의 응력 σ를 최대 파괴 강도(maximum cohesive strength) σ_c로 정의한다. 그림 상의 실선이 실제 응력과 변위 곡선이며, 해석을 용이하게 하기 위해 점선과 같은 sine 곡선으로 가정한다.

즉

$$\sigma = \sigma_c \sin\frac{2\pi x}{\lambda} \tag{4.1}$$

여기서 λ는 파장이다. x가 적다면, 즉 탄성 변형 하에 있다면 식 (4.1)은 다음과 같이 표현할 수 있다.

$$\sigma = \sigma_c \frac{2\pi x}{\lambda} \tag{4.2}$$

윗 식을 x에 대해 미분하면

$$\frac{d\sigma}{dx} = \sigma_c \frac{2\pi}{\lambda} \tag{4.3}$$

Hooke 법칙에 의해서

$$\sigma = E\varepsilon = E\frac{x}{a_0} \tag{4.4}$$

여기에서 E와 ε는각각 탄성 계수와 변형률이다. 식 (4.4)로부터

$$\frac{d\sigma}{dx} = \frac{E}{a_0} \tag{4.5}$$

식 (4.3)과 식 (4.5)로부터

$$\sigma_c = \frac{E\lambda}{2\pi a_0} \tag{4.6}$$

여기서 a_0와 λ의 크기는 같은 order이므로 $a_c \approx \frac{E}{2\pi}$가 되고 또 order만 따진다면 $\sigma \approx \frac{E}{10}$가 된다.

표 4.1 재료의 실제 파괴 강도

Material	σ_c		E		E/σ_c
	Gpa	(psi × 10^6)	Gpa	(psi × 10^6)	
Iron whisker	13.1	(1.91)	295.2	(42.9)	23
Silicon whisker	6.47	(0.94)	165.7	(24.1)	26
Ausformed steel	3.14	(0.46)	200.1	(29.1)	64
Piano wire	2.75	(0.40)	200.1	(29.1)	73

표 4.1은 실제 재료의 파괴 강도를 보여주고 있다.

위의 표에서 보는 바와 같이 E/σ_c가 식 (4.6)에서 예측하는 10보다 많은 차이를 보이고 있다. 따라서 그림 4.1과 같은 결함이 없는 완벽한 상태의 모델에 문제가 있음을 짐작할 수 있다.

그림 4.1에 의하면 단위 면적당 파괴 일량 W는

$$W = \int_0^{\frac{\lambda}{2}} \sigma_c sin\frac{2\pi x}{\lambda}dx = \sigma_c\frac{\lambda}{\pi} \tag{4.7}$$

W는 물체에 공급되는 에너지이고 이 에너지는 파단면 형성을 위해 전부 소비된다고 가정한다. 단위 면적당 표면 에너지(surface energy)를 γ_s 라 하면

$$W = 2\gamma_s \tag{4.8}$$

여기에서 2는 파괴 단면 상하면을 고려하기 위함이다. 식 (4.7)과 식 (4.8)로부터

$$\sigma_c = \frac{2\pi\gamma_s}{\lambda} \tag{4.9}$$

식 (4.6)과 식 (4.9)로부터

$$\lambda = 2\pi\left(\frac{a_0\gamma_s}{E}\right)^{\frac{1}{2}} \tag{4.10}$$

윗 식을 식 (4.9)에 대입하면

$$\lambda = 2\pi\left(\frac{a_0\gamma_s}{E}\right)^{\frac{1}{2}} \tag{4.11}$$

식 (4.6)과 식 (4.11)로부터

$$\sigma_c = \frac{E\lambda}{2\pi a_0} = \left(\frac{E\gamma_s}{a_0}\right)^{\frac{1}{2}} \approx \frac{E}{10} \tag{4.12}$$

4.3 Griffith 모델

Griffith는 4-2절의 모델과 같은 완벽한 재료는 실제 존재할 수 없다고 단정하고, 모든 재료는 불완전하며 결함을 내포할 수밖에 없다고 가정하였다. 그림 4.2과 같

이 균열길이 $2a$가 존재하는 물체의 파괴 강도를 Griffith는 선형탄성학을 이용하여 다음 식으로 유도하였다.

$$\sigma_c = \left(\frac{2E\gamma_s}{\pi a}\right)^{\frac{1}{2}} \tag{4.13}$$

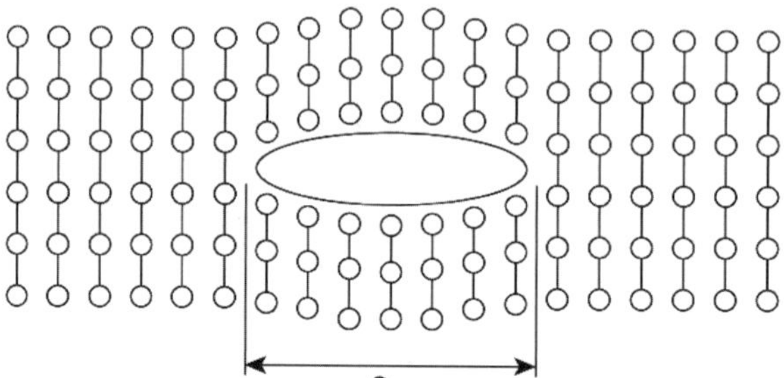

그림 4.2 Griffith 모델

식 (4.12)와 식 (4.13)을 비교하면 식의 형태는 같으나 a_0 대신에 a로 표현되었음을 알 수 있다. 따라서 식 (4.13)에 의한 것이 식 (4.12)에 의한 것보다 훨씬 작은 파괴 강도 값을 줄 것을 예상하게 된다. Griffith는 식 (4.13)을 선형 탄성이론으로 유도하였기 때문에 선형 탄성체인 유리에 대해 식 (4.13)의 타당성을 입증하였다. 이 식을 바꾸어 표현하면

$$\sigma_c\sqrt{\pi a} = \sqrt{2E\gamma_s} \equiv K_c \tag{4.14}$$

여기에서 K_c 는 파괴가 일어나는 응력과 균열길이에 대한 임계 응력세기계수(critical stress intensity factor)이다. 파괴에 이르기 전에는

$$\sigma\sqrt{\pi a} \equiv K \tag{4.15}$$

여기에서 K는 응력세기계수(이를 응력 확대 계수, 응력 강도 계수 등으로 부르기도 하나 잘못된 용어이다)이다. 이는 다음 절에서 취급되는 응력 집중 계수(stress concentration factor)와 상당한 차이가 있음을 주지하여야 한다.

4.4 놋치와 균열의 차이

그림 4.3과 같이 무한 평판에 타원 구멍이 존재하고, 무한 거리에서 타원 구멍의 장축에 수직으로 인장 응력 σ를 받을 때 놋치 저부 A점에서 이론 응력집중계수 (theoretical stress concentration factor) K_t는 다음과 같이 표현된다.

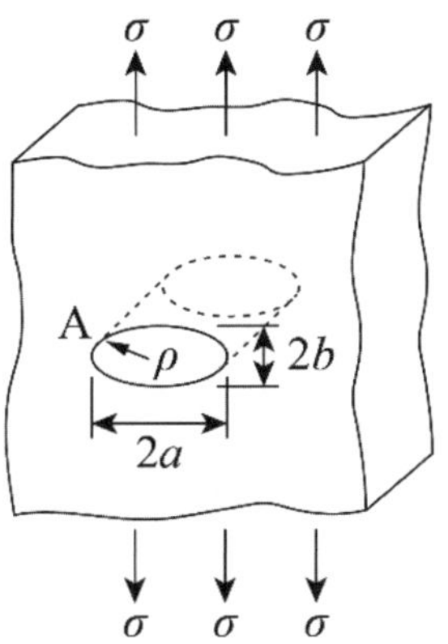

그림 4.3 응력 집중 계수

$$K_t = 1 + 2\frac{a}{b} \tag{4.16}$$

A점에서 곡률 반경 ρ는 b^2/a이므로

$$K_t = 1 + 2\sqrt{\frac{a}{\rho}} \tag{4.17}$$

$b \to 0$ 또는 $\rho \to 0$이면 $K_t \to \infty$가 되어 K_t가 정의되지 못하는 큰 값을 나타내게 된다. 이러한 상태의 결함을 균열(crack)이라 칭한다. 따라서 균열에는 K_t라는 파리미터를 사용할 수 없으며, 앞 절에서 언급한 응력세기계수 K를 사용하게 된다. 놋치는 K_t가 한정된 값을 가지고 균열은 K_t가 무한대 값을 가지므로, 파괴 위험성은 놋치보다 균열이 훨씬 높다. 따라서 균열이 존재하는 물체의 위험도를 줄이기 위해 균열 선단을 정확히 찾아서 그 선단에 구멍을 내어 놋치로 만들기도 한다.

4.5 응력세기계수

균열은 일반적으로 그림 4.4와 같은 세 가지 독립적인 방법으로 변형된다.

(1) 모드 I은 열림형 균열이라 부른다.

(2) 모드 II은 미끄럼형 균열이라 부른다.

(3) 모드 II은 찢음형 균열이라 부른다.

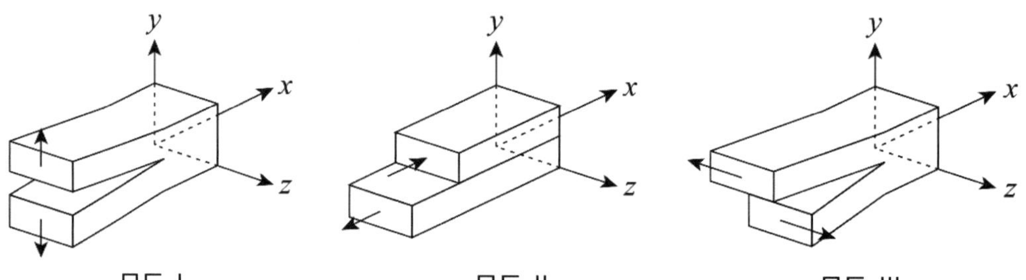

그림 4.4 균열 변형 형태

이 중에서 가장 보편적이고 위험한 변형 형태는 열림형이므로, 이 형태가 가장 중요하게 다루어진다.

모드 I 균열 선단 가까이에서 응력 성분은 다음 식으로 표현된다.

$$\begin{aligned} \sigma_x &= \frac{K_I}{\sqrt{2\pi r}}\cos\frac{\theta}{2}\left(1-\sin\frac{\theta}{2}\sin\frac{3\theta}{2}\right) \\ \sigma_y &= \frac{K_I}{\sqrt{2\pi r}}\cos\frac{\theta}{2}\left(1+\sin\frac{\theta}{2}\sin\frac{3\theta}{2}\right) \\ \sigma_{xy} &= \frac{K_I}{\sqrt{2\pi r}}\left(\sin\frac{\theta}{2}\cos\frac{\theta}{2}\cos\frac{3\theta}{2}\right) \end{aligned} \tag{4.18}$$

윗 식에 해당하는 기호는 그림 4.5에서 정의하고 있다. K_{I}의 하첨자 I은 모드 I을 의미하고 K_{I}을 케이 원이라고 읽는다.

식 (4.18)의 형태를 관찰함으로써 몇 가지 중요한 점을 지적하면 다음과 같다.

(1) 모든 응력 성분은 $1/\sqrt{r}$에 비례한다. 즉 균열 선단 가까이에는 상당한 응력이 존재한다.

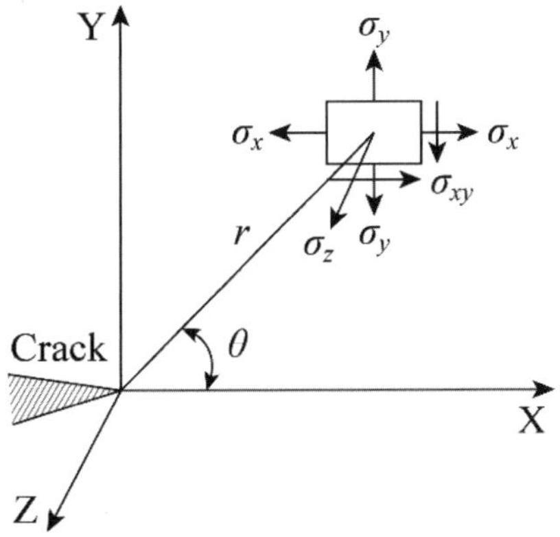

그림 4.5 균열 선단 주위의 응력 성분

(2) 모든 응력 성분은 z에 무관하다. 즉 식 (4.18)은 2차원 균열 문제에서의 응력 성분식이다.

(3) 균열 선단 가까이에 좌표 (r, θ)만 설정되면 그 좌표에서 응력의 크기는 K_I이 좌우한다.

(4) 모든 하중 경계 조건과 물체의 형상 및 크기에 따른 영향은 K_I이 내포하고 있다.

(5) 모드 I 2차원 균열 선단 가까이에서는 하중 경계 조건과 물체의 형상 및 크기에 관계없이 식 (4.18)의 형태는 항상 같다. 따라서 파괴 역학에서는 응력 성분식을 거론하기보다 응력세기계수식을 구하는 것이 가장 관심사이다. 응력세기계수식이 얻어지면 식 (4.18)에 대입하여 응력 성분식이 얻어진다.

그림 4.6에서 하중 경계 조건과 물체 형상 및 크기에 따라 각각 다른 K_I식을 보여주고 있다.

예를 들어서 그림 4.6(g)와 같은 콤팩트 인장 시험편(compact tension specimen)의 균열 선단 가까이에서 응력 성분식은 그 시험편에 대한 K_I 식을 식 (4.18)에 대입함으로써 다음과 같이 표현된다.

$$\sigma_x = \frac{YP\sqrt{a}}{BW\sqrt{2\pi r}} \cos\frac{\theta}{2}\left(1 - \sin\frac{\theta}{2}\sin\frac{3\theta}{2}\right)$$

$$\sigma_y = \frac{YP\sqrt{a}}{BW\sqrt{2\pi r}}\cos\frac{\theta}{2}\left(1+\sin\frac{\theta}{2}\sin\frac{3\theta}{2}\right) \tag{4.19}$$

$$\sigma_{xy} = \frac{YP\sqrt{a}}{BW\sqrt{2\pi r}}\left(\sin\frac{\theta}{2}\cos\frac{\theta}{2}\cos\frac{3\theta}{2}\right)$$

그림 4.6에서 보는 바와 같이 K_I은 일반적으로 다음의 형태로 표기됨을 알 수 있다.

$$K_I = Y_I\sigma_I\sqrt{a} \tag{4.20}$$

여기에서 σ_I는 외부 작용 응력이고 Y_I는 a/W를 항으로 하는 다항식이다. 4.3절에서 취급한 Griffith 모델은 식 (4.20)에서와 같이 $K = \sigma\sqrt{\pi a}$로 표기되었기 때문에

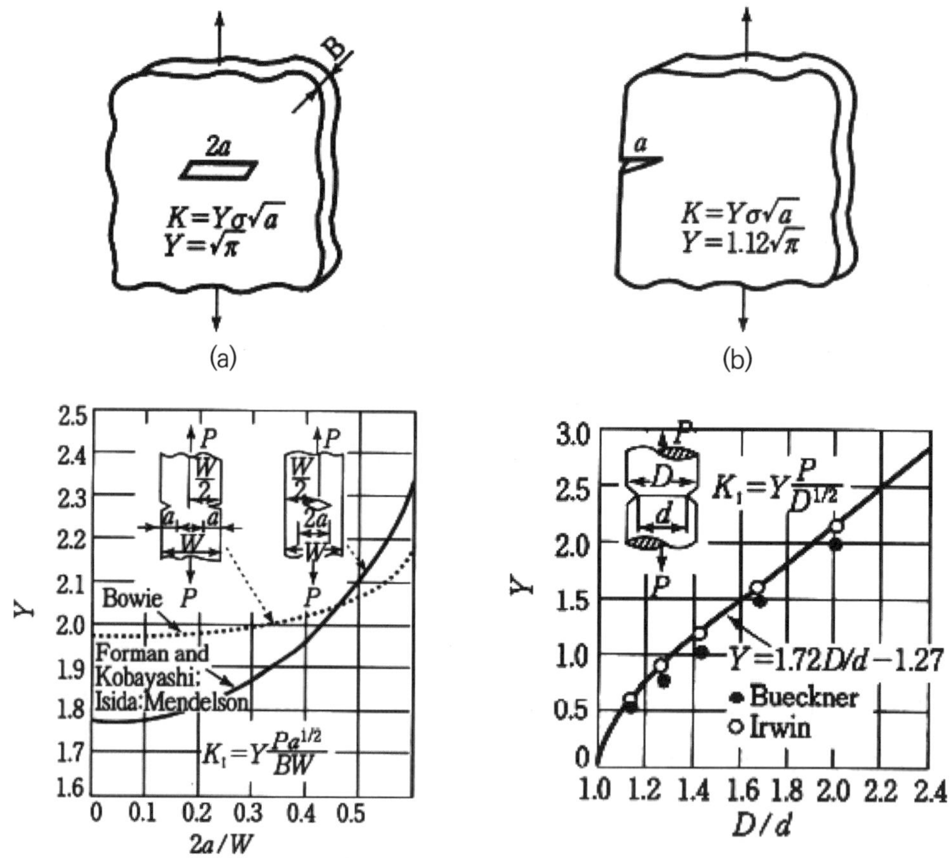

(a) (b) (c) (d)

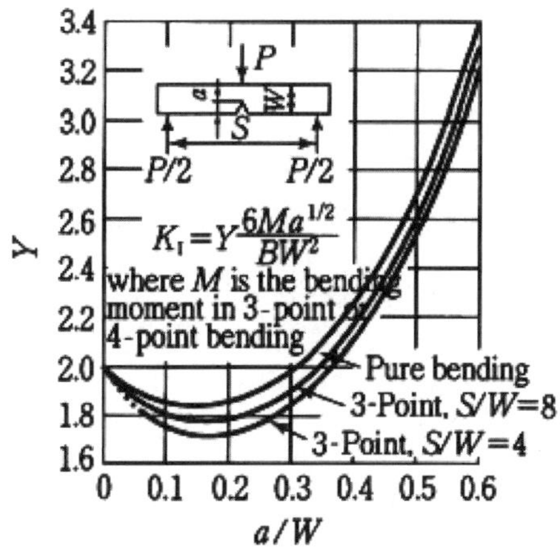

(e)

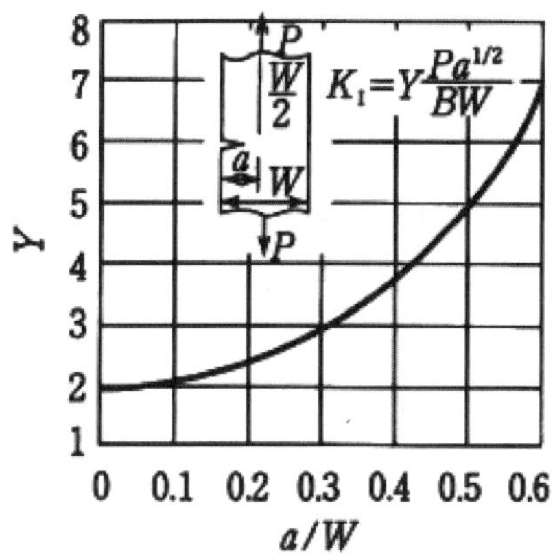

(f)

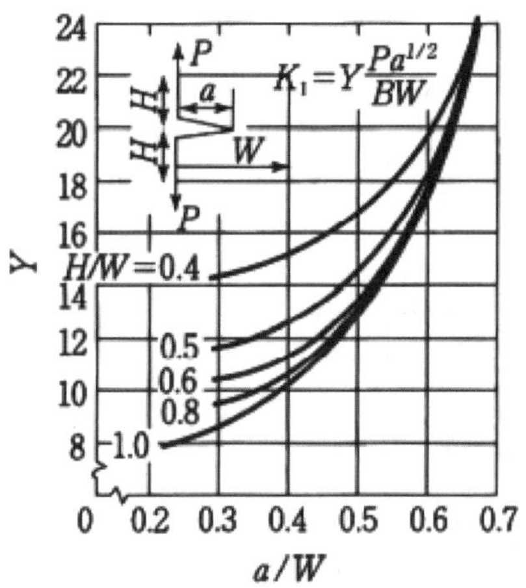

(g)

그림 4.6 각종 균열에 대한 응력세기계수(W.F. Brown, Jr and J.E. Srawley, ASTM STP 410, 1966, copyright ASTM International, 100 Barr Harbor Drive, West Conshohocken, PA 19428으로부터 사용허가 받았음)

그림 4.6(a)와 같은 무한 평판 내에 중앙 균열 $2a$가 무한 거리에서 응력 σ를 받는 경우에 해당하는 것이다. 식 (4.18)은 2차원 선형 탄성학으로부터 유도될 수 있는데, 2차원 탄성학 문제는 항상 평면 응력과 평면 변형률 문제로 구분된다.

그림 4.5와 같은 좌표계 설정 아래에서 평면 응력 상태와 평면 변형률 상태는 각각 다음 식으로 정의된다.

$$\sigma_z = 0, \sigma_{zx} = 0, \sigma_{zy} = 0 \text{ (평면 응력 상태)} \tag{4.21}$$

$$\varepsilon_z = 0, \varepsilon_{zx} = 0, \varepsilon_{zy} = 0 \text{ (평면 변형률 상태)} \tag{4.22}$$

식 (4.22)는 Hooke 법칙에 의해

$$\sigma_z = \nu(\sigma_x + \sigma_y), \;\; \sigma_{zx} = 0, \;\; \sigma_{zy} = 0 \tag{4.23}$$

여기서 ν는 Poisson비이다. 따라서 모드 I 평면 응력 상태에 놓인 균열 선단 가까이에서 응력 성분식은 식 (4.18)과 식 (4.21)로부터 다음과 같다.

$$\begin{aligned}
\sigma_x &= \frac{K_I}{\sqrt{2\pi r}}\cos\frac{\theta}{2}\left(1 - \sin\frac{\theta}{2}\sin\frac{3\theta}{2}\right) \\
\sigma_y &= \frac{K_I}{\sqrt{2\pi r}}\cos\frac{\theta}{2}\left(1 + \sin\frac{\theta}{2}\sin\frac{3\theta}{2}\right) \\
\sigma_{xy} &= \frac{K_I}{\sqrt{2\pi r}}\left(\sin\frac{\theta}{2}\cos\frac{\theta}{2}\cos\frac{3\theta}{2}\right) \\
\sigma_z &= 0, \sigma_{zx} = 0, \sigma_{zy} = 0
\end{aligned} \tag{4.24}$$

한편, 모드 I 평면 변형률 상태에 놓인 균열 선단 가까이에서 응력 성분 식은 식 (4.18)과 식 (4.23)으로부터 다음과 같다.

$$\begin{aligned}
\sigma_x &= \frac{K_I}{\sqrt{2\pi r}}\cos\frac{\theta}{2}\left(1 - \sin\frac{\theta}{2}\sin\frac{3\theta}{2}\right) \\
\sigma_y &= \frac{K_I}{\sqrt{2\pi r}}\cos\frac{\theta}{2}\left(1 + \sin\frac{\theta}{2}\sin\frac{3\theta}{2}\right) \\
\sigma_{xy} &= \frac{K_I}{\sqrt{2\pi r}}\left(\sin\frac{\theta}{2}\cos\frac{\theta}{2}\cos\frac{3\theta}{2}\right) \\
\sigma_z &= \frac{2\nu K_I}{\sqrt{2\pi r}}\cos\frac{\theta}{2}, \; \sigma_{zx} = 0, \sigma_{zy} = 0
\end{aligned} \tag{4.25}$$

모드 II 평면 응력 상태에 놓인 균열 선단 가까이에서 응력 성분식은 다음과 같다.

$$\begin{aligned}
\sigma_x &= -\frac{K_{\mathrm{II}}}{\sqrt{2\pi r}}\sin\frac{\theta}{2}\left(2 + \cos\frac{\theta}{2}\cos\frac{3\theta}{2}\right) \\
\sigma_y &= \frac{K_{\mathrm{II}}}{\sqrt{2\pi r}}\sin\frac{\theta}{2}\cos\frac{\theta}{2}\cos\frac{3\theta}{2} \\
\sigma_{xy} &= \frac{K_{\mathrm{II}}}{\sqrt{2\pi r}}\cos\frac{\theta}{2}\left(1 - \sin\frac{\theta}{2}\sin\frac{3\theta}{2}\right) \\
\sigma_z &= 0, \quad \sigma_{zx} = 0, \quad \sigma_{zy} = 0
\end{aligned} \tag{4.26}$$

모드 II 평면 변형률 상태에 놓인 균열 선단 가까이에서 응력 성분식은 다음과 같다.

$$\begin{aligned}\sigma_x &= -\frac{K_{\mathrm{II}}}{\sqrt{2\pi r}}\sin\frac{\theta}{2}\left(2+\cos\frac{\theta}{2}\cos\frac{3\theta}{2}\right)\\ \sigma_y &= \frac{K_{\mathrm{II}}}{\sqrt{2\pi r}}\sin\frac{\theta}{2}\cos\frac{\theta}{2}\cos\frac{3\theta}{2}\\ \sigma_{xy} &= \frac{K_{\mathrm{II}}}{\sqrt{2\pi r}}\cos\frac{\theta}{2}\left(1-\sin\frac{\theta}{2}\sin\frac{3\theta}{2}\right)\\ \sigma_z &= -\frac{2\nu K_{\mathrm{II}}}{\sqrt{2\pi r}}\sin\frac{\theta}{2}, \sigma_{zx}=0, \sigma_{zy}=0\end{aligned} \tag{4.27}$$

모드 III 균열 선단 가까이의 응력 성분식은 다음과 같다.

$$\begin{aligned}\sigma_{zx} &= -\frac{K_{\mathrm{III}}}{\sqrt{2\pi r}}\sin\frac{\theta}{2}\\ \sigma_{zy} &= \frac{K_{\mathrm{III}}}{\sqrt{2\pi r}}\cos\frac{\theta}{2}\\ \sigma_x &= 0, \sigma_y = 0, \sigma_z = 0, \sigma_{xy} = 0\end{aligned} \tag{4.28}$$

모드 II, III에 관한 응력 성분식에서도 식 (4.18)의 형태에서 지적한 중요한 사항들 다섯 가지가 동일하게 적용된다. 한편 모드 II, III 응력세기계수 $K_{\mathrm{II}}, K_{\mathrm{III}}$의 일반 형태도 역시 식 (4.20)과 같이 각각 다음과 같이 표현된다.

$$K_{\mathrm{II}} = Y_{\mathrm{II}}\tau_{\mathrm{II}}\sqrt{a} \tag{4.29}$$

$$K_{\mathrm{III}} = Y_{\mathrm{III}}\tau_{\mathrm{III}}\sqrt{a} \tag{4.30}$$

여기에서 $\tau_{\mathrm{II}}, \tau_{\mathrm{III}}$는 모드 II, III의 변형을 일으키는 전단 작용 응력이다.

$Y_{\mathrm{II}}, Y_{\mathrm{III}}$는 모드 I의 Y_{I}과는 다르다.

모드 I, II, III에 관한 응력세기계수식을 열거한 핸드북으로는 다음과 같은 것들이 있다.

(1) G. C. Sih, Handbook of Stress Intensity Factors, Lehigh University, 1973

(2) H. Tada, P. C. Paris, G. R. Irwin, The Stress Analysis of Crack Handbook, Del Research, Hellertown, Pa., 1973
(3) D. P. Rooke, D. J. Cartwright, Compendium of Stress Intensity Factors, HMSO, London, 1976.
(4) Y. Murakami, Stress Intensity Factors Hanbook, Pergamon, 1986

4.6 근사 응력세기계수 결정법과 응력세기계수 중첩법

앞 절에서 언급한 응력세기계수 핸드북에 수많은 응력세기계수를 열거하고 있지만 막상 실제 문제에 부응하는 응력세기계수식을 핸드북으로부터 찾으려면 대개의 경우 원하는 응력세기계수식을 발견하지 못하곤 한다. 이러한 경우, 직접 유도 내지는 계산하여 응력세기계수를 구하여야 하는 어려움이 있다. 그러나 핸드북에 있는 해로부터 근사적으로 응력세기계수 값을 쉽게 구할 수 있는 방법이 있다. 이 해법의 몇 가지 예를 아래에서 보이고자 한다.

4.6.1 원형 구멍에서 발생한 균열

그림 4.7과 같이 무한 평판에 반경 R인 구멍에서 하중과 수직으로 균열길이 L

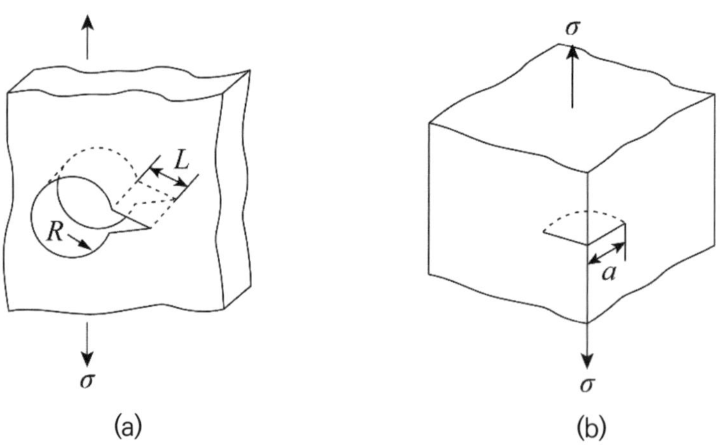

그림 4.7 근사 응력세기계수 결정 예

이 발생하였을 때, 응력세기계수값은 균열길이 L이 매우 작을 때와 매우 클 때로 구분하여 근사적으로 구하여진다.

(1) $L/R \ll 1$인 경우

무한 거리에서 작용하는 응력 σ로 인해 균열 개구 위치에 3σ의 응력이 발생한다는 것은 널리 알려져 있다. 따라서 L이 매우 작은 경우에 균열에 작용하는 외부 작용 응력은 3σ라고 할 수 있다. 또한 균열길이 L에 비해 구멍의 곡률 반경은 무한대라고 생각할 수 있으므로 그림 4.6(b)와 같은 가장자리 균열(edge crack)이라고 볼 수 있다.

그러므로 $K_I = 1.12$ (작용 응력)$\sqrt{\pi(\text{균열 길이})}$이다. 즉

$$K_I = 1.12(3\sigma)\sqrt{\pi L} = 3.36\sqrt{\pi L} \tag{4.31}$$

표 4.2 근사응력세기계수의 신뢰성

L/R	식 (4.31)	식 (4.32)	$F(L/R)$
0.00	3.36	-	3.36
0.20	-	-	2.30
0.40	-	1.73	1.86
0.60	-	1.47	1.64
0.80	-	1.32	1.47
1.0	-	1.22	1.37
2.0	-	1.00	1.06
3.0	-	0.91	0.94
10.0	-	0.77	0.75
∞	-	0.707	0.707

(2) $L/R \gg 1$인 경우

이 경우에는 균열 길이가 구멍에 비해 워낙 크기 때문에 균열 길이$(L+2R)$인 중앙 균열로 취급하여야 한다. 따라서 그림 4.6(a)로부터

$$K_I = \sigma\sqrt{\pi\frac{L+2R}{2}} \tag{4.32}$$

같은 모델에 대한 Bowie의 엄격한 계산 결과는 다음 식으로 표현된다.

$$K_I = F(L/R)\sigma\sqrt{\pi L} \tag{4.33}$$

식 (4.31) ~ (4.33)을 비교한 결과를 표 4.2에서 보여주고 있다. 표 4.2에 의하면 $L/R \approx 0$와 $L/R > 1$에서는 근사해가 매우 좋은 결과를 주지만 $0 < L/R < 0.6$에서는 좋지 못한 결과를 주고 있다.

4.6.2 1/4 원형 모서리 균열

그림 4.7(b)에서와 같이 무한 평판의 한 모서리에 1/4 원형 모서리 균열(corner crack)이 있는 경우, 응력세기계수의 근사식을 동전형 균열(penny shape crack)과 그림 4.6(b)의 가장자리 균열의 응력세기계수로부터 구하여진다.

1/4 원형 모서리 균열이 외부 경계면과 2군데에서 만나므로 응력세기계수에 주는 영향은 $(1.12)^2$이다. 그리고 동전형 균열의 응력세기계수 $K_I = (2/\pi)\sigma\sqrt{\pi a}$이므로 결국

$$K_I = (1.12)^2\frac{2}{\pi}\sigma\sqrt{\pi a} \tag{4.34}$$

예제 4.1

그림 4.8에서와 같은 교량에 쓰이는 pin-loaded lug에 균열이 발생하였다. 이러한 경우 응력세기계수를 구하라. (A.P. Parker, The Mechanics of Fracture and Fatigue, An Introduction, E. & F. N. Spon LTD, London, pp. 157-159, 1981)

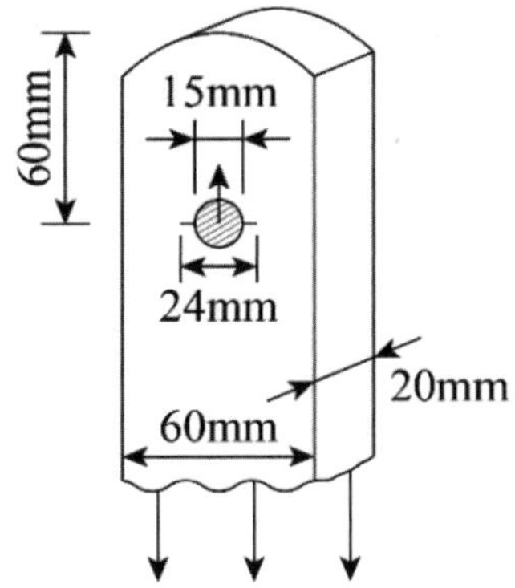

그림 4.8 응력세기계수의 중첩 예제

풀이 그림 4.8의 모양을 길이 방향으로 무한히 긴 것으로 가정하여 그림 4.9와 같이 응력세기계수를 중첩한다. 구하고자 하는 K는 그림 4.9(c) 또는 그림 4.9(d)이다. 따라서

$$K = \frac{1}{2}\left(K_p + K_\sigma\right)$$

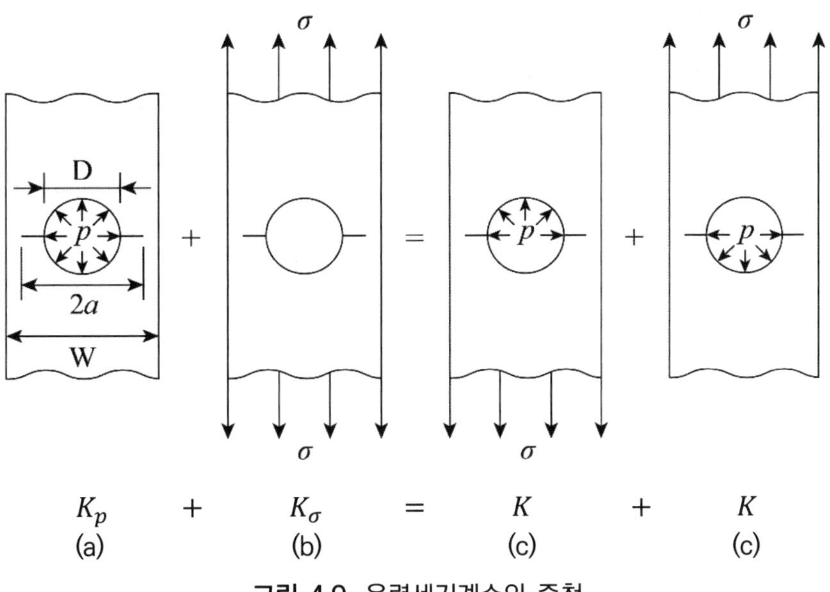

그림 4.9 응력세기계수의 중첩

그림 4.9(a)와 그림 4.9(b)의 응력세기계수는 문헌에서 얻을 수 있다. 따라서 원하는 K가 구해진다. 결과는 그림 4.10과 같다.

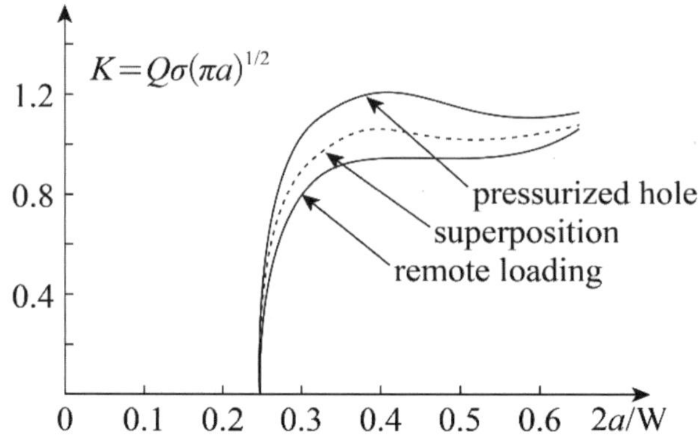

그림 4.10 응력세기계수 중첩 결과

4.7 균열선단 소성역

식 (4.18)은 원래 선형 탄성학에 의해 유도된 결과이기 때문에 소성 변형은 전혀 없고 선형 탄성 변형만 존재한다는 큰 가정이 내포되어 있다. 따라서 식 (4.18)은 균열선단에 가까운 곳에서는 항상 무한대의 응력이 발생하는 비현실적인 결과를 주고 있다. 이러한 무한대 응력을 실제 재료는 감당할 수 없으며 무한대 응력에 이르기 훨씬 전에 항복(yielding)을 하고 만다. 그 결과로 균열선단에서는 소성역이 발생하는 것이 현실이다. 이 소성 역의 크기를 Irwin은 $\theta = 0$, 즉 균열 평면에서 근사적으로 구하였다. $\theta = 0$에서는 식 (4.18)에서 보는 바와 같이 $\sigma_{xy} = 0$이 되므로 σ_x, σ_y가 주응력이 되며 그 크기는 서로 같은 결과를 준다. 이 주응력 중 어느 한 성분을 그림 4.11에서 1번 곡선으로 나타내고 있다.

이 1번 곡선은 선형 탄성학에 근거한 것이므로 실제 균열선단에 소성역이 발생한다면 이 곡선은 이동되어 2번 곡선의 위치에 오게 될 것이다. 그리고 균열선단 0에서 $r_1 + r_2$ 사이의 소성역 내에서 응력 분포는 재료가 탄성-완전 소성 변형을 하는 재료라고 가정하여 이 구간에서 응력 크기를 항복 응력 σ_{ys}의 k배로 표시한다.

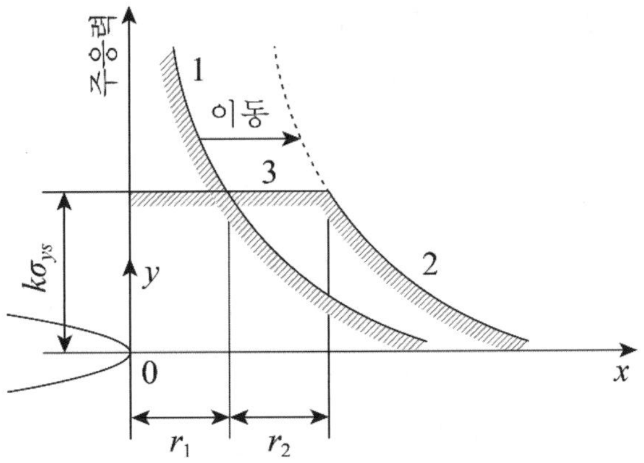

그림 4.11 Irwin의 소성역 반경

그러면 결국 주응력 분포는 직선 3과 곡선 2로 이루어진다.

1번 곡선과 2, 3번 곡선 아래의 면적은 힘의 평형에 의해 같아야 하므로

$$\int_0^{r_1} \left(\frac{K_I}{\sqrt{2\pi x}} - k\sigma_{ys} \right) dx = k\,\sigma_{ys} r_2 \tag{4.35}$$

그리고 $x = r_1$에서 1번 곡선의 응력은

$$k\sigma_{ys} = \frac{K_I}{\sqrt{2\pi r_1}} \tag{4.36}$$

따라서 식 (4.35)과 식 (4.36)로부터

$$r_1 = r_2 = \frac{1}{2\pi} \left(\frac{K_I}{k\sigma_{ys}} \right)^2 \tag{4.37}$$

4.7.1 평면 응력 상태인 경우에 Irwin의 균열선단 소성역

주응력을 $\sigma_1, \sigma_2, \sigma_3$로 표현하고 $\sigma_1 > \sigma_2 > \sigma_3$로 가정하면 식 (4.24)은 $\theta = 0$에서 $\sigma_1 = \sigma_2, \sigma_3 = 0$이므로 Tresca 항복 조건식 $\sigma_1 - \sigma_3 = \sigma_{ys}$로부터 $\sigma_1 = \sigma_{ys}$ 그런데 그림 4.11에서 $\sigma_1 = k\sigma_{ys}$로 두었기 때문에 결국 $k = 1$이 된다.

4.7.2 평면 변형률 상태인 경우에 Irwin의 균열선단 소성역

식 (4.18) 혹은 식 (4.25)로부터 $\theta = 0$에서

$$\sigma_1 = \sigma_2 = \frac{K_I}{\sqrt{2\pi x}} \qquad \sigma_3 = \frac{2\nu K_I}{\sqrt{2\pi x}} = 2\nu\sigma_1 \tag{4.38}$$

따라서 Tresca 항복 조건식으로부터 $(1-2\nu)\sigma_1 = \sigma_{ys}$가 된다. 그런데 그림 4.11에서 $\sigma_1 = k\sigma_{ys}$로 두었기 때문에 $k = 1/(1-2\nu)$가 된다. $\nu = 1/3$로 가정하면 $k = 3$이다. 결과적으로 식 (4.37)에 의해 소성역 r_p는

$$r_p = r_1 + r_2 = 2r_1 = \begin{cases} \dfrac{1}{\pi}\left(\dfrac{K_I}{\sigma_{ys}}\right)^2 & (\text{평면 응력 상태}) \\ \dfrac{1}{\pi}\left(\dfrac{K_I}{3\sigma_{ys}}\right)^2 & (\text{평면 변형률 상태}) \end{cases} \tag{4.39}$$

그러나 Irwin은 평면 변형률 상태의 소성역 크기 r_p는 실험 결과와 잘 맞지 않으므로 k를 $\sqrt{3}$으로 조정하여 다음 식을 최종 결과로 제시하였다.

$$r_p = \begin{cases} \dfrac{1}{\pi}\left(\dfrac{K_I}{\sigma_{ys}}\right)^2 & (\text{평면 응력 상태}) \\ \dfrac{1}{3\pi}\left(\dfrac{K_I}{\sigma_{ys}}\right)^2 & (\text{평면 변형률 상태}) \end{cases} \tag{4.40}$$

위의 Irwin 방법은 소성역 크기를 $\theta = 0$에서 근사적으로 구하였으나 임의의 θ에서 소성역 크기를 구하여 보자.

4.7.3 평면 응력 상태인 경우에 이론 균열소성역 모양과 크기

식 (4.24)로부터 $\sigma_{zx} = 0, \sigma_{zy} = 0$이므로, σ_z는 주응력이다. 그리고 $\sigma_x, \sigma_y, \sigma_{xy}$로부터 Mohr 응력원을 이용하면 다른 두 주응력도 얻을 수 있다. 결과적으로

$$\sigma_1 = \frac{K_I}{\sqrt{2\pi r}}\cos\frac{\theta}{2}\left(1+\sin\frac{\theta}{2}\right)$$
$$\sigma_2 = \frac{K_I}{\sqrt{2\pi r}}\cos\frac{\theta}{2}\left(1-\sin\frac{\theta}{2}\right) \tag{4.41}$$
$$\sigma_3 = 0$$

식 (4.41)을 Tresca 항복 조건식에 대입하면 소성역 방정식 r_p는 다음과 같이 표현된다.

$$r_p = \frac{1}{2\pi}\left(\frac{K_I}{\sigma_{ys}}\right)^2 \cos^2\frac{\theta}{2}\left(1+\sin\frac{\theta}{2}\right)^2 \tag{4.42}$$

식 (4.41)을 von Mises 항복 조건식$(\sigma_1-\sigma_2)^2+(\sigma_2-\sigma_3)^2+(\sigma_3-\sigma_1)^2 = 2\sigma_{ys}{}^2$에 대입하면 소성역 방정식 r_p는 다음과 같이 표현된다.

$$r_p = \frac{1}{4\pi}\left(\frac{K_I}{\sigma_{ys}}\right)^2 \left(1+\cos\theta+\frac{3}{2}\sin^2\theta\right) \tag{4.43}$$

4.7.4 평면 변형률 상태인 경우에 이론 균열소성역 모양과 크기

식 (4.25)로부터 $\sigma_{zx}=0$, $\sigma_{zy}=0$ 이므로 σ_z 는 주응력이다. σ_x, σ_y, σ_{xy} 로부터 Mohr 응력원을 이용하면 다음 두 주응력도 구할 수 있다. 결과적으로

$$\sigma_1 = \frac{K_I}{\sqrt{2\pi r}}\cos\frac{\theta}{2}\left(1+\sin\frac{\theta}{2}\right)$$
$$\sigma_2 = \frac{K_I}{\sqrt{2\pi r}}\cos\frac{\theta}{2}\left(1-\sin\frac{\theta}{2}\right) \tag{4.44}$$
$$\sigma_3 = v(\sigma_1+\sigma_2) = 2v\frac{K_I}{\sqrt{2\pi r}}\cos\frac{\theta}{2}$$

식 (4.44)의 $\sigma_1, \sigma_2, \sigma_3$는 θ의 범위에 따라 $\sigma_1 > \sigma_2 > \sigma_3$의 경우가 있을 수 있고 $\sigma_1 > \sigma_3 > \sigma_2$의 경우가 있을 수 있다. 따라서 Tresca 항복 조건식을 사용할 경우, 다음 두 가지 경우로 구분하여 소성역 크기를 구한다.

$\sigma_1 > \sigma_2 > \sigma_3$인 경우: 이 경우 Tresca 항복 조건식은 $\sigma_1 - \sigma_3 = \sigma_{ys}$이므로

$$r_p = \frac{1}{2\pi}\left(\frac{K_I}{\sigma_{ys}}\right)^2 cos^2\frac{\theta}{2}\left(1 - 2v + sin\frac{\theta}{2}\right)^2 \tag{4.45}$$

$\sigma_1 > \sigma_3 > \sigma_2$인 경우: 이 경우 Tresca 항복 조건식은 $\sigma_1 - \sigma_2 = \sigma_{ys}$이므로

$$r_p = \frac{1}{2\pi}\left(\frac{K_I}{\sigma_{ys}}\right)^2 sin^2\,\theta \tag{4.46}$$

식 (4.45)과 식 (4.46)으로 얻어지는 r_p 중 같은 θ 값에서 큰 r_p값을 택한다. 식 (4.44)을 von Mises 항복 조건식 $(\sigma_1 - \sigma_2)^2 + (\sigma_2 - \sigma_3)^2 + (\sigma_3 - \sigma_1)^2 = 2{\sigma_{ys}}^2$에 대입하여 소성역을 구하면

$$r_p = \frac{1}{4\pi}\left(\frac{K_I}{\sigma_{ys}}\right)^2 \left\{\frac{3}{2}sin^2\,\theta + (1 - 2v)^2(1 + cos\,\theta)\right\} \tag{4.47}$$

위의 식 (4.42)에서 식 (4.47)까지의 소성역 관계 방정식을 그림으로 도시한 것이 그림 4.12이다.

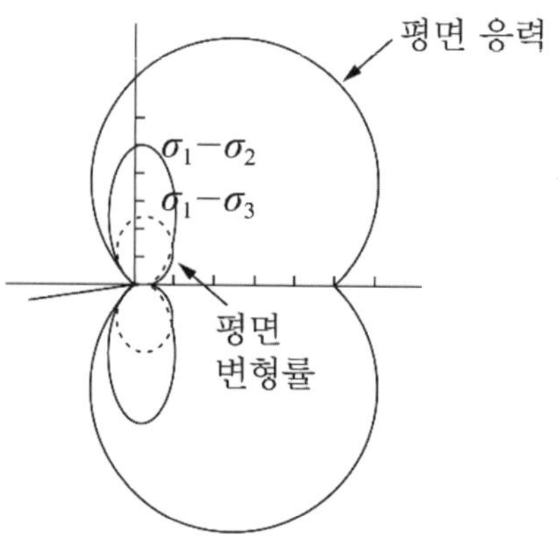

(a) Tresca 항복 조건식을 사용한 경우

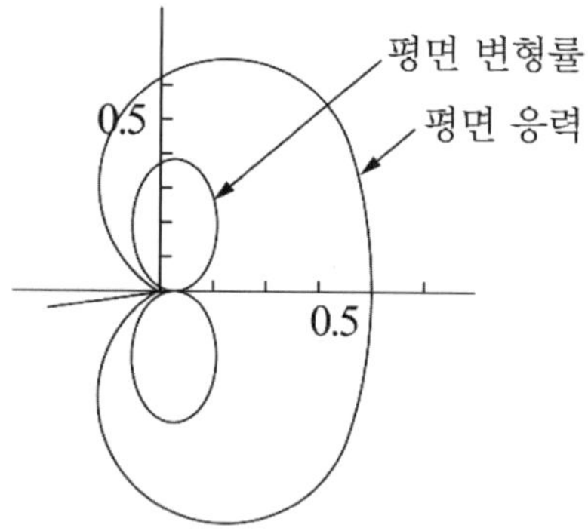

(b) Von Mises 항복 조건식을 사용한 경우

그림 4.12 이론 소성역 크기와 모양

이 그림과 관련한 수식으로부터 $\theta = 0$인 곳에서 소성역을 구하면 다음과 같다.

4.7.5 평면 응력 상태인 경우에 $\theta = 0$에서 이론 균열소성역 크기

이 경우에는 Tresca 항복 조건식을 사용하였을 때나 von Mises 항복 조건식을 사용하였을 때나 같은 결과로서 다음 식을 얻는다.

$$r_p = \frac{1}{2\pi}\left(\frac{K_I}{\sigma_{ys}}\right)^2 \tag{4.48}$$

4.7.6 평면 변형률 상태인 경우에 $\theta = 0$에서 이론 균열소성역 크기

이 경우에도 Tresca 항복 조건식을 사용하였을 때나 von Mises 항복 조건식을 사용하였을 때나 같은 결과로서 다음 식을 얻는다.

$$r_p = \frac{(1-2v)^2}{2\pi}\left(\frac{K_I}{\sigma_{ys}}\right)^2 \tag{4.49}$$

$v = \frac{1}{3}$이면

$$r_p = \frac{1}{18\pi}\left(\frac{K_I}{\sigma_{ys}}\right)^2 \tag{4.50}$$

위의 식 (4.48)와 식 (4.50)의 결과를 Irwin의 결과와 비교하면 상당한 차이를 보이고 있다. 실험 결과는 Irwin의 결과에 더욱 근사하다.

Dugdale의 strip형 소성역 크기는

$$r_p = \frac{\pi}{8}\left(\frac{K_I}{\sigma_{ys}}\right)^2 \tag{4.51}$$

스트립(strip)형 소성역은 실험에서 평면 응력 상태(그림 4.13(a))에 더욱 가까우므로 Dugdale의 소성역 크기인 식 (4.51)은 오로지 평면 응력 상태에만 적용하고 있다.

Dugdale의 소성역 크기를 Irwin의 평면 응력 상태 소성역 크기와 비교하면 서로 근사한 값을 주고 있음을 알 수 있다. 평면 변형률 상태에서 소성역의 실험 모양을 관찰하여 보면 가로로 넓혀 쓴 8자 모양(그림 4.13(b))을 보인다.

이 절에서 서술한 모든 r_p식은 실험과는 그 크기와 모양에 있어서 어느 하나 정확한 예측을 하지 못하고 있다. 그러나 이론식에서 실험과 비교하여 타당성이 입증되는 부분은 첫째로 $r_p \propto (K_I/\sigma_{ys})^2$이다. 따라서 K_I/σ_{ys}의 항은 파괴 역학에서 중요한 매개 변수로 다루어지고 있으며, 그 크기는 소성역의 크기를 결정한다. 두 번째로 평면 응력 상태의 균열선단 소성역이 평면 변형률의 균열선단 소성역보다 크다는 것이다. 이러한 소성역 크기의 차이로부터 4-8절에서 밝힌 파괴 단면의 실험적 형상이 설명된다.

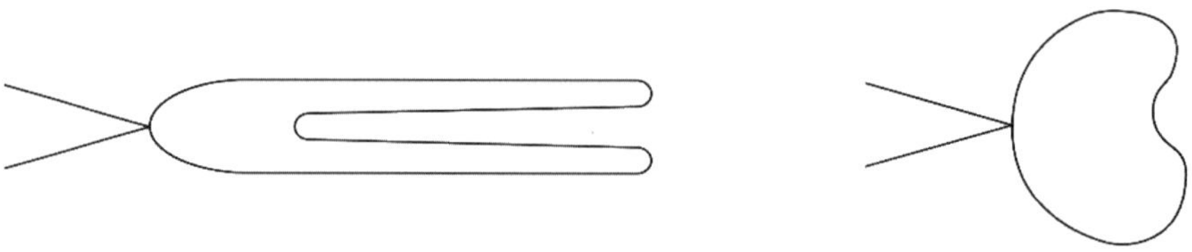

(a) 평면응력 (b) 평면변형률

그림 4.13 실험 소성역 크기와 모양

4.8 파괴 단면의 천이 현상

4-5절에서는 K의 물리적인 의미를 균열선단의 응력의 크기를 좌우하는 매개 변수로 정의한 바 있다. 균열선단의 응력의 크기가 임계값에 달하면 파괴가 되는데, 이 때의 응력세기계수 값을 임계 응력세기계수(critical stress intensity factor) K_c로 정의한 바 있다.

K_c의 값은 같은 재료의 동일 형태의 시험편이라 하더라도 시험편 두께에 따라 그 값이 다르며, 또한 파괴 단면의 형태도 다르다. 이러한 현상은 시험편 두께에 따라 응력 상태가 달라져 두께가 얇은 평면 응력 상태와 두께가 두꺼운 평면 변형

률 상태에 따라 차이가 생기기 때문이다. 두께가 얇은 시험편과 두께가 두꺼운 시험편에서 응력 상태가 다르다는 것을 그림 4.14에서 잘 묘사하고 있다.

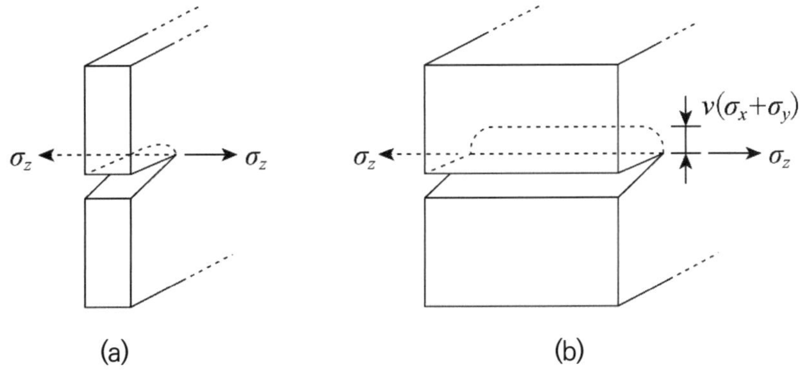

그림 4.14 평면 응력 상태와 편면 변형률 상태에서 σ_z의 크기 차이

얇은 시험편인 경우에 시험편 측면에서 $\sigma_z = 0$, $\sigma_{zx} = 0$, $\sigma_{zy} = 0$이므로 물체 내부에서도 σ_z 의 크기가 미소하여 평면 응력 상태의 조건인 $\sigma_z = 0$, $\sigma_{zx} = 0$, $\sigma_{zy} = 0$를 근사적으로 만족한다. 한편 두꺼운 시험편인 경우에는 시험편 측면이 자유 응력 상태이더라도 물체 내부에서는 그 크기가 미소하지 않으므로 평면 변형률 상태의 조건인 $\varepsilon_z = 0$, $\varepsilon_{zx} = 0$, $\varepsilon_{zy} = 0$ 즉 $\sigma_z = \nu(\sigma_x + \sigma_y)$, $\sigma_{zx} = 0$, $\sigma_{zy} = 0$을 만족한다. 따라서 시험편 두께 차이에 따라 파괴시의 응력세기계수 K_c의 값이 자연적으로 다른 값을 가질 수밖에 없으며 K_c와 두께 B사이의 시험 결과는 그림 4.15에서 보여주고 있다.

그림 4.15(a)에서 특기할 사항은 시험편 두께가 크면 클수록 K_c값이 작아진다. K_c가 가지는 물리적인 의미는 하중하에 있는 물체에 균열이 존재할 경우, 균열로 인해 파괴에 이를 때 균열선단에 발생하는 응력의 크기를 좌우하는 매개 변수이므로, 바꾸어 표현하여 K_c는 균열체가 균열로 인해 파괴에 이르는데 저항하는 정도를 나타내는 매개 변수라 할 수 있다.

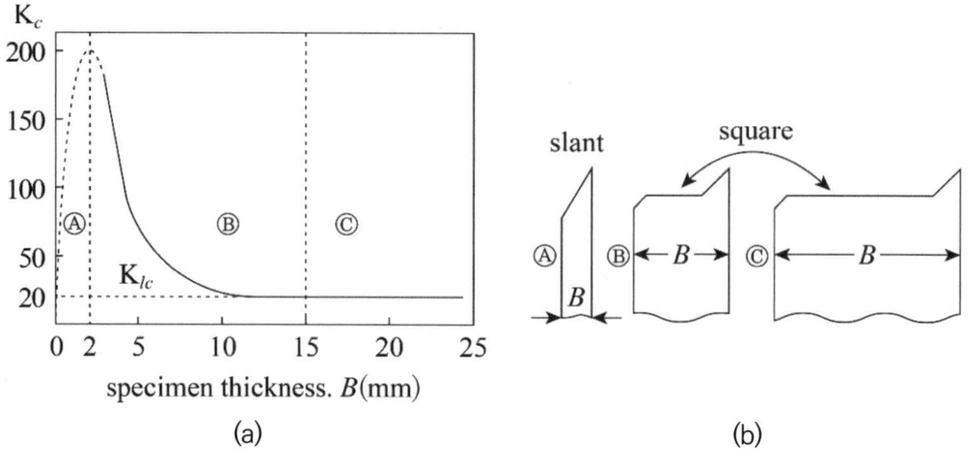

그림 4.15 시험편 두께 변화에 따른 (a) K_c변화 및 (b) 파단면 변화

그림 4.15(a)에 의하면, 균열이 존재하는 경우 2mm 이하의 얇은 평판 일수록 더 두꺼운 평판보다 파괴되기 어렵다는 실험 결과를 주고 있다. 파괴되기 더 어렵다는 것은 곧 균열선단에 더 큰 응력이 걸려야만 파괴된다는 뜻이다. 따라서 더 큰 하중 하에서 파괴된다는 풀이가 된다. 이러한 실험 결과는 기존의 균열이 없는 시험편의 파괴 강도 실험 결과와 정반대 현상이다.

균열이 없다면 시험편 두께가 두꺼울수록 파괴 강도가 증가하는 것은 당연하다. 따라서 균열의 존재를 고려하지 않았던 지금까지의 설계에서 설계자는 물체의 파손을 방지할 셈으로 물체의 두께를 두껍게 잡기를 원했다. 그러나 물체는 항상 내부에 미소 균열(micro crack)을 내포하고 있으며, 이 미소 균열은 물체가 사용 중에 당연히 자라게 된다.

그래서 결국은 미소 균열이 거시 균열(macro crack) (파괴 역학에서는 거시 균열을 일반적으로 균열이라고 칭하고 있음에 유념하길 바란다)로 성장하게 되어 두꺼운 평판일수록 파괴에 저항하는 정도가 떨어져서 더 쉽게 파괴에 이르게 된다. 그러므로 무턱대고 물체의 두께를 증가시키는 데는 상당한 주의를 요한다.

그림 4.15(a)에서 또 다른 한 가지 특기할 사항은, 두께가 어느 정도 크면 두께를 더 증가시켜도 K_c의 변화가 없는 실험 결과를 보인다는 것이다. 이러한 두께

변화에 따른 K_c의 일정한 값을 K_{Ic}로 표기하고 이를 평면 변형률파괴인성(plane strain fracture toughness)이라고 칭한다. 이를 줄여서 파괴인성이라고 부르기도 하지만 K_c도 파괴인성이라고 부르고 있기 때문에 구별하여 사용하는 것이 바람직하다.

그림 4.15(b)에서 보는 바와 같이 시험편 두께가 2mm까지는 거의 완벽한 평면 응력 상태로 파괴 단면이 45° 경사면인 shear lip으로 나타나고 두께가 더욱 증가되면 평면 응력 상태가 시험편 측면에 존재하고, 내부에는 평면 변형률 상태로 존재하여 파괴 단면이 경사면과 편편한 면이 혼합된 양상을 보인다.

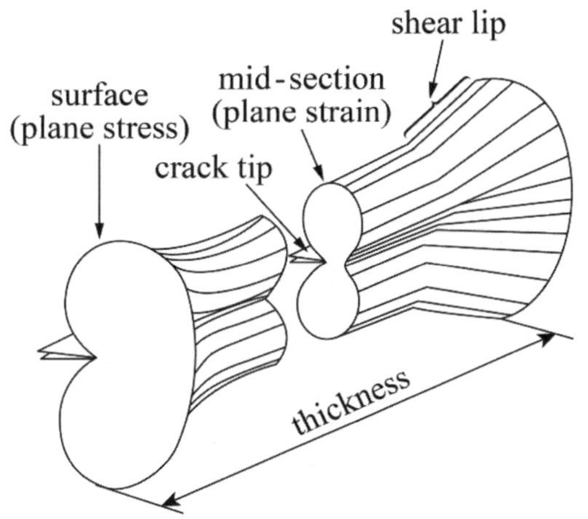

그림 4.16 소성역의 입체적 모양

그림 4.15(b)에서 보여준 바와 같은 파괴 단면 형상이 나타날 수밖에 없다는 것을 이론에 근거하여 논리적으로 설명하여 보자. 균열선단에 존재하는 소성역의 3차원적인 모양을 그림 4.16에서 보여주고 있다. 이 그림에서 시험편 양측면은 평면 응력 상태이므로 내부의 평면 변형률 상태에 비해 큰 소성역을 형성하게 된다. 따라서 파괴 단면은 측면에서 shear lip이 발생하고 그 내부에는 편편한 파괴 단면을 나타내게 된다.

4.9 평면변형률 파괴인성 시험 및 결과

평면변형률 파괴인성 K_{Ic}는 항복강도 σ_{ys}, 탄성계수 E, Poisson 비 ν와 같이 재료 상수이다. K_{Ic}값은 그 재료에서 얻을 수 있는 K_c값의 최소값이라는 것은 이미 그림 4.15(a)에서 설명한 바 있다. 그리고 K_c는 식 (4.20)에 의해서 파괴 시에 작용 응력 σ_c와 균열길이 a, 시험편 폭 W하에서 임계값이라는 것도 이미 언급한 바 있다.

같은 균열 길이, 시험편 폭 W하에서 평면변형률 상태의 시험편 두께로 시험한 K_c값은 K_{Ic}가 되고 $K_c > K_{IC}$이므로 K_{Ic}가 얻어지는 시험편의 파괴 응력 σ_{IC}는 $\sigma_c > \sigma_{IC}$이다. 그런데 실제 기계 구조물이나 부품의 두께는 평면변형률 상태가 얻어질 만큼 두꺼운 것은 찾아보기 어렵고, 그보다 얇은 것이 일반적이다. 그렇다고 하여 K_c를 기준으로 하여 설계를 하는 것은 K_{Ic}를 기준으로 설계하는 것보다 허용 파괴 응력을 더 크게 보기 때문에 안전도에서 떨어진다.

따라서 안전한 설계를 위해서는 K_{Ic}를 기준으로 설계하는 것이 바람직하다. 이러한 의미에서 K_{Ic}의 측정은 중요하다.

여기에서 ASTM (American Society for Testing and Materials) E 399-83, Standard Test Method for Plane-Strain Fracture Toughness of Metallic Materials에 근거한 K_{Ic} 측정법을 소개한다. (copyright ASTM International, 100 Barr Harbor Drive, West Conshohocken, PA 19428로부터 사용허가 받음)

83년 현재까지 제안된 ASTM 표준 시험편으로는 그림 4.17과 같은 굽힘 시험편, 콤팩트 인장 시험편, 아크(arc) 형상 시험편, 디스크 형상 시험편이 있다. E399-83의 83숫자는 개정 년도를 뜻한다. 이 중 어느 것을 택할 것인지 먼저 시험 당사자는 결정하여야 한다.

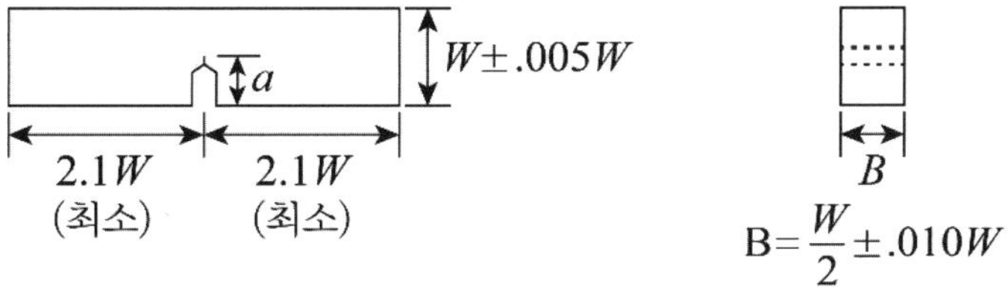

(a) 굽힘인장시험편

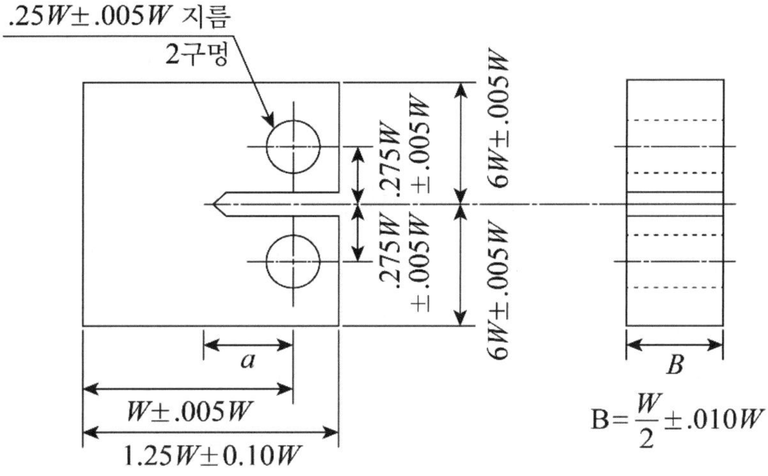

(b) 콤팩트 인장 시험편

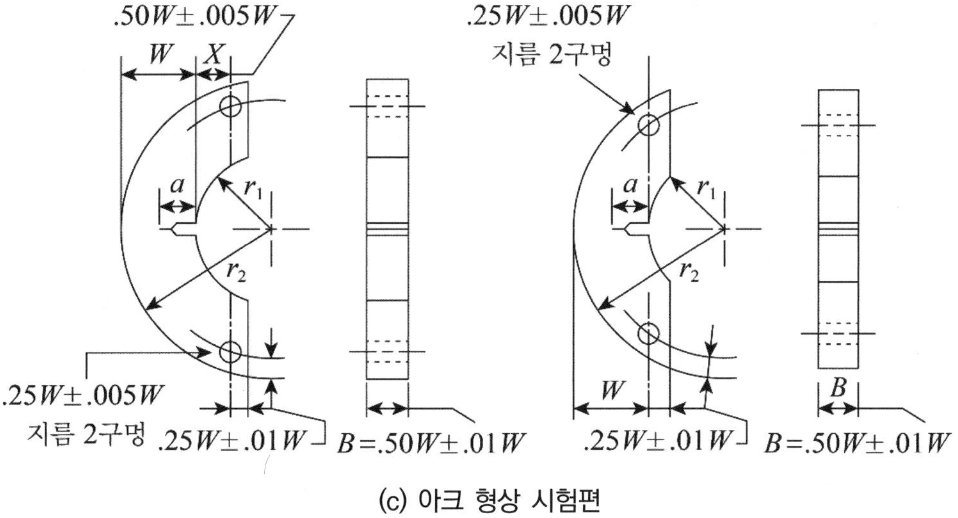

(c) 아크 형상 시험편

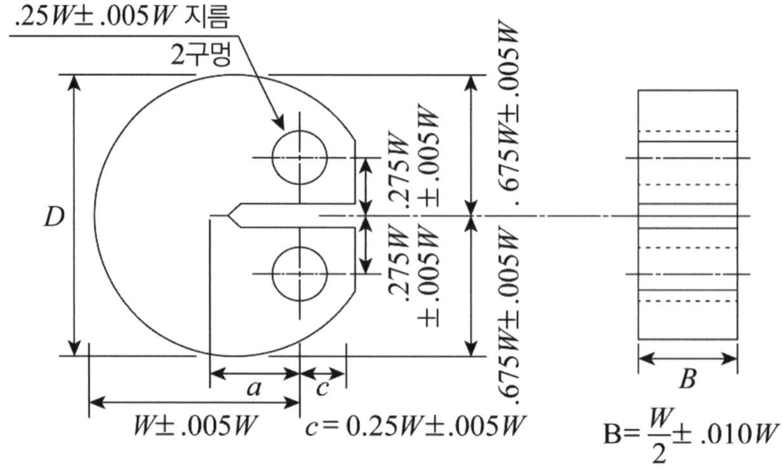

(d) 디스크 형상 시험편

그림 4.17 K_{IC} 시험편 형상

그리고는 어느 정도의 시험편 크기로 할 것인지 결정하여야 하는데 표4.3과 같은 항복 강도(σ_{ys})와 탄성 계수(E)의 비 σ_{ys}/E 값에 따라 시험편의 최소 두께 또는 균열 길이를 결정하면 K_{Ic} 시험편으로서 합격률이 높다. 시험편의 다른 칫수는 시험편 두께 또는 균열 길이에 따라 자동적으로 결정되도록 되어 있다.

표 4.3 σ_{ys}/E값에 따른 시험편의 최소 추천 두께와 최소 추천 균열 길이

추천하는 최소 두께와 최소 균열 길이		
σ_{ys}/E	in.	mm
0.0050~0.0057	3	75
0.0057~0.0062	2 1/2	63
0.0062~0.0065	2	50
0.0065~0.0068	1 3/4	44
0.0068~0.0071	1 1/2	38
0.0071~0.0075	1 1/4	32
0.0075~0.0080	1	25
0.0080~0.0085	3/4	20
0.0085~0.010	1/2	12 1/2
0.0100 이상	1/4	6 1/2

시험편 크기가 결정되면 그에 따라 시험편 가공을 하여야 하는데, 가공되는 부분 중 가장 정밀한 가공이 요구되는 곳은 놋치 부분이다. 놋치의 형태는 그림 4.18에서 보는 바와 같이 세 가지 형태가 있다. 놋치 가공 이후에 시험편을 동적 만능 재료 시험기(UTM: universal testing machine)에 걸어서 선 피로 균열을 내어야 한다. 선 피로 균열 길이는 놋치 길이와 선 피로 균열 길이의 합을 총 균열 길이로 하여 시험편 폭의 2.5% 보다 적지 않게 한다. 선 피로 균열을 낼 때 하중은 최종 선 피로 균열에서 피로 사이클의 최대 응력세기계수 $K_{\max}$와 탄성계수 E의 비 K_{max}/E가 $0.002\text{in}^{1/2}(0.0032m^{1/2})$ 이하이며, 그 때의 $K_{\max}$는 $0.6K_{IC}$ 이하이어야 한다.

만약 이러한 하중 조건을 지키지 않고 무리한 피로 하중에서 급히 선 피로 균열을 내면 균열선단에 소성역이 커져서 K_{Ic} 시험편으로서 적합하지 못하게 되므로 인내를 가지고 선 피로 균열을 내어야 한다. 이러한 선 피로 균열이 만들어지면 비로소 K_{Ic}시험을 하기 위한 시험편 준비가 끝난 셈이 된다.

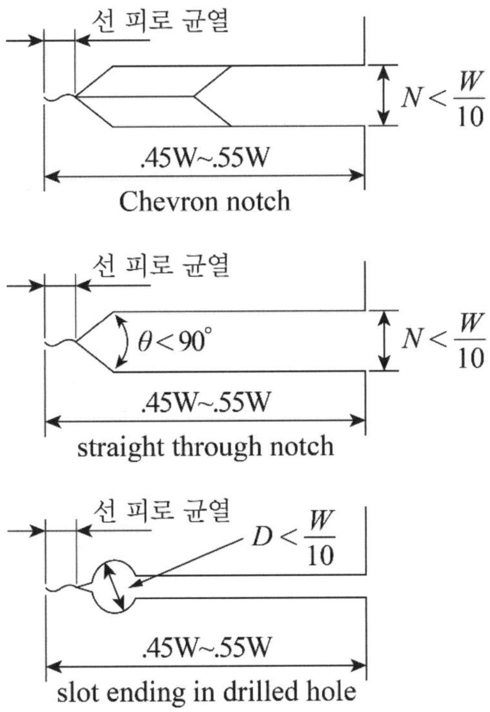

그림 4.18 놋치의 형상과 선 피로 균열

동적 UTM에 시험편이 걸려 있는 현 상태에서 COD(crack opening displacement)를 측정하기 위해 COD 게이지(COD gauge)를 그림 4.19와 같이 부착한다.

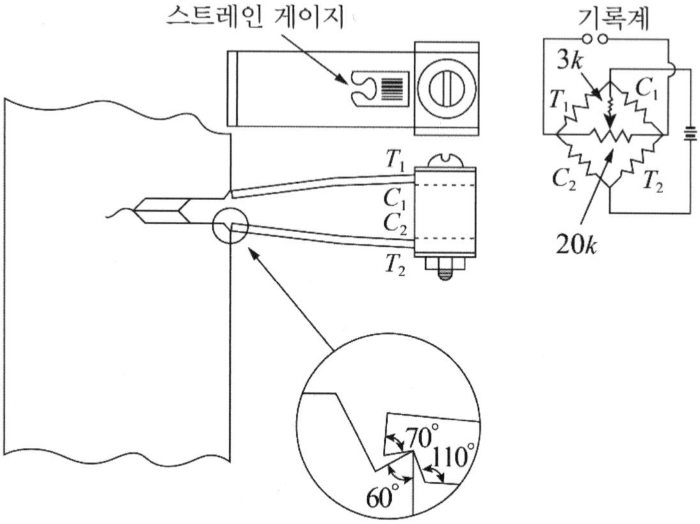

그림 4.19 COD 게이지의 부착

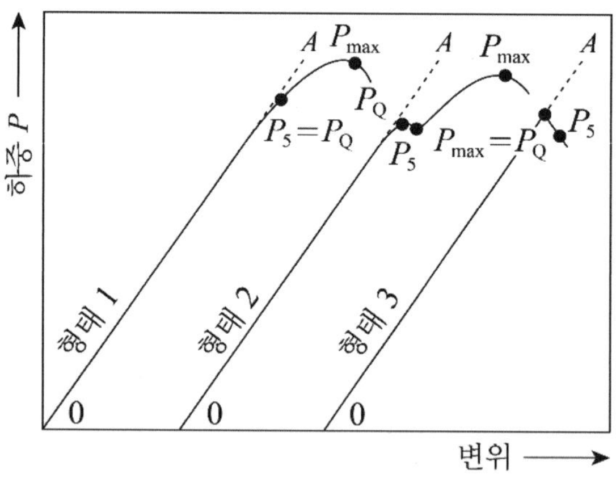

그림 4.20 하중-변위 선도의 형태

그 다음 동적 UTM을 정적 하중 상태로 작동하여 하중을 주되 응력세기계수 증가율이 30~150ksi · $in^{1/2}$/min (0.55~2.75MPa · $m^{1/2}/s$의 범위에 있게 하여야 한다. 이렇게 하중을 가하는 동안 $X-Y$ 기록계에 의해 하중과 COD 관계 곡선을 그림 4.20같이 얻는다. 그 다음에 이 곡선의 직선 부분의 초기 기울기로부터 5% 감소된 기울기를 가지는 직선을 그려서 곡선과 만나는 하중을 P_5로 하고, 초기 기울기 직선과 5% 감소된 기울기 직선 사이에 존재하는 최고 하중을 P_Q로 정의한다. 이러한 정의 아래에서는 형태 1인 경우 P_5가 P_Q가 되고 형태 2와 3인 경우 P_5 이전에 최고 하중이 존재하므로 그 점을 P_Q로 한다. $P_{\max}/P_Q$가 1.10보다 크면 이 시험은 K_{Ic}시험으로 합당하지 못하다. 합당하면 P_Q값을, 사용한 시험편 형상에 따라 각각 다음과 같은 식에 대입하여 응력세기계수 K_Q를 계산한다.

(1) 굽힘 시험편

$$K_Q = (P_Q S/BW^{3/2}) f(a/W) \tag{4.52}$$

여기에서

$$f(a/W) = \frac{3(a/W)^{1/2}[1.99-(a/W)(1-a/W)(2.15-3.93a/W+2.7a^2/W}{2(1+2a/w)(1-a/W)^{3/2}} \tag{4.53}$$

S는 span 길이이다.

(2) 콤팩트 인장 시험편

$$K_Q = (P_Q/BW^{1/2}) f(a/W) \tag{4.54}$$

여기에서

$$f(a/W) = \frac{(2+a/W)(0.886+4.64a/W-13.32a^2/W^2+14.72a^3/W^3-5.6a^4/W^4)}{(1-a/W)^{3/2}} \tag{4.55}$$

(3) 아크 형상 시험편

$$K_Q = (P_Q/BW^{1/2})[3X/W + 1.9 + 1.1a/W] \times [1 + 0.25(1 - a/W)^2(1 - r_1/r_2)]f(a/W) \tag{4.56}$$

여기에서

$$f(a/W) = [(a/W)^{1/2}/(1 - a/W)^{3/2}] \times [3.74 - 6.30a/W + 6.32a^2/W^2 - 2.43a^3/W^3] \tag{4.57}$$

디스크 형상 시험편

$$K_Q = (P_Q/BW^{1/2})f(a/W) \tag{4.58}$$

여기에서

$$f(a/W) = \frac{(2 + a/W)(0.76 + 4.8a/W - 11.58a^2/W^2 + 11.43a^3/W^3 - 4.08a^4/W^4)}{(1 - a/W)^{3/2}} \tag{4.59}$$

위의 식들에서 각 문자는 그림 4.17에서 정의된 바 있다. 이렇게 하여 얻어진 K_Q를 가지고 다음 식을 만족하는지 검토한다.

$$B, a \geq 2.5(K_Q/\sigma_{ys})^2 \tag{4.60}$$

여기서 σ_{ys}는 0.2% 오프셋(offset) 항복 강도이다. 윗 식을 만족한다면 K_Q를 K_{IC}로 명하고 그렇지 않으면 K_Q를 K_{IC}로 명할 수 없으므로, 윗 식을 만족할 때까지 시험편 두께를 증가시켜 재시험한다.

식 (4.60)가 의미하는 바는 $(K/\sigma_{ys})^2$으로 보아 식 (4.60)는 평면변형률 파괴인성치 시험편의 균열선단 소성역의 크기를 제한하는 식으로, 그보다 더 큰 소성역이 발생한 시험편은 K_{Ic}시험편으로 부적당함을 뜻한다.

표 4.4 ASTM 표준서에 의한 K_{IC} 측정치

재료	K_{IC}		σ_{ys}		a_c	
	MPa$\sqrt{m}$	ksi$\sqrt{in}$	MPa	ksi	mm	in.
2014-T651	24.2	22	455	66	3.6	0.14
2024-T851	26.4	24	455	66	4.3	0.17
7178-T651	23.1	21	570	83	2.1	0.08
Ti-6Al-4V	115.4	105	910	132	20.5	0.81
4340	98.9	90	860	125	16.8	0.66

ASTM 표준서의 K_{Ic} 시험 방법에 의한 각 재료의 시험 결과를 표 4.4에서 보여주고 있다. 그림 4.21은 K_{Ic}와 항복 강도와의 관계를 보인다. 즉 같은 재료와 하드라도 열처리에 의해 항복강도가 변화될 때, K_{Ic}도 변화한다는 것을 보이며 K_{Ic}와 항복강도의 관계가 역비례한다는 실험결과를 보여준다.

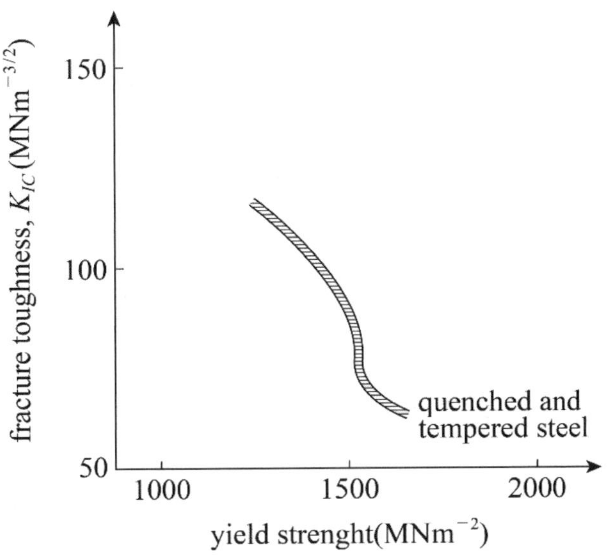

그림 4.21 K_{IC}와 항복 강도와의 관계

또한 이 그림에서 보는 바와 같이 고강도 저인성 재료(high strength low tough- ness material)는 고강도이므로 항복은 쉽게 되지 않으나 균열이 존재하면 쉽게 파괴되

는 경향이 있고, 반대로 저강도 고인성 재료(low strength high toughness material)는 저강도이기 때문에 쉽게 항복하나 균열이 존재하여도 쉽게 파괴되지 않는 경향을 보인다는 것을 알 수 있다. 이상적인 재료라면 항복 강도의 증가에 따른 K_{Ic}의 감소율이 적은 재료로서 항복에도 강한 고강도이며, 균열에 의한 파괴 저항도 높은 고인성을 보여야 한다. 앞으로 이러한 신소재가 개발될 것으로 기대된다.

예제 4.2

표준 시험편으로부터 K_{Ic}를 얻고자 한다. 얼마 만한 하중을 주어야겠는가?

풀이 표준 시험편의 K_I식을 $K_I = Y\sigma\sqrt{a}$로 표현하자. $K = K_{\mathrm{IC}}$라면

$$a = \frac{1}{Y^2}\left(\frac{K_{\mathrm{IC}}}{\sigma}\right)^2$$

윗 식은 식 (4.60)를 만족하여야 하므로 대입하면

$$\frac{1}{Y^2}\left(\frac{K_{\mathrm{IC}}}{\sigma}\right)^2 \geq 2.5\left(\frac{K_{\mathrm{IC}}}{\sigma_{ys}}\right)^2$$

따라서

$$\sigma \leq \frac{\sigma_{ys}}{\sqrt{2.5}Y} = \frac{0.63}{Y}\sigma_{ys}$$

4.10 파괴 역학적인 설계 방법

파괴 역학적인 설계 방법으로는 설계자가 설계 대상을 생각할 때 중요한 설계 칫수를 무엇이라고 생각하는가 여하에 따라 설계 순서가 달라질 수 있다. 그에 대한 예로서 설계자가 원자로를 설계한다고 하자. 그러면 설계자는 먼저 방사선에 의한 부식에 저항하는 재료를 선정하여야 할 것이다. 재료가 선정되면 재료 상수 K_{Ic}가 결정된다. 다음으로 중요시하여야 할 것이 균열의 허용 길이이다. 균열의 허

용 길이가 크면 가동 중에 방사선 유출이 되어 고용인 뿐만 아니라 인근 주민들의 건강에까지 피해를 주게 될 것이다. 따라서 허용 균열 길이를 비파괴 시험에서 검출할 수 있는 최소의 길이로 정한다.

그러면 응력세기계수가 $K = \sigma\sqrt{\pi a}$ (여기에서 균열길이 a에 비해 물체는 무한히 크다고 가정한다)이므로 안전한 설계가 되기 위한 파괴 응력 σ_c를 구하기 위해 임계 응력세기계수 K_c 대신에 최소 임계 응력세기계수인 K_{IC}를 K 대신 대입하고 미리 정한 허용 균열 길이를 a에 대입함으로써 σ_c가 구해진다.

이 파괴 응력 값에 의해서 결정되는 것은, 가동에 필요한 압력은 정해져 있기 때문에, 재료의 단면적이다. 따라서 원자로 전체의 크기라든가 또는 재료의 두께가 결정되게 된다.

또 다른 예로서 비행기 날개를 설계한다고 하자. 설계자는 무엇보다 비행기의 구실을 할 수 있도록 가볍고 강도가 높은 재료를 선정하게 될 것이다. 그에 따라 K_{Ic}는 정해진다. 그 다음에 비행기의 이·착륙시 과대 응력으로 인한 파괴를 방지하기 위해 높은 허용 파괴 응력을 설정한다. 그러면 $K = \sigma\sqrt{\pi a}$ (역시 균열 길이에 비해 물체는 무한히 크다고 가정한다)에서 K 대신 안전한 설계를 위해 파괴 시 최소 임계 응력세기계수인 K_{Ic}를 대입하고 미리 정한 허용 파괴 응력 σ_c를 대입함으로써 파괴 시 균열길이 a_c가 구하여진다. 이 균열 길이는 비파괴 시험에서 검출될 수 있는 크기 이상이어야 하며, 리벳 머리에 가리어 있을 만한 크기이면 안된다. 실화로서 균열 길이가 리벳 머리에 가리어 있을 만한 크기로 설계한 관계로 비파괴 시험에서 검출되지 않아, 임계 균열 길이가 존재하는 상태로 이륙시킨 결과 사고가 난 사례가 있다.

그러면 아래에서 파괴 역학적인 설계가 어떠한 것인가를 살펴보기 위해서 구체적인 예제를 들어 본다.

예제 4.3

길이 $2a/w = 0.0014$, 폭 $h/w = 1.67$인 판재에 폭에 수직으로 하중 $P = 4.5MN$

을 가했을 때 판재 중앙에 균열이 발생할 수 있다고 보고 허용 균열길이 2a를 0.254cm로 설정한다. 설계자는 밀도가 같은 α와 β 재료 중 설계된 판재의 무게를 적게 하는 재료를 선택하고자 한다.

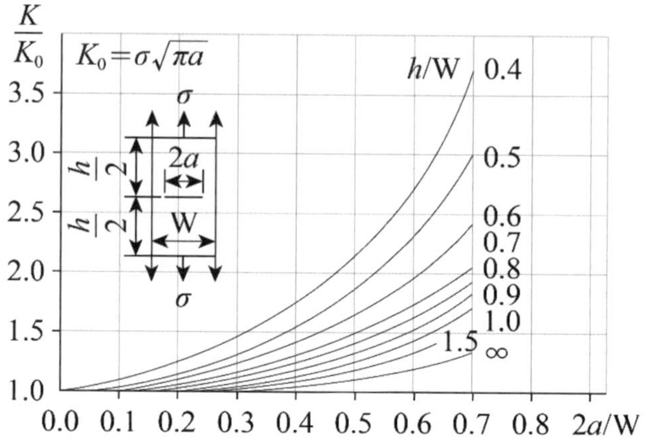

그림 4.22 균일한 단축 인장 응력을 받는 직사각형 판의 중앙 균열에 대한 응력세기계수

α재료인 경우

$(K_{\mathrm{IC}})_\alpha = 115MPa \cdot m^{1/2}, (\sigma_{ys})_\alpha = 910MPa$이고

β재료인 경우 $(K_{\mathrm{IC}})_\beta = 55MPa \cdot m^{1/2}, (\sigma_{ys})_\beta = 1{,}035MPa$이다.

풀이 두 가지 관점에서 설계될 수 있는데 하나는 고전적인 항복에 근거한 설계이고 다른 하나는 파괴 역학에 근거한 설계이다.

① 항복에 근거한 설계

최대응력 $\sigma_{max} < \sigma_{ys}$이어야 하므로, α재료인 경우 두께 $B_\alpha > 2.7$ mm가 되고 β재료인 경우 $B_\beta > 2.38mm$가 되어 항복에 근거한 설계로서는 β 재료를 택하는 것이 경량화 입장에서 좋다.

② 파괴 역학에 근거한 설계

$2a/W = 0.0014, h/W = 1.67$이므로 무한 평판에 중앙균열로 가정할 때 그

림 2.22에 의해 $K = \sigma\sqrt{\pi\sigma}$가 된다. α재료인 경우에 $(\sigma_c)_\alpha = 1.83GPa$가 얻어지고 $\sigma_{max} < (\sigma_c)_\alpha$ 이어야 하므로 $B_\alpha > 1.34$ mm이며, β 재료인 경우에 $(\sigma_c)_\beta = 873MPa$가 얻어지고 따라서 $B_\beta > 2.80mm$이다.

이러한 결과로 파괴 역학에 근거한 설계를 하게 되면, 경량화를 위해서는 항복에 근거한 설계 때와 정반대로 α 재료가 선정되어야 한다. 그런데 항복에 근거한 설계와 파괴 역학에 근거한 설계 결과를 종합할 때 $2.7mm > B_\alpha > 1.34mm$에서는 항복됨을 예상할 수 있고, $B_\alpha > 2.7mm$이면 항복도 파괴도 일어나지 않음을 예상할 수 있다. 또 $2.38mm < B_\beta \leq 2.80mm$에서는 파괴가 예상되며, $B_\beta > 2.80mm$에서는 파괴도 항복도 일어나지 않을 것을 예상하게 된다. 따라서 항복도 파괴도 되지 않는 설계로서 경량화를 기하려면 α 재료를 선정하여 $2.80mm > B_\beta > 2.7mm$로 하여야 함을 알 수 있다. 이 예제에서 말하고자 하는 것은 항복만 기준한 설계라든가 파괴만 기준한 설계만으로는 좋은 설계가 되지 못하고 두 방법을 모두 고려하여야만 항복도 파괴도 되지 않는 설계가 될 수 있다는 것이다. 이러한 설계를 파괴 역학적인 설계라고 한다.

4.11 Griffith 이론과 Irwin 이론의 상관 관계

파괴 역학은 1920년 Griffith에 의해 제안된 새로운 학문이다. 그의 이론은 에너지 개념에 의한 것으로 파괴 역학 문제 풀이의 한 방법으로서 널리 사용되고 있다. 그러나 Irwin의 응력세기계수에 의한 파괴 역학 취급은 응력 해석적인 방법으로서 Griffith 방법보다 편하므로, Irwin의 응력세기계수 결정법이 파괴 역학의 주류를 이루고 있다. 여기서는 파괴 역학 개념 파악을 위해 Griffith에 의한 이론을 개괄적으로 취급하기로 한다. 상세한 내용은 아래의 논문을 참조하기 바란다.

A. A. Griffith, “The Phenomena of Rupture and Flaw in Solids,” Phil. Trans. Royal Society of London, Vol. A 221, 1920, pp. 163-198.

균열없는 무한체에 외부 경계에서 응력이 작용하였다면(그림 4.23(a)) 단위 부피당 변형 에너지, 즉 변형 에너지 밀도 w_0는 다음 식으로 표현된다.

$$w_0 = \frac{1}{2}\sigma\varepsilon = \frac{1}{2}\frac{\sigma^2}{E} \tag{4.61}$$

여기에서 Hooke 법칙이 사용되었으므로 Griffith 이론은 완전 탄성체에 국한된다. 식 (4.61)의 상태에 놓인 물체에 균열이 발생된다면 균열 상하면 주위는 relaxation이 되어 식 (4.61)의 변형 에너지 밀도로부터 감소된 변형 에너지 밀도를 가지게 된다. Relax되는 영역의 부피를 그림 4.23(b)와 같이 높이 βa, 밑변 $2a$(=균열 길이)로 이루어지는 삼각형 모양이라고 생각하자. 그러면 $2\beta a^2 B$가 된다. 여기서 B는 시험편 두께이다. 따라서 relax되는 부피로부터 빠져나가는 변형 에너지 양($W - W_0$)은 다음과 같다.

$$W - W_0 = -\frac{\sigma^2}{2E} \times 2\beta a^2 B = -\frac{\sigma^2 \beta a^2 B}{E} \tag{4.62}$$

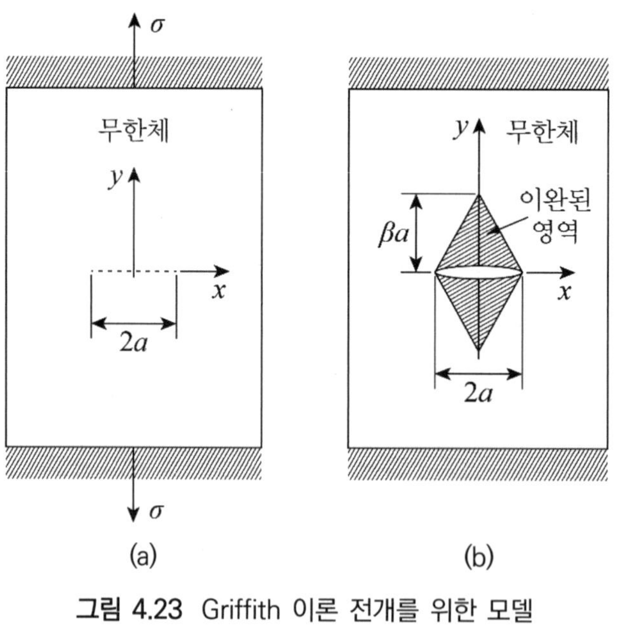

그림 4.23 Griffith 이론 전개를 위한 모델

포텐셜 에너지 U는 다음과 같이 정의된다.

$$U = W - Q \tag{4.63}$$

여기서 Q는 일량(work done)이다.

고정 그립(fixed grip) 상태에서 균열길이 $2a$가 발생되었다면 $Q = 0$이므로 $U = W$가 된다. 이러한 경우에 대해서 응력 해석에 의한 엄밀해 $U - U_0$는 다음과 같다.

$$U - U_0 = \begin{cases} -\dfrac{\pi\sigma^2 a^2 B}{E} & \text{(평면 응력 상태)} \\ -\dfrac{\pi\sigma^2 a^2 B(1 - v^2)}{E} & \text{(평면변형률 상태)} \end{cases} \tag{4.64}$$

식 (4.64)에서 고려되지 않은 에너지는 균열이 없는 물체에서 균열길이 $2a$인 물체로 변할 때 균열면을 형성하기 위해 물체에 공급되어야 할 표면 에너지(surface energy)이다. 따라서 식 (4.64)에서 보여주는 $U - U_0(= W - W_0)$ 양의 일부가 다시 표면 에너지로 물체에 공급된다.

결과적으로 균열이 없는 물체 상태에서 균열 $2a$를 발생하려면 빠져나가는 총 포텐셜 에너지 ΔU는 다음 식으로 표현된다.

$$\Delta U = U - U_0 + S \tag{4.65}$$

여기서 S는 표면 에너지이다. 그러므로 평면 응력 상태에서 ΔU는 다음 식이 된다.

$$\Delta U = -\frac{\pi\sigma^2 a^2 B}{E} + 2(2aB\gamma_s) = -\frac{\pi\sigma^2 a^2 B}{E} + 4aB\gamma_s \tag{4.66}$$

여기에서 γ_s는 단위 면적당 표면 에너지, 즉 비 표면 에너지(specific surface energy)이고, 2( )의 2는 상하 표면을 고려하기 위함이다.

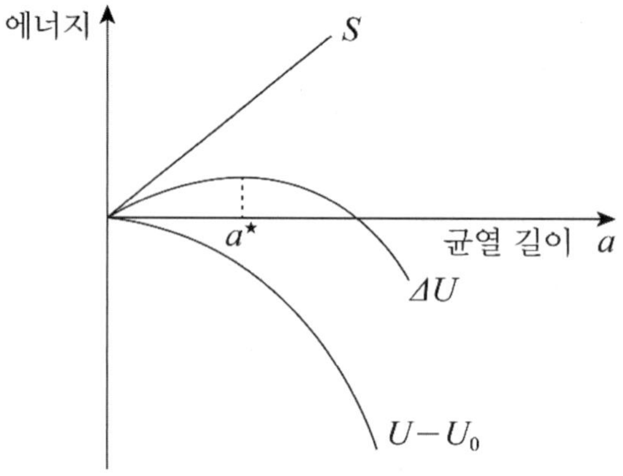

그림 4.24 균열 길이에 따른 에너지 변화

식 (4.66)을 그림으로 도시하면 그림 4.24와 같다,
Griffith 파괴 조건식은 다음과 같다.

$$\frac{\partial(\Delta U)}{\partial a} = \frac{\partial(U - U_0)}{\partial a} + \frac{\partial S}{\partial a} = 0 \tag{4.67}$$

식 (4.66)과 식 (4.67)로부터 파괴가 일어날 때의 임계 응력 σ_c는 다음과 같다.

$$\sigma_c = \left(\frac{2\gamma_s E}{\pi a}\right)^{1/2} \tag{4.68}$$

이 식은 4-3절에서 식 (4.13)로 소개된 바 있다. 평면변형률 상태라면

$$\sigma_c = \left\{\frac{2\gamma_s E}{\pi a(1 - v^2)}\right\}^{\frac{1}{2}} \tag{4.69}$$

단위 두께당 균열선단 에너지 해방률 G를 다음과 같이 정의한다.

$$G \equiv \frac{1}{2B}\frac{\partial(U_0 - U)}{\partial a} = -\frac{1}{2B}\frac{\partial U}{\partial a} \tag{4.70}$$

여기에서 2는 2개의 균열선단 중 1개를 뜻하기 위함이다.

식 (4.70)과 식 (4.64)에 의해서

$$G = \frac{\pi\sigma^2 a}{E} \qquad \text{(평면 응력 상태)}$$
$$G = \frac{\pi\sigma^2 a(1-\nu^2)}{E} \qquad \text{(평면변형률)} \tag{4.71}$$

또 다른 매개 변수로서 단위 두께당 표면 에너지율 R을 다음과 같이 정의한다.

$$R \equiv \frac{1}{2B}\frac{\partial S}{\partial a} \tag{4.72}$$

여기에서 2는 상하면 중 한 면만을 뜻한다. 따라서 Griffith 파괴 조건식 (4.67)은 다음 식으로 표현된다.

$$G = R \tag{4.73}$$

무한체 내에 균열길이 $2a$가 균열에 수직으로 무한 경계면에서 응력 σ를 작용받을 경우에 대한 식 (4.71)과 응력세기계수식인 그림 4.6(a)의 $K_I = \sigma\sqrt{\pi a}$와 관련지우면 다음 식이 성립된다.

$$G_I = \begin{cases} \dfrac{{K_I}^2}{E} & \text{(평면 응력 상태)} \\ \dfrac{{K_I}^2(1-\nu^2)}{E} & \text{(평면변형률 상태)} \end{cases} \tag{4.74}$$

식 (4.74)에 의하면 모드 I 상태의 G_I과 K_I 사이에는 단지 재료상수E와 ν만 관련하고 어떠한 변수도 관련하지 않으므로 두 개의 매개 변수는 그 물리적 의미가 서로 같다.

4.12 균열개구 변위, 에너지 해방률, 응력세기계수와의 관계

Dugdale 모델(그림 4.25)에 의한 균열선단 개구 변위는 다음 식으로 주어진다.

$$2v(a,0) = \frac{8\sigma_{ys}a}{\pi E}\ln\left(sec\frac{\pi\sigma}{2\sigma_{ys}}\right) \tag{4.75}$$

여기에서 $2v(a,0)$는 그림 4.25에서와 같이 균열선단 a에서 y방향으로의 변위이며 이를 균열선단 개구 변위(crack tip opening displacement: CTOD)라고 칭한다. 그러나 편의상 균열 개구 변위(crack opening displacement: COD)라고 부르기도 한다. 여기서 부언하고 싶은 것은 COD는 균열선단의 개구 변위가 아니기 때문에 CTOD와 구별하는 것이 바람직하다.

무한 경계면에 균열에 수직하게 작용하는 σ가 $\sigma/\sigma_{ys} \ll 1$인 탄성 변형 범위에서는 식 (4.75)을 다음과 같이 표현할 수 있다.

$$\delta_t \equiv 2v(a,0) = \frac{{K_I}^2}{E\sigma_{ys}} = \frac{G_1}{\sigma_{ys}} \tag{4.76}$$

따라서

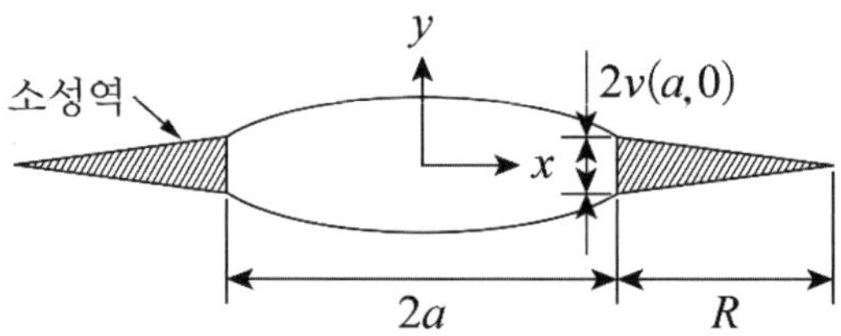

그림 4.25 Dugdale strip 모델

$$G_I = \sigma_{ys}\delta_t = \frac{{K_I}^2}{E} \tag{4.77}$$

Dugdale 모델은 평면 응력 상태에서만 적용되므로 식 (4.75)에서 식 (4.77)은 평면 응력 상태의 식이다.

평면변형률 상태에서는

$$G_I = n\sigma_{ys}\delta_t = \frac{{K_I}^2(1-v^2)}{E} \tag{4.78}$$

여기에서 $2 > n > 1$이다.

균열선단 개구 변위의 측정법은 다음 문헌에서 상세히 다루고 있다.

British Standard Institution, Methods for Crack Opening Displacement Testing, BS 5762-1979, 1979.

5. 피로 파괴 거동

5.1 피로 균열 성장률 법칙

균열 길이 a_0인 시험편을 피로 시험기에 걸고서 피로 하중을 주면 사이클 수의 증가에 따라 그림 5.1과 같은 경향의 실험 곡선을 얻을 수 있다. 여기에서 a_i인 균열 길이에서 $\Delta\sigma_1$과 $\Delta\sigma_2$에 의한 시험 결과로부터 얻어지는 곡선상의 기울기가 그

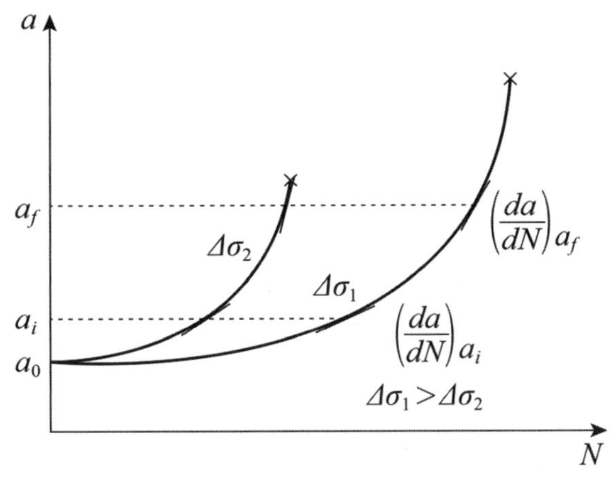

그림 5.1 균열 길이와 사이클 수

크기가 서로 다른 점으로 보아 기울기 da/dN은 $\Delta\sigma$의 함수임을 알 수 있다. 한편 같은 $\Delta\sigma_1$에서 균열길이 a_i일 때와 a_j일 때의 da/dN이 서로 다르므로 da/dN은 역시 균열길이 a의 함수임을 알 수 있다. 그 뿐 아니라 시험 온도, 주파수, 평균 응력, 수중이냐 공기중이냐 등의 변화에 따라 da/dN은 영향을 받게 된다. 즉

$$da/dN = f(\Delta\sigma, a, \cdots) \tag{5.1}$$

여기에서 da/dN은 피로 균열 성장률(fatigue crack growth rate)이라고 부른다. 식 (5.1)의 함수적 관계를 Paris는 다음과 같이 오로지 하나의 변수, 즉 응력세기계수 범위(stress intensity factor range) ΔK로 표시하였다.

$$da/dN = f(\Delta K) \tag{5.2}$$

여러 재료에 대한 피로 균열 성장률 실험치와 ΔK값을 양대수 그래프 상에 표시하였을 때 그림 5.2와 같이 직선 상태에 놓이므로 다음과 같이 표현할 수 있다.

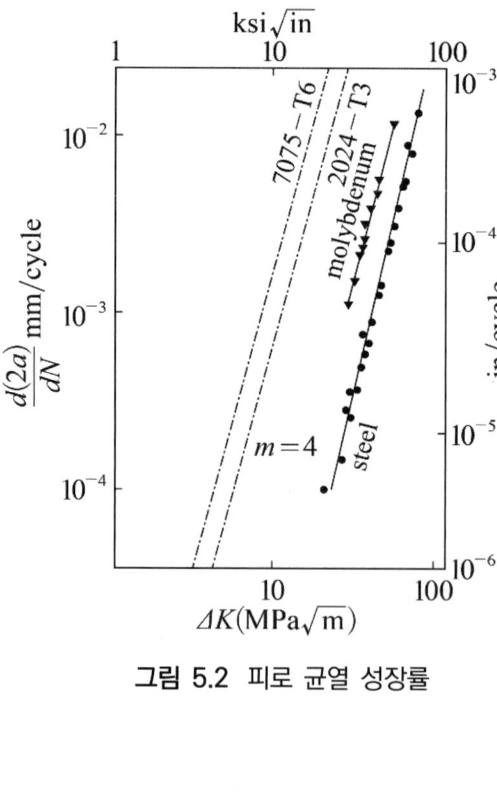

그림 5.2 피로 균열 성장률

$$da/dN = A(\Delta K)^m \tag{5.3}$$

여기서 A와 m은 실험 상수로서 재료 상수가 아니며, 실험 조건에 따라 변한다. $\Delta K \equiv K_{\max} - K_{\min}$으로 정의되며, $K_{\max}$과 $K_{\min}$은 각각 $\sigma_{\max}$과 $\sigma_{\min}$에 대한 K값이다. 따라서 $K_{\max}$과 $K_{\min}$은 사용한 시험편에 해당하는 식에 의해 계산된다. 식 (5.3)을 Paris 법칙이라고 부른다. 이 식은 사용하기에 편리하고 간단한 형태로 표현되어 있으나 ΔK가 매우 작은 값과 매우 큰 값에서는 실험과 잘 일치하지 않는다. 이러한 범위에서 실험 곡선은 그림 5.3과 같이 양 대수 그래프에서 곡선을 나타내므로 Paris 법칙은 영역 II에서만 적용된다. 한편 식 (5.3)으로는 피로 하중 매개 변수에서 중요한 평균 응력을 표면적으로 수식상에 나타내지 못하므로, Forman 등은 영역 II뿐 아니라 영역 III까지 사용 가능한 다음 식을 제안한 바 있다.

$$\frac{da}{dN} = \frac{C(\Delta K)^n}{(1-R)K_c - \Delta K} \tag{5.4}$$

여기에서 C와 n은 실험 상수로서 역시 재료 상수는 아니며 식 (5.3)의 A와 m과 근본적인 차이점은 C와 n은 최소한 하중비 R의 함수가 아니라는 것이다.

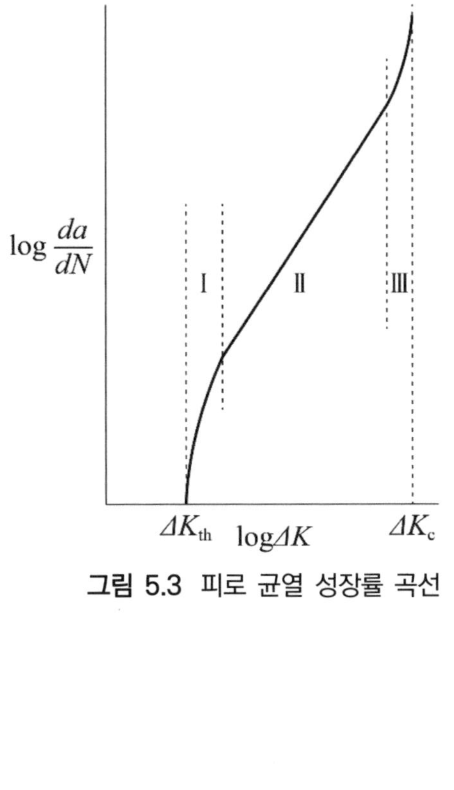

그림 5.3 피로 균열 성장률 곡선

K_c는 시험편의 임계 응력세기계수 값으로 시험 결과치이다. 하중비 R는 $\sigma_{\min}/\sigma_{\max}$으로 정의한바 있는데 분모 분자에 $Y\sqrt{a}$를 곱한 $K_{\min}/K_{\max}$으로 정의하여도 마찬가지이다. 이 때 곱하여지는 $Y\sqrt{a}$의 a는 어느 순간의 사이클 값에 대한 균열 길이로서 시험시에 측정되어진다.

식 (5.4)가 영역 III에서까지 사용할 수 있다는 것은 피로 파괴 시에 $K_{\max} = K_c$이고 da/dN은 무한한 값을 가진다는 점을 이용하여 다음과 같이 증명된다.

$$
\begin{aligned}
(1-R)K_c - \Delta K &= \left(\frac{K_{\max} - K_{\min}}{K_{\max}}\right)K_c - \Delta K \\
&= \frac{\Delta K}{K_{max}}K_c - \Delta K = 0
\end{aligned}
\tag{5.5}
$$

식 (5.4)를 Forman 법칙이라 부른다.

같은 재료를 같은 시험 조건에서 시험한 결과를 식 (5.3)으로 정리한 것과 식 (5.4)로 정리한 것의 차이점을 그림 5.4에서 잘 보여주고 있다.

그림 5.4(a)는 Paris 법칙으로 정리한 것이고, 그림 5.4(b)는 Forman 법칙으로 정리한 것이다. R의 값을 변화시킬 때 Paris 법칙의 상수, 특히 A값의 변화에 의해 각기 다른 실험 곡선을 그을 수 있는 데 반해 Forman 법칙으로 정돈하면 R의 변화에 상관없이 한 개의 실험 곡선을 형성하여 Forman 법칙의 상수 C와 n은 R의 함수가 아님을 알 수 있다. 그림 5.3으로 돌아가서 영역 I 내에 ΔK값의 최소값을 ΔK_{th}로 표기하였는데 이를 threshold 응력세기계수 범위라고 부르며, 이 값 이하에서는 균열 성장이 없고, 이 값 이상에서는 균열 성장이 있음을 나타내는 피로 균열 성장을 위한 최소 응력세기계수 범위이다.

식 (5.3)의 응력세기계수 범위 $\Delta K = Y\Delta\sigma\sqrt{a}$에서 $\Delta\sigma$를 매우 적게 하면 ΔK값이 적어지므로, 이러한 상태에서 피로 시험을 해서 균열 성장 여부를 관찰하여 균열 성장이 되지 않으면 $\Delta\sigma$를 증가시켜 시험함으로써 균열 진전이 처음으로 나타나는 ΔK값을 얻을 수 있으며 바로 이 값이 ΔK_{th}가 되며 ΔK_{th}값이 얻어진 피로 하중을 그대로 유지하면서 계속 사이클을 반복하게 되면 균열은 성장하기 때문에 같은 $\Delta\sigma$하에서 ΔK값은 증가하게 되어 결국에는 피로 파괴에 이르게 되므로, 한 개 시험편으로 그림 5.3의 영역 I, II, III에 걸친 실험 곡선을 얻을 수 있다.

5.2 Paris 법칙의 응용

앞 절에서 언급한 Paris 법칙과 Forman 법칙의 응용으로서 피로 파괴 수명 예측을 들 수 있다. 여기서는 수식상 간편한 Paris 법칙을 가지고 피로 파괴 수명과 응용에 관해 설명하고자 한다. 식 (5.3)을 다음과 같이 바꾸어 표현할 수 있다.

$$\Delta N = \int_{a_0}^{a_f} \frac{1}{A(\Delta K)^m} da \tag{5.6}$$

여기에서 a_0와 a_f는 각기 초기 균열 길이와 파괴시 균열 길이이다. 사실상 Paris 법칙은 그림 5.3의 영역 III에서는 적용할 수 없으므로 식 (5.6)의 적분 한계는 a_f까지 취할 수 없다. 그러나 근사적인 수명 예측을 위해 a_f까지 Paris 법칙을 적용

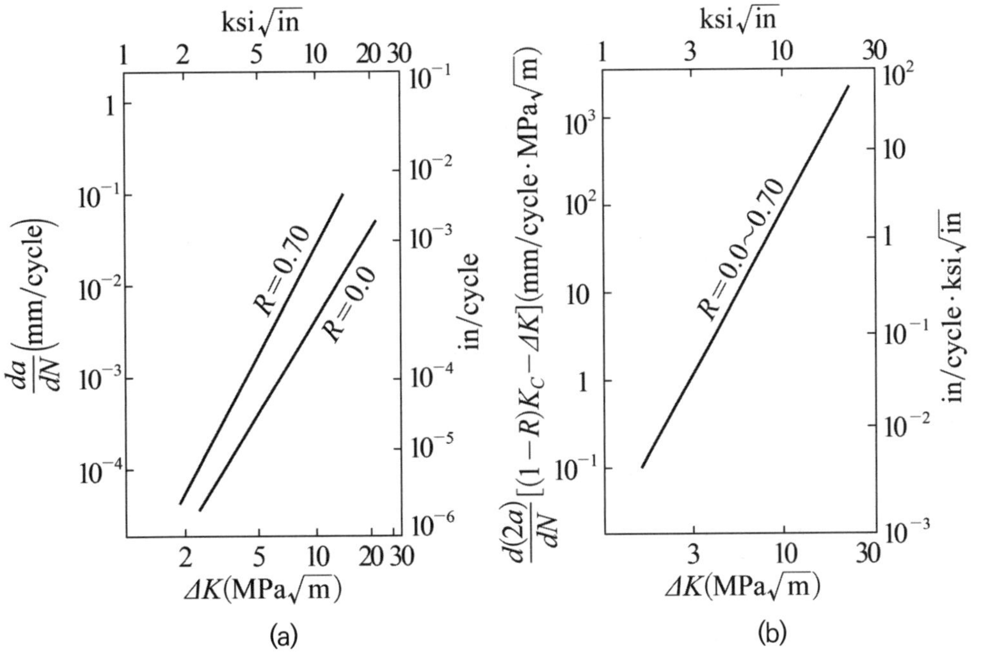

그림 5.4 Paris 법칙 (a)와 Forman 법칙 (b)로 나타낸 피로 균열 성장률

하기로 한다. $\Delta K = Y\Delta\sigma\sqrt{a}$를 대입함으로써

$$\Delta N = \frac{1}{A(\Delta\sigma)^m}\int_{a_0}^{a_f}\frac{1}{(Y\sqrt{a})^m}da \tag{5.7}$$

여기에서 Y는 균열 길이와 시험편 폭의 비에 대한 함수적 관계를 나타내는 다항식이므로 적분항은 수치 해석에 의해 계산되는 것이 일반적이다. 만약 Y가 균열 길이의 변화에 따라 일정한 경향을 보인다면

$$\Delta N = \frac{1}{A(Y\Delta\sigma)^m}\frac{a_0^{1-(m/2)} - a_f^{1-(m/2)}}{(m/2)-1} \quad (m \neq 2) \tag{5.8}$$

예제 5.1

그림 5.5와 같이 시험편 폭 $W = 15cm$인 2024-T3 알루미늄 합금판이 길이 방향으로 피로 하중을 받는다. 그런데 어느 날 비파괴 검사 요원이 하중과 수직하게 가장자리 균열길이 5cm인 균열을 발견하고 파괴 해석 담당자(fracture analysist) 에게 보고함으로써 균열 발생 원인 조사가 시작되었다. 첫번째 작업으로 이 부품을 인위적으로 파괴하여 균열면을 관찰한 결과, 피로 균열 성장인 경우에 나타날 수 있는 줄무늬(striation)를 찾아내고, 또 줄무늬가 연속적이라는 것에 착안하여 균열 성장은 피로에 의한 것이라 단정하였다.

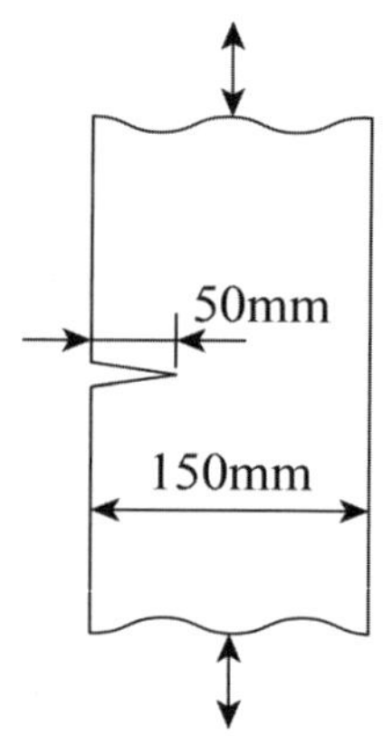

그림 5.5 가장자리 균열

현미경 조사에 의해 균열길이 $a = 1.5cm$인 곳에서 줄무늬 간격을 두께 방향으로 여러 곳에서 측정하여 평균값을 얻었는데 그 값은 $10^{-4}mm$이었고, 같은 방법으로 $a = 3cm$인 곳에서 평균 줄무늬 간격은 $10^{-3}mm$임을 알았다. 무엇이 원인인지 알기 위해 파괴 해석 담당자는 우선 이 부품의 설계에서 허용한 응력 범위 $0.2\sigma_{ys}$에서 작동되었는지 여부를 캐고자 한다. 재료의 σ_{ys}는 345MPa이다.

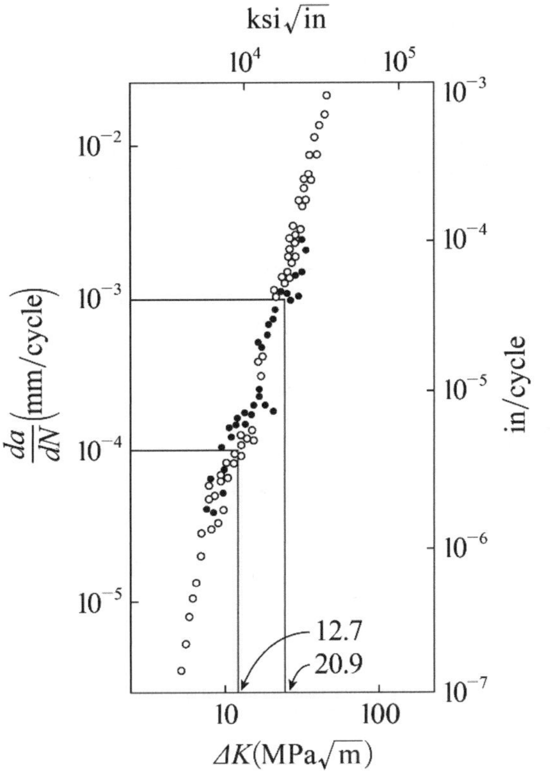

그림 5.6 2024-T3 알루미늄 합금의 피로 균열 성장

풀이 이 부품의 균열 형상과 하중에 적용할 수 있는 응력세기계수 식은 그림 4.6(f)에 주어져 있다. 즉

$$K = Y\frac{Pa^{1/2}}{BW} = Y\sigma\sqrt{a}$$

$a = 1.5cm$인 경우 $a/W = 1/10$이므로 그림에서 $Y = 2.1$이며, $a = 3cm$인 경우 $a/W = 1/5$이므로 $Y = 2.43$이다. 그런데 문제에서 $a = 1.5cm$인 경우 da/dN은 줄무늬 간격으로부터 $10^{-4}mm/cycle$로 주어지며, $a = 3cm$인 경우 $da/dN = 10^{-3}mm/cycle$로 주어진다. 따라서 그림 5.6으로부터 $a = 1.5cm$인 경우 즉 $da/dN = 10^{-4}mm/cycle$에서 $\Delta K = 12.7MPa\sqrt{m}, a = 3cm$인 경우 $da/dN = 10^{-3}mm/cycle$이므로 $\Delta K = 20.9MPa\sqrt{m}$이 얻어진다. 그러므로 $a = 1.5cm$인 경우 $\Delta\sigma = \Delta K/(Y\sqrt{a}) = 49.4MPa, a = 3cm$인 경우 $\Delta\sigma = 49.7MPa$가 계산된다. 이 값들은 설계 하중 $0.2\sigma_{ys}$즉 69MPa보

다 적으므로 운전자는 아무런 작동 상에 잘못이 없음이 입증된다.

그런데 왜 균열이 발생되었을까? 그 이유는 딴 곳에 있을 수 있다. 예를 들어 균열 발생 지점에 원래부터 재료에 결함이 있었다든가, 아니면 주위 공기 중에 부식을 일으킬 수 있는 공해 물질이 날아들어 그 곳에 밀착되므로, 부식에 의해 균열 발생점을 제공하였을 수도 있다.

위의 예제와 같이 균열 발생과 성장 및 파괴의 원인을 조사하기 위해서는 시험편의 파단면이 매우 중요하므로 파단면을 어떠한 방법에 의해서도 원래 대로 보존하는 것이 무엇보다 중요하다. 선진국에서는 이와 같이 파괴 원인 분석을 하는 파괴 해석 기사가 많으며, 상당 숫자의 관련 회사가 설립되어 있는 것으로 미루어 앞으로 우리 나라에서도 보급되리라 전망한다

5.3 피로 균열 성장률 시험

피로 균열 성장률 da/dN과 응력세기계수 범위 ΔK 사이의 실험 관계의 중요성은 이미 5.2절에서 설명한 바 있다. 따라서 여기에서는 그 두 가지 매개 변수 사이의 상관 관계를 찾는 방법을 ASTM E647-88a, Standard Test Method for Measurement of Fatigue Crack Growth Rates(copyright ASTM International, 100 Barr Harbor Drive, West Conshohocken, PA 19428으로부터 사용허가 받았음)에 근거해서 소개하고자 한다.

시험편 모양은 콤팩트 인장 시험편(compact tension(CT) specimen)과 중앙 균열 인장 시험편(center cracked tension(CCT) specimen)이 있으며, 그림 5.7과 그림 5.8과 같다. 시험편 크기는 시험 도중 시험편 전 영역의 대부분이 탄성 변형하에 있을 정도이어야 한다. 시험편 가공상에 중요한 부분은 역시 놋치이며 각종 재료에 따른 가공 방법은 다음과 같다.

(1) electrical-discharge machining: 놋치반경 $\rho < 0.010in$, 타이타늄과 알루미늄 합금, $\sigma_{ys} > 170ksi$인 고강도 강

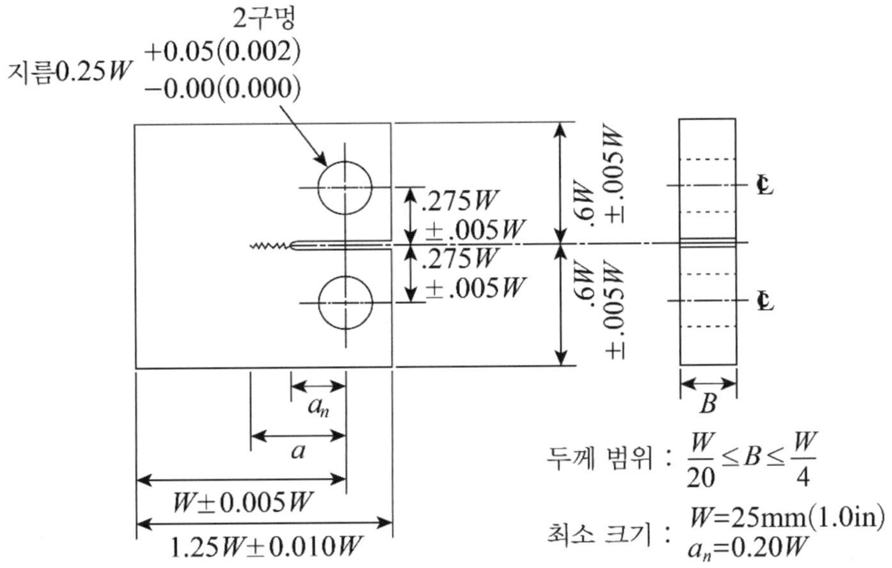

그림 5.7 피로 균열 성장률 시험용 콤팩트 인장 시험편

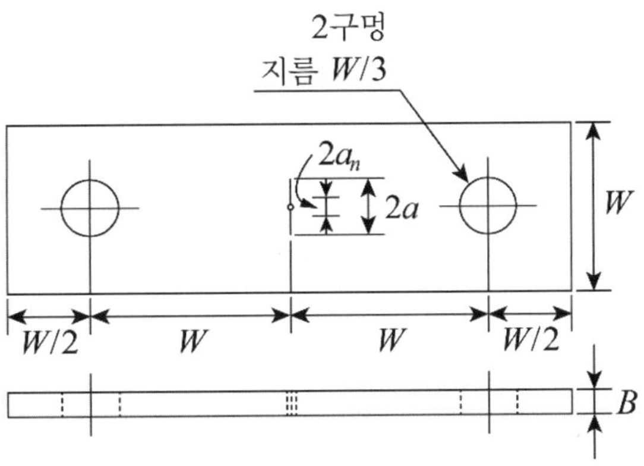

그림 5.8 $w \leq$ 75mm(3in)인 피로 균열 성장률 시험용 중앙 균열 인장 시험편

(2) 밀링 또는 broach: $\rho \leq 0.003in$, 알루미늄 합금, $\sigma_{ys} \leq 170ksi$인 저강도 강 또는 중강도 강

(3) 연마: $\rho \leq 0.010in$, 저강도 강 또는 중강도 강

(4) 밀링 또는 broach: $\rho \leq 0.010in$, 알루미늄 합금

(5) Sawcut : 알루미늄 합금

여러 가지 놋치 형상을 그림 5.9에서 보여주고 있다. 놋치 가공이 끝나면 균열길이 측정을 용이하게 하기 위해, 균열 진전 경로 영역을 polishing 하여 적절한 간격으로 높이 게이지로 참고 표시선을 그은 후 시험편을 피로 시험기에 건다. 시험편을 시험기에 걸기 위해서는 시험편 모양에 따라 적절한 grip과 fixture를 사용하여야 한다. 그림 5.10은 콤팩트 인장 시험편에 인장-인장 피로 하중을 가할 때 쓰이는 clevis와 pin assembly이다. 마찰을 최소로 하기 위해 핀 주위에 M_0S_2와 같은 윤활제를 사용하는 것이 좋으며 clevis와 pin재료는 AISI 4340강과 같이 σ_{ys} 가 1,000MPa(약 150ksi)이어야 한다.

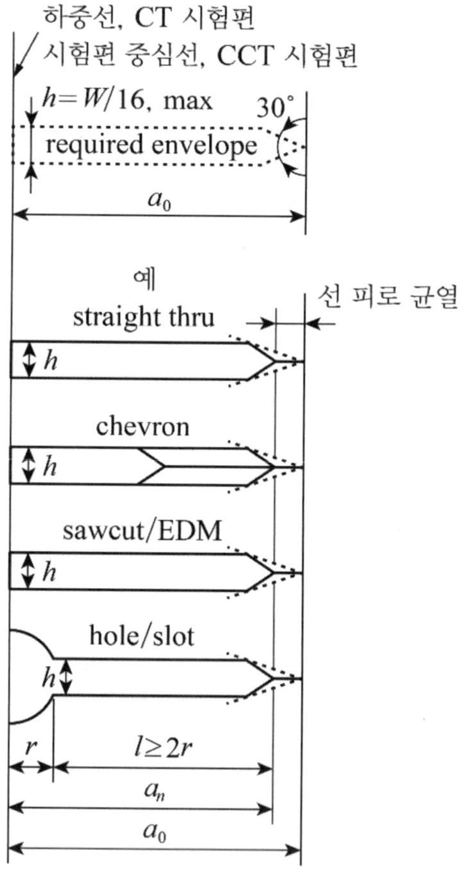

그림 5.9 놋치 형상과 선 피로 균열

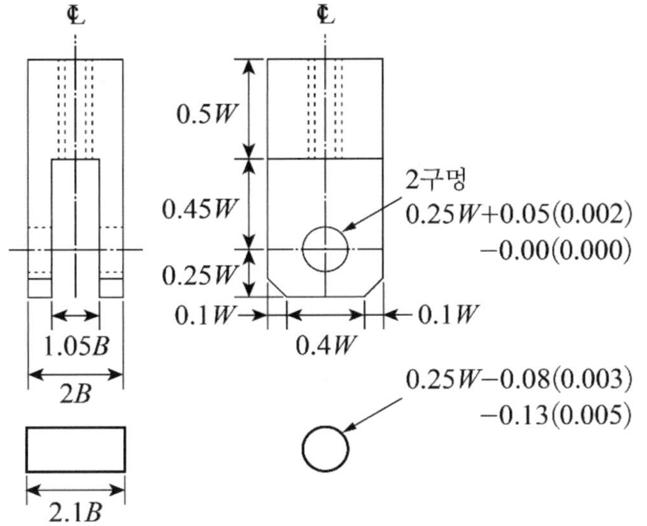

그림 5.10 CT 시험편용 clevis와 pin

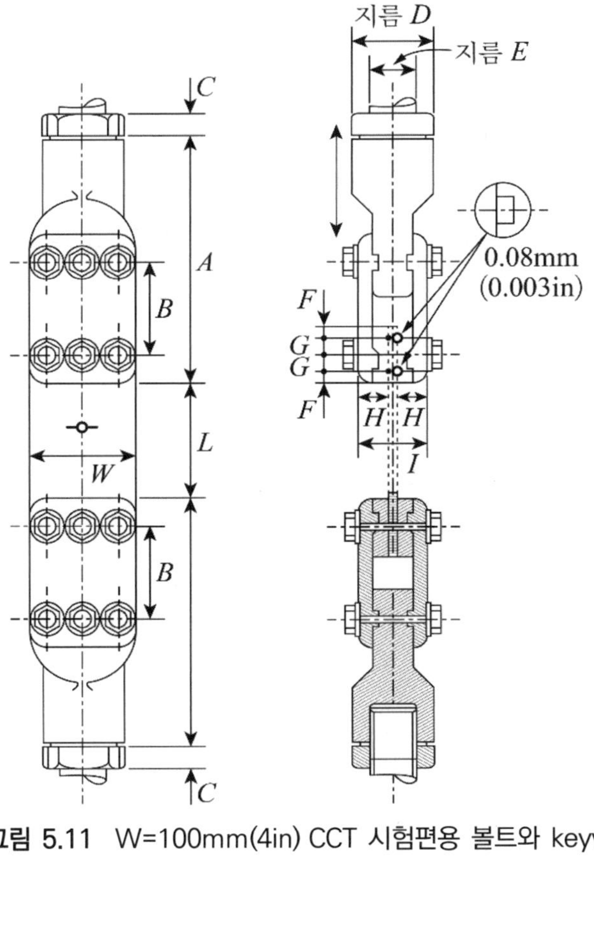

	mm	in
A	326	12 27/32
B	104	4 3/32
C	19	3/4
D	76	3
E	38	1 1/2
F	12	15/32
G	19	3/4
H	38	1 1/2
J	76	3
L	120	4 3/4
W	100	4

그림 5.11 W=100mm(4in) CCT 시험편용 볼트와 keyway 조립 예

중앙 균열 시험편인 경우 시험편 폭 $W \le 75mm(3in)$이고 상하 pin 위치 사이 거리인 시험편 게이지 길이가 $3W$ 이상인 경우에는 clevis와 핀 한 개로 가능하다. 그러나 $W \ge 75mm(3in)$이고 게이지 길이가 $1.5W$ 정도이면 여러 개의 볼트를 채우는 clevis가 좋다(예를 들어 ASTM Recommended Practice E561 참조). 인장-압축 피로 하중인 경우, 중앙 균열 시험편으로 그림 5.11과 같은 clamping device를 사용하여야 하며 게이지 길이는 $1.2W$ 이상이어야 한다. 이러한 grip과 fixture를 사용하여 시험편을 시험기에 걸 때 grip간에 alignment를 맞추어야 한다.

이 상태에서 선 피로 균열을 내어야 하는데 시험편 준비 과정에서 이 작업이 가장 중요하다. 선 피로 균열 길이는 $0.1B$와 h중 큰 값보다 작아야 한다. 중앙 균열 시험편인 경우 선 피로 균열 길이를 시험편 앞·뒷면에서 측정하여 차이가 $0.025W$나 $0.25B$ 중 작은 값보다 크면 선 피로 균열 길이로 적절하지 못하다. 그리고 선 피로 균열이 대칭면으로부터 $\pm 5°$ 이상 어긋나 자라면 역시 적절하지 못하다.

선 피로 균열을 낼 때, 피로 하중의 크기는 될 수 있는 한 적은 균열선단 소성역을 발생시킬 정도이어야 하며, 선 피로 균열 피로 하중 한계는 아래에 기술한 균열 성장률 시험 하중 한계와 동일하다. 이렇게 하여 선 피로 균열을 내고 나면 비로소 균열 성장률 시험에 들어 간다. 균열 성장률 시험 중 피로 하중 한계는 다음과 같다.

(1) 콤팩트 인장 시험편

$$W - a \ge \frac{4}{\pi}\left(K_{\max}/\sigma_{ys}\right)^2 \tag{5.9}$$

(2) 중앙 균열 인장 시험편

$$W - 2a \ge \frac{1.25P_{\max}}{B\sigma_{ys}} \tag{5.10}$$

여기에서 a는 그림 5.7과 그림 5.8에서 정의된 바와 같다. 식 (5.9)과 식 (5.10)를 그림으로 도시하면 그림 5.12와 같다.

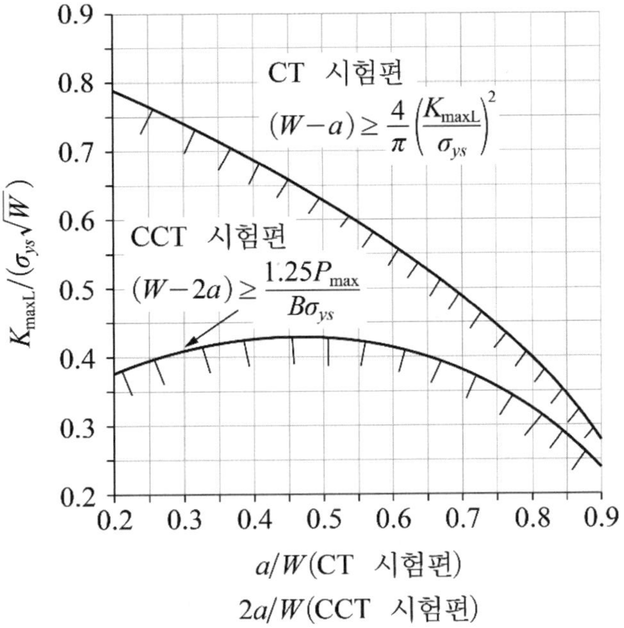

그림 5.12 피로 하중 한계

그림 5.12에서 K_{maxL}은 K_{max}의 한계치를 의미한다. 식 (5.9)과 식 (5.10)를 만족하는 영역은 각 곡선의 아랫 부분이 된다. 이와 같이 피로 하중이 결정되어 일정 피로 하중 진폭으로 시험하는 동안에 균열 길이와 사이클 수를 얻기 위해 불가피하게 시험기를 정지시켜야 할 경우, 정지 시간은 최대 10분을 넘지 말아야 한다. 균열 길이는 시험편 형상에 따라 다음과 같은 간격 내에서 측정하는 것이 좋다. 즉

콤팩트 인장 시험편:	$\Delta a \leq 0.04W$	$(0.25 \leq a/W \leq 0.4)$
	$\Delta a \leq 0.02W$	$(0.25 \leq a/W \leq 0.60)$
	$\Delta a \leq 0.01W$	$(a/W \geq 0.60)$
중앙 균열 인장 시험편:	$\Delta a \leq 0.03W$	$(2a/W < 0.60)$
	$\Delta a \leq 0.02W$	$(2a/W > 0.60)$

그러나 최소 Δa가 0.25mm(0.01in) 이상이어야 한다. 균열 길이의 측정 방법은 20 내지 50 배율 이동식 현미경을 사용하여 정확히 균열선단을 찾아 측정하여야 하며, $B/W \leq 0.15$인 경우 시험편 한쪽에서만 측정하여도 되나 $B/W \geq 0.15$인 경

우 시험편 앞뒷면에서 측정하여 측정치의 평균값을 사용하여야 한다. 즉 콤팩트 인장 시험편인 경우, 두 개의 측정치의 평균값이 되고 중앙 균열 인장 시험편인 경우에는 4개의 측정치의 평균값이 된다. 이 과정에서도 선 피로 균열의 경우와 마찬가지로 균열면에서 ±5° 이상 빗나가면서 균열이 성장하면 시험 결과는 적절치 못하다. 균열길이 측정 때마다 해당하는 사이클 수는 시험기에 부착된 사이클 누적계에서 얻어진다. 여기까지가 피로 균열 성장률 시험 과정이다. 이후부터는 피로 균열 성장률 da/dN과 ΔK와의 상관 관계를 얻기 위한 해석 과정이 된다. 위에서 얻은 균열 길이와 사이클 수 데이터로부터 da/dN를 구하기 위해서 다음과 같이 secant method를 적용한다.

$$\left(\frac{da}{dN}\right)_{\bar{a}} = \frac{a_{i+1} - a_i}{N_{i+1} - N_i} \tag{5.11}$$

여기에서

$$\bar{a} = \frac{1}{2}(a_{i+1} + a_i) \tag{5.12}$$

da/dN은 $\bar{a}$에서의 값이므로 이에 대응하는 ΔK의 값도 $\bar{a}$에서 구해져야 한다(그 외에도 incremental polynominal method가 있으며, 이 방법에 의한 da/dN과 ΔK사이의 상관 관계를 위해 ASTM E647-88a에서 필요한 Fortran 컴퓨터 프로그램을 수록하고 있다). 이렇게 하여 da/dN이 얻어지면 ΔK는 시험편에 따라 다음 식에 의해 계산된다.

(1) 콤팩트 인장 시험편

$$\Delta K = \frac{\Delta P(2+\alpha)}{B\sqrt{W}(1-\alpha)^{3/2}}(0.886 + 4.64\alpha - 13.32\alpha^2 + 14.72\alpha^3 - 5.6\alpha^4) \tag{5.13}$$

$$(\bar{a}/W \geq 0.2, \alpha = \bar{a}/W)$$

(2) 중앙 균열 인장 시험편

$$\Delta K = \frac{\Delta P}{B}\sqrt{\frac{\pi\alpha}{2W} sec\frac{\pi\alpha}{2}}(2\overline{a}/W < 0.95,\ \ \alpha = 2\overline{a}W) \tag{5.14}$$

윗 식에 의해 계산한 ΔK값이 그림 5.12의 하중 조건을 만족하는지 검토하기 위해서 K_{max}과 K_{min}을 계산하여 보아야 하는데, 하중비 R에 따라서 ΔK는 다음과 같이 표현된다. 즉

(1) $R \leq 0$인 경우 $K_{min} = 0 \quad \therefore \Delta K = K_{max}$

(2) $R \geq 0$인 경우 $\Delta K = (1-R)K_{max}$

이와 같이 하여 하중 조건도 만족할 때 da/dN과 ΔK의 계산 결과를 양 대수 그래프에 그리고, 최소 자승법에 의해 관계 실험식을 얻는다.

5.4 피로 파괴 단면 천이 현상과 피로 균열선단 소성역

피로 균열 시험편의 두께와 균열길이 성장에 따라 응력 상태는 변하게 되는데, 두꺼운 시험편이라면 균열길이 성장 과정에서도 계속 평면변형률 상태를 유지하여 균열선단 소성 역은 작은 값을 보여서 피로 파괴 단면은 편편한 양상을 보이고, 얇은 시험편이라면 평면 응력 상태이기 때문에 처음부터 하중 방향과 45° 각도를 가지는 비스듬한 파괴 단면 양상을 보이게 된다.

그러나 적당한 두께에서는 시험편의 놋치로부터 균열이 발생하여 얼마간은 편

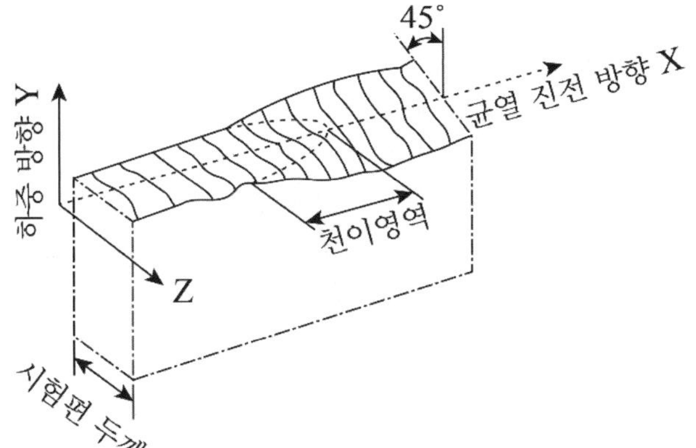

그림 5.13 파괴 단면 천이

편한 피로 파괴 단면을 보이나, 균열 길이가 길어짐에 따라 소성역 관계식에서 보는 바와 같이 K가 증가하므로 소성역은 증가되어 평면변형률 상태와 같은 작은 소성역을 만들지 못하고 큰 ㅊ파괴 단면인 45° 경사진 면을 보이게 된다.

이와 같은 피로 파괴 단면 천이 현상을 그림으로 도시하면 그림 5.13과 같다.

그림 5.14는 피로 균열선단에서 응력 분포의 변화와 그에 따라 발생하는 소성역

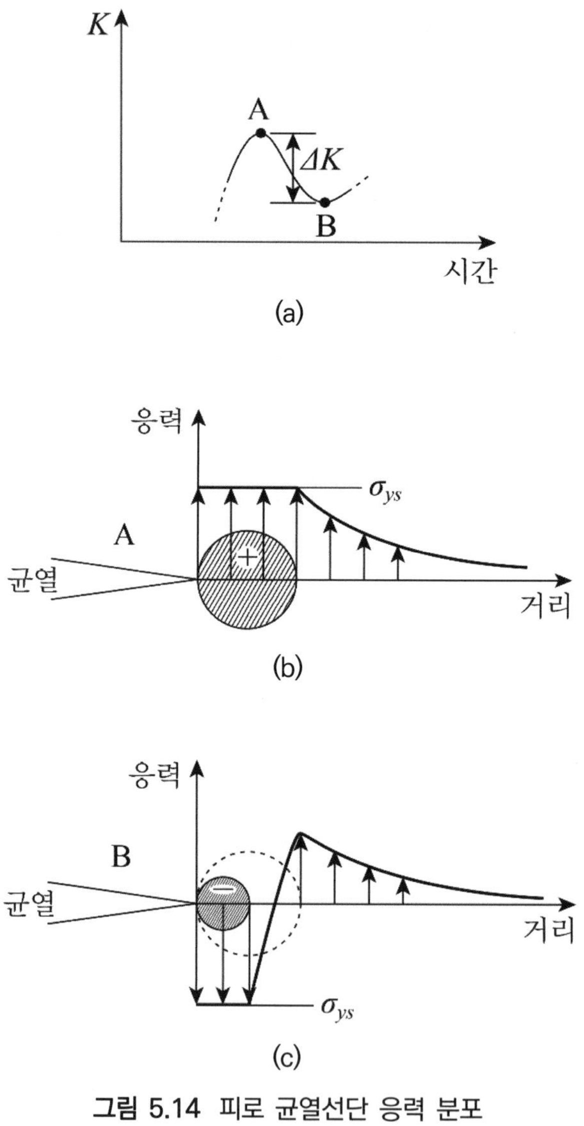

그림 5.14 피로 균열선단 응력 분포

의 변화를 보이고 있다. 그림 5.14(a)에서 하중점 *A*인 상태에서 균열선단 응력 분포와 소성역의 크기를 그림 5.14(b)에서 보여주고 있다. 그러나 하중이 *B*점에 오게 되면 응력 분포는 그림 5.14(c)와 같이 복잡한 양상을 보이게 되고 소성역은 압축 상태가 되고 *A*점의 인장 소성역과 그 크기면에서도 상당한 차이를 보이게 된다. *B*점 상태의 압축 소성역은 다시 *A*점 하중을 받게 되면 인장 소성역이 되며, 그 크기는 압축 소성역보다 커진다. 따라서 *B*점 상태의 소성역 크기는 압축과 인장을 번갈아 가면서 소성역으로 계속 유지된다.

5.5 균열 성장 지연 현상

지금까지는 일정 피로 하중을 다루어 왔다. 그러나 일정 피로 하중이 걸리고 있는 동안, 그림 5.5와 같이 어느 순간적인 그러나 파괴를 일으키지 않을 정도의 과대하중(peak load)이 걸린다면 A와 같이 계속해서 일정 피로 하중만 걸릴 때와는 피로 수명에 있어서 차이가 생기며 수명을 연장하여 주는 결과가 됨을 그림 5.16에서 보여주고 있다. 이 그림 중 B, C 곡선은 과대하중이

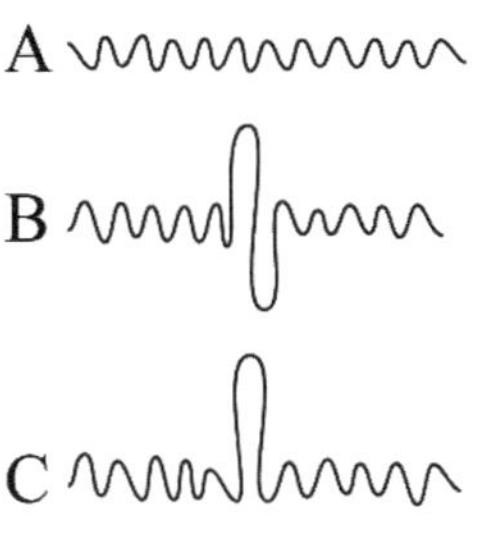

그림 5.15 과대하중

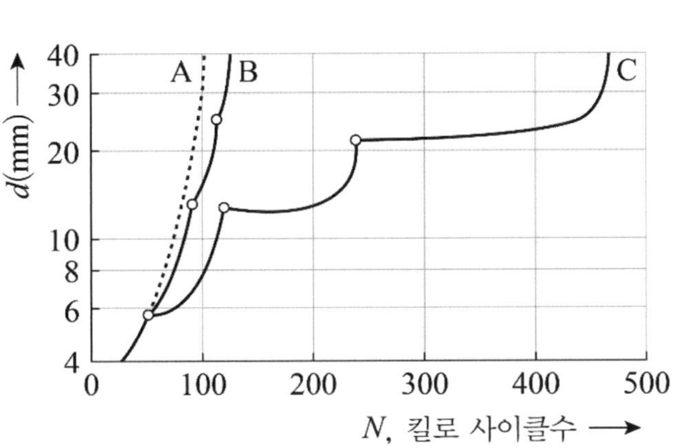

그림 5.16 과대하중에 의한 균열 성장 지연

여러 번 가하여진 경우이다.

그림 5.17은 과대하중에 의해 $a-N$ 곡선의 변화를 보여주고 있다. 과대하중의 작용점 이후에서 균열 성장률 da/dN가 감소하여 균열 성장이 늦어지다가 N^*만큼의 사이클이 걸려서 a^*만큼의 균열 진전이 이루어진 후에는 과대하중없이 일정 피로 하중만 준 경우의 $a-N$ 곡선의 da/dN과 같은 속도로 균열이 진전됨을 알 수 있다. 따라서 과대하중에 의한 수명 연장은 N_d^*만큼 이루어진 셈이다.

과대 하중에 의해 수명이 연장되는 이유는 그림 5.14에서 밝힌 압축 소성역이 과대하중 직전의 일정 피로 하중 때보다 과대하중 직후에 더 크게 형성되어, 과대하중 작용 후에 걸리는 일정 피로 하중으로 인한 균열 성장을 방해하기 때문에 균열 성장이 지연되며 과대하중으로 인한 큰 압축 소성역 크기를 벗어나면 더 이상 과대하중의 영향을 받지 않으므로 과대하중 이전의 일정 피로 하중에 의한 균열 성장 곡선을 그대로 좇아가게 된다.

따라서 그림 5.17에서 a^*는 과대하중으로 인한 압축 소성역 크기에 상당한다.

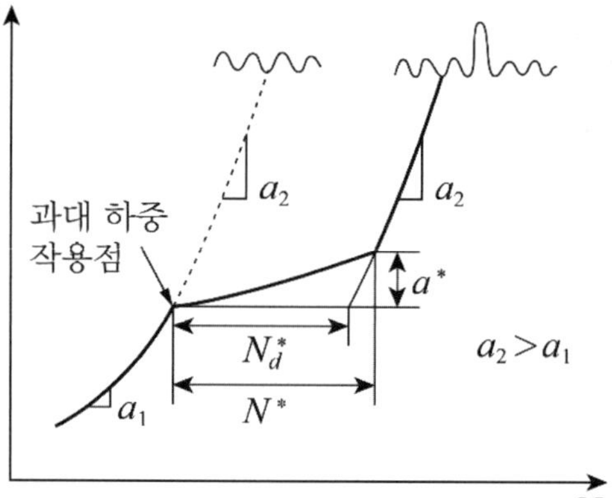

그림 5.17 과대하중에 의한 균열 성장 지연

찾아보기

〈ㄴ〉

〈ㄷ〉

〈ㄹ〉

〈ㅁ〉

〈ㅂ〉

〈ㅅ〉

〈ㅇ〉

〈ㅈ〉

〈ㅊ〉

〈ㅋ〉

〈ㅌ〉

〈ㅍ〉

〈ㅎ〉

〈기타〉